T0198682

Unter Strom

Philip Würfel

Unter Strom

Die neuen Spielregeln der Stromwirtschaft

2., überarbeitete, aktualisierte und korrigierte Auflage

 Springer

Philip Würfel
Heidelberg, Deutschland

ISBN 978-3-658-15163-8   ISBN 978-3-658-15164-5 (eBook)
DOI 10.1007/978-3-658-15164-5

Die Deutsche Nationalbibliothek verzeichnet diese Publikation in der Deutschen Nationalbibliografie; detaillierte bibliografische Daten sind im Internet über http://dnb.d-nb.de abrufbar.

Umschlagabbildung: Timo Kuballa (neverstoptravelling.net)
Einbandgestaltung: deblik, Berlin

Gedruckt auf säurefreiem und chlorfrei gebleichtem Papier

Springer ist Teil von Springer Nature
Die eingetragene Gesellschaft ist Springer Fachmedien Wiesbaden GmbH
Die Anschrift der Gesellschaft ist: Abraham-Lincoln-Str. 46, 65189 Wiesbaden, Germany

Für meine Eltern

Break Time

Vorwort zur zweiten Auflage

Nahezu genau zwei Jahre ist es nun her, seit ich die erste Auflage von „Unter Strom" geschrieben habe. Es war mein Ziel, dem interessierten Laien einen verständlichen Überblick über den Transformationsprozess unseres bestehenden Energieversorgungssystems zu geben und die Tragweite dieses Umbaus in seiner epochalen Wucht darzustellen. Man kann nicht sagen, dass sich der Umbauprozess, für den sich über die Jahre der Begriff Energiewende eingebürgert hat, damals am Anfang gestanden hätte. Ebenso wenig wäre vor zwei Jahren die Aussage richtig gewesen, die Energiewende hätte zwei Jahre zuvor, im Frühjahr 2011, mit den Beschlüssen des Kernkraftausstiegs begonnen. Genauso falsch wäre es heute zu behaupten die Herausforderungen der Energiewende seien in den letzten beiden Jahren kleiner geworden. Das Gegenteil trifft zu. Viele der Problemstrukturen, die ich in der ersten Auflage beschrieben habe, bestehen weiterhin. Die meisten haben sich verschärft. Explodierende Kosten für den Ausbau der Erneuerbaren Energien oder der Streit um den erforderlichen Netzausbau sind aktuell die Schlagworte in der öffentlichen Diskussion der Energiewende.

Nicht viel Entscheidendes hat sich in den letzten beiden Jahren im Vergleich zu den Strukturen unseres Energie- bzw. Stromversorgungssystems von vor zwei Jahren verändert. Weshalb dann eine zweite Auflage zum jetzigen Zeitpunkt?

Tatsächlich bin ich der Überzeugung, dass genau jetzt der richtige Zeitpunkt für eine neue Auflage ist. Die letzten beiden Jahre waren für die Energiewende eine Art Übergangsphase. Übergangsphasen sind selten sonderlich spannend. Meistens verlaufen sie zäh. Mit der Übergangsphase der letzten Jahre verhält es sich anders. Es scheint so, als ob die Energiewende Luft geholt hat und nun zum großen, vielleicht dem entscheidenden, Sprung ansetzt. Und das, obwohl es nicht wirklich zu größeren technologischen Durchbrüchen oder energiepolitischen Veränderungen gekommen ist. Weder gab es weitreichende Veränderungen am Strommarkt-Design noch gab es den energiepolitisch großen Wurf, was die Förderung der Erneuerbaren Energien anbelangt. Auch der gordische Knoten des lahmenden Netzausbaus, seit Jahren das ungeliebte Problemkind der Energiewende, wurde nicht wirklich zerschlagen. Es gab emotionale Diskussionen in Politik, Wirtschaft und der medialen Öffentlichkeit. Wie immer angeheizt durch das mehr oder weniger transparente Wirken der jeweiligen Interessengruppen. Wie langweilig wäre die Energiewelt ohne die Lobbyisten?! Doch diese Diskussionen, inklusive der Wucht ihrer Heftigkeit, gab es auch schon in früheren Jahren. Sie tragen nicht mehr wirklich zur Unterhaltung bei. Die Probleme köcheln weiter vor sich hin und stellen sich heute in nicht minder gravierender Dimension dar, wie sie es bereits vor zwei Jahren getan haben.

Trotzdem gab es in den vergangenen 24 Monaten kein „Business as usual" in der Energiepolitik. Das Spannende waren nämlich nicht die tatsächlichen Veränderungsprozesse. Es waren vielmehr die sich andeutenden Veränderungsprozesse. Und die haben es wahrlich in sich. Sie haben das Potenzial zu richtigen „Brechern" der Energiewende zu werden. Hat die Bundesregierung mit ihrer Reform des EEG im Jahr 2014 die ersten Pilotausschreibungen zum Ausbau der Erneuerbaren Energien durchgeführt, so soll nach dem Abschluss der ersten Pilotprojekte dieses Instrument für den flächendeckenden, gesteuerten Ausbau auch jenseits der Photovoltaik auf andere Technologien ausgeweitet werden. Eine fast 30-jährige Geschichte, eine Erfolgsgeschichte der garantierten Einspeisevergütungen für Erneuerbare Energien, wird vermutlich beendet. Ebenso zeichnet sich das Ende der großen Energiekonzerne wie wir sie kennen ab. E.ON und RWE wollen, als Getriebene der Energiewende, den Betrieb konventioneller Kraftwerke aufgeben bzw. auslagern und sich vornehmlich nur noch auf das Geschäft mit Erneuerbaren Energien konzentrieren. Ein Stück deutscher Industriehistorie wird enden. Was könnte die Dynamik der Energiewende mit ihrem Ziel, die Leitfunktion in unserem Energieversorgungssystem an die regenerativen Energien zu übertragen, deutlicher machen? Die Champions zittern. Mit der E-Mobilität zeichnet sich immer deutlicher ein potenzieller Weg ab, den Erneuerbaren Energien auch einen Weg in den bisher abgeschlossenen Mobilitätsmarkt zu bahnen. Es wäre der Beginn eines Quantensprungs für die Energiewende. Sie würde die Grenzen der klassischen Stromversorgung sprengen und in andere Sektoren hineinwirken. Mit den Beschlüssen von Paris hat die Weltgemeinschaft das ambitionierte Ziel einer „Quasidekarbonisierung" der Weltwirtschaft bis zur Mitte des Jahrzehnts proklamiert. Ob dieses Ziel realistisch ist, geschweige denn jenseits der Gipfeleuphorie gegen alle wirtschaftlichen und technologischen Wiederstände durchsetzbar, muss sich in den kommenden Jahrzehnten erst erweisen. Die „Mühen der Ebene" zeichnen sich bereits ab. Trotzdem ist das proklamierte Klimaziel in der Welt und wird nicht verschwinden. Allein die Tragweite seiner Existenz wird Rückkopplungen auch auf die deutsche Energiewende haben. All diese Entwicklungen zeichnen sich ab, ohne dass sie ihre vollen Auswirkungen auf die Energiewende heute bereits entfalten. Das Ziel der zweiten Auflage ist es, die Hintergründe dieser Veränderungsprozesse soweit zu erläutern um ihre potenziellen Implikationen für die Strom- bzw. Energieversorgung und somit auch auf die Energiewende einschätzen zu können. Der Rückblick auf den bisherigen Weg der Energiewende ist spannend. Mehr noch ist es der Ausblick. Im Vorwort zur ersten Auflage habe ich von meinem Neffen berichtet. Zu einem gewissen Grad war er mein Antrieb „Unter Strom" zu schreiben. Damals, vor zwei Jahren, krabbelte er noch durch den Garten. Heute rennt er. Dafür krabbelt heute seine kleine Schwester, meine Nichte, durch den Garten. Menschen entwickeln sich, ebenso die politischen und technischen Rahmenbedingungen der Energiewende, die durch Menschen definiert werden. Die zweite Auflage von „Unter Strom" soll ihnen die Veränderungen dieser Rahmenbedingungen der Energiewende erläutern und gleichzeitig auf der Grundstruktur der ersten Auflage aufbauen.

Kick-off

Warum ich dieses Buch schreibe?

Viele Länder der Welt schauen jetzt auf uns und fragen sich,
was machen die Deutschen da und schaffen die das?
(Angela Merkel am 3.5.2013 auf dem 34. Evangelischen
Kirchentag in Hamburg zur Energiewende)

Ich bin 30 Jahre alt. Ich habe (noch) keine Kinder, aber
einen Neffen, der Anfang 2013 auf die Welt gekommen
ist. Mit seiner Mutter, meiner Schwester, saß ich im Sommer oft im Garten unseres Elternhauses und wir haben
uns unter anderem darüber unterhalten, in welch einer
Welt der Kleine leben wird. Wie wird die Welt aussehen,
wenn *er* 30 Jahre alt ist?

Man sagt, jede Generation habe ihre eigenen prägenden
Herausforderungen und epochalen Leuchtturmprojekte.

Die Menschen der jeweiligen Generation nehmen diese vielleicht gar nicht so wahr, aber sie spüren ohne Zweifel die Veränderungen, die damit einhergehen. Manchmal geben erst nachfolgende Generationen diesen Veränderungen Namen.

Sie bezeichnen sie z. B. als „Industrialisierung" oder „Digitalisierung". Manchmal sind es auch Leuchtturmprojekte wie die Mondlandung, die schon für sich stehen. Ihnen geht jedoch eine jahrzehntelange gesellschaftliche Anstrengung in technischer, politischer und geisteswissenschaftlicher Hinsicht voraus. Typisch für diese gesellschaftlichen Errungenschaften sind viele Einzelentwicklungen, die zum Teil über Jahrzehnte parallel verlaufen. Dann bündeln sich diese Entwicklungen in umwälzenden Durchbrüchen.

Als meine Schwester und ich im Garten saßen, fragten wir uns, was wohl die großen gesellschaftlichen Veränderungen für den kleinen Jungen sein werden, der da vor uns im Gras herumkrabbelte. Was werden für ihn und Millionen anderer Menschen seiner Generation die elementaren Herausforderungen der Zukunft sein?

Es dauerte natürlich nicht lange und wir kamen auf das gesellschaftliche Projekt zu sprechen, das mich zu diesem Buch veranlasste. Superlative werden in unserer schnelllebigen Mediengesellschaft oft inflationär benutzt. Selten sind sie tatsächlich angebracht. Im Falle dieses Vorhabens aber sind sie es. Uneingeschränkt.

Wir Bürger (und damit meine ich durchweg auch die Bürgerinnen!) der Bundesrepublik Deutschland haben uns etwas Epochales, etwas Umwälzendes, etwas Revolutionäres vorgenommen. Ob wir es nun schaffen oder scheitern – es wird mehr sein als eine Randnotiz in den Geschichtsbüchern. Wir starten die vierte industrielle Revolution!

Die weltweite Aufmerksamkeit ist uns sicher. Die Welt schaut zu, wenn eine der großen industriellen Volkswirtschaften der Welt etwas versucht, was bisher noch keine gewagt hat. Manche globalen Beobachter schütteln den Kopf und sagen, es sei unmöglich. Andere hoffen insgeheim auf ein Scheitern. Der britische Professor für Zukunftsforschung der Universität Leicester, James Woudhuysen, schrieb in diesem Zusammenhang von „deutschen Energiesklaven", die auf „romantische Autarkie-Illusionen" setzen (Magazin Novo Argumente II 2013). Aber es gibt auch jene, die uns die Daumen drücken und merken, da passiert etwas Historisches.

Nicht wenige internationale Beobachter sind sich allerdings in einem Punkt einig: Wenn es jemand schafft, dann die Wirtschafts- und Technologiemacht Deutschland.

Das Projekt heißt „Umbau unserer Energieversorgung", auch „Energiewende" genannt. Ein Wort, das Geschichte macht. Es ist ein Wort, das einen Vorgang umschreibt, der historisch einmalig ist. Der Umbau der Energieversorgung einer großen Industrienation von einem nuklear-fossilen System auf die nahezu komplette Versorgung mit Erneuerbaren Energien – das Ganze in einer vergleichsweise sehr kurzen Zeitspanne.

Ich gebe zu, das wird sich für viele nicht sonderlich spektakulär anhören. Und genau darum geht es in diesem Buch: Was macht die Energiewende eigentlich so spektakulär? Warum sind die Herausforderungen so groß? Wie funktioniert diese Energiewende und wie sieht das bisherige System überhaupt aus, das sie so revolutionär verändert?

„Unter Strom!" beschreibt aber auch, inwiefern wir alle betroffen sind und warum ein Erfolg, wie auch ein Scheitern, die Lebenswirklichkeit aller Menschen in diesem Land betreffen wird.

Darum noch einmal kurz zurück zu meinem Neffen. Die Entwicklungen rund um die Energiewende werden nicht ganz unerhebliche Auswirkungen auf seine Zukunft haben.

Doch nicht nur auf die Zukunft seiner Generation. Dieses „Jahrhundertprojekt", wie es gerne bezeichnet wird, hat ein Merkmal, ein Charakteristikum, das vielleicht das faszinierendste überhaupt ist. Denn so wie mein Neffe betroffen ist, so sind meine Schwester und ich betroffen. So wie wir, sind unsere Eltern betroffen. Es ist ein generationsübergreifendes Projekt. Der Umbau unserer Stromversorgung wird sich wie ein roter Faden über die nächsten vier Jahrzehnte durch viele gesellschaftliche Diskussionen, technische Forschungsvorhaben, Wahlkämpfe, Gesetzesinitiativen und volkswirtschaftliche Entwicklungen in unserem Land ziehen. Im Guten wie im Schlechten. Dieses Buch wird Ihnen zeigen, dass die Energiewende älter ist als sie denken, wir aber trotzdem noch ziemlich am Anfang des Prozesses stehen.

In den kommenden vier Jahrzehnten werden verschiedene Generationen ihren Teil dazu beitragen müssen das Projekt erfolgreich umzusetzen. Das Jahr 2050 wird ein Meilenstein werden. Es gibt klar definierte Ziele, wo wir in diesem Jahr mit der Energiewende stehen müssen, damit sie ein Erfolg wird. Diese Ziele werde ich Ihnen in diesem Buch näherbringen, genauso die Ausgangslage. Das Buch soll Ihnen also die Start- und die Ziellinie der Energiewende vor Augen führen.

Im Jahre 2050 werde ich 67 Jahre alt sein. Mein Neffe wird 37 sein und mitten im Leben stehen. Vielleicht wird er sich ärgern, wenn sein Stromversorger die Preise erhöht. Vielleicht wird er auch den Strom für seinen Haushalt komplett selbst erzeugen und es gibt gar keine Stromversorger mehr.

Möglicherweise wird er mit seiner Familie nach Brandenburg oder an die Ostsee fahren, um im Urlaub die schönen Landschaften zu genießen. Werden ihn dabei die im Wind rotierenden Windkrafträder stören? Oder werden sie für ihn so normal und selbstverständlich sein, dass er sie gar nicht mehr bemerken wird? Werden ihm seine Kinder von einem Schulausflug in ein altes Kohlekraftwerk erzählen, das seit 25 Jahren still steht und nun als Kulturdenkmal fungiert? Schüler werden dort nun vielleicht lernen, wie zu Omas und Opas Zeiten Strom erzeugt wurde. Sie werden über die Zeit sprechen in der Sie dieses Buch lesen.

Der Umbau unserer Stromversorgung ist ein gelebter Generationenvertrag. Die Erfüllung dieses Vertrages verlangt gewaltige gesellschaftliche Anstrengungen und präzise Planung. Die Chinesen haben ein gutes Sprichwort: „Jede Generation muss Wege ebnen und Brücken bauen, auf denen kommende Generationen laufen können." Ein Sprichwort wie für die Energiewende geschaffen.

Das alles erklärt jedoch noch nicht hinreichend, warum ich dieses Buch eigentlich geschrieben habe. Ausgerechnet ich – könnte man aus mehreren Gründen sagen. Schließlich arbeite ich für einen Energieversorger. Ja, ich bin fasziniert von dieser Branche und war es vom ersten Tag meines beruflichen Einstiegs an. Was jedoch noch viel

wichtiger ist: Es ist die Branche, deren Schicksal untrennbar mit dem Schicksal der Energiewende verbunden ist –
die Energiewirtschaft. Eine stolze Branche mit immensem
Einfluss und einer großen Bedeutung für den Wohlstand
eines Landes. Was für die Energiewirtschaft weltweit gilt,
gilt für die deutsche im Besonderen. Doch was macht
diese Branche so faszinierend?

Überspitzt könnte man sagen: „Ohne Energie ist alles
nichts." Oder man zitiert den Philosophen und Physiker
Werner Heisenberg, der sagte: „Energie kann als Ursache
für alle Veränderungen in der Welt angesehen werden."

Wir Bürger der Bundesrepublik Deutschland sind zu
Recht stolz auf unsere Automobilindustrie. Wie viele
Autos könnten wir bauen, wenn kein Strom flösse? Wir
sind ebenfalls zu Recht stolz auf die Wettbewerbsfähigkeit
unserer Chemieindustrie. Was glauben Sie, passiert mit
deren Wettbewerbsfähigkeit, wenn die Energiekosten um
20 Prozent steigen? Millionen Arbeitsplätze in Deutschland hängen von einer in jeder Hinsicht berechenbaren
Stromversorgung ab.

Einfache Beispiele für einen ebenso einfachen wie
bedeutenden Zusammenhang, denn es gibt eine unmit-
telbare Verknüpfung zwischen dem Wohlstand einer
Volkswirtschaft und ihrem günstigen, zuverlässigen und
nachhaltigen Zugang zu Energie.

Daher hat der Aufbau einer flächendeckenden Energieversorgung für viele sogenannte Schwellenländer höchste
Priorität, um der Armutsfalle zu entkommen. Die gesicherte
und bezahlbare Versorgung mit Energie ist Teil der Daseinsfürsorge. Diese Aufgabe übernimmt in unserem derzeitigen
Versorgungssystem die Energiewirtschaft.

Eine Sonderrolle, die mich persönlich fasziniert. Ob Politik, Technik, Umweltschutz, geopolitische oder volkswirtschaftliche Entwicklungen. Die Einflussfaktoren auf die Energiewirtschaft sind zahlreich – und spannend.

Die Energiewirtschaft und ihre volkswirtschaftliche Aufgabe lassen sich als ein großes Spiel beschreiben. Allerdings ein sehr komplexes Spiel mit vielen unterschiedlichen Spielern und ganz eigenen Spielregeln. Permanent kommen neue Spieler mit spezifischen Interessen hinzu. Und während manche Spieler an Bedeutung gewinnen, verlieren andere an Einfluss. Manch einer galt längst als abgeschrieben und legte dann doch wieder ein großes Comeback hin. Die Karten werden stetig neu gemischt. Bei den Spielregeln gab es in der Vergangenheit zwar einige Grundkonstanten, die dem System ein gewisses Maß an Verlässlichkeit vermittelten. Die Energiewende aber ändert alles. Sie stellt eine Zäsur dar. Einen nie da gewesenen Einschnitt. Das macht das Spiel natürlich noch spannender.

Energieversorgung ist ein Spiel um Macht, um Geld, technischen Fortschritt, Umweltschutz und ethische Positionen. Für den Laien ist dieses komplexe Spiel aber meist schwer zu verstehen. Mit „Unter Strom!" halten Sie nun ein Buch in Händen, das Ihnen die Spielregeln näherbringt. Schließlich sind auch Sie Spieler in diesem Spiel, indem Sie täglich und rund um die Uhr Strom nutzen.

Ich bin der festen Überzeugung, dass „Unter Strom!" auch deshalb notwendig ist, weil wir mit dem Umbau unserer Energieversorgung schon mitten in der vierten industriellen Revolution stecken. Die erste wurde durch den Gebrauch von Kohle und die Entwicklung von Dampfmaschinen um 1780 vorangetrieben. Etwa 100 Jahre später ging sie in die zweite industrielle Revolution über – mit der Erfindung und Nutzung von Motoren, motorisierten Fahrzeugen und Flugzeugen, angetrieben durch Erdöl und Benzin. Auffallend dabei: In beiden Fällen waren es neuartige Energieträger, welche die jeweiligen industriellen Quantensprünge auslösten. Von der dritten industriellen Revolution spricht man im Zusammenhang mit der Nachrichtenübermittlung. Sie begann – fast parallel zur zweiten industriellen Revolution – mit der Telegrafie (um 1850). Auch das Internet und Social Media als Zeichen des Informationszeitalters sind Teil der dritten industriellen Revolution. Und die vierte? Sie steht für den noch relativ jungen Versuch, unsere Energieversorgung von den endlichen und umweltrisikobehafteten nuklearfossilen Energieträgern auf die unerschöpflichen Erneuerbaren Energien umzustellen.

Unsere Kinder und Enkelkinder werden an den Chancen und Schwierigkeiten dieses Projekts teilhaben.

Dabei steht so viel auf dem Spiel, dass ich der Auffassung bin, der Endverbraucher sollte wissen, worum es bei diesem Umbau des Versorgungssystems geht und die grundlegenden Mechanismen kennen.

Worum geht es eigentlich bei der Energiewende?

In meiner beruflichen Funktion spreche ich täglich mit Privatleuten, Studenten, Unternehmern, Managern und

Verbandsmitgliedern über das Thema Energieversorgung. Dabei habe ich festgestellt, dass der Wunsch nach mehr Über- und Durchblick besteht. Die Menschen haben erkannt, dass etwas Weitreichendes im Gange ist. In den Medien erleben wir jedoch eine oftmals schrille, oberflächlich geführte öffentliche Diskussion um die Energiewende und unsere Stromversorgung. Denn in dem Spiel der Energiewirtschaft geht es um Geld. Um sehr viel Geld. Und überall dort, wo es um Geld und die Veränderung des Status quo geht, machen Interessengruppen mobil: Die Lobbyisten kommen ins Spiel. Ganz bewusst heizen sie die dogmatisch-oberflächlichen Diskussionen an. Da ist es von Vorteil, wenn man mit einem Grundwissen über das bestehende Versorgungssystem gewappnet ist, um Mythen, die von Lobbyisten immer wieder bedient werden, als solche zu entlarven.

Lobbyist A: „Der Strom in Deutschland wird knapp."
Lobbyist B: „Wir haben noch nie so viel Strom exportiert wie heute."
Lobbyist C: „Der Börsenpreis für Strom erreicht immer neue Rekordtiefs."
Lobbyist D: „Der Preis für Strom steigt auf ein Rekordniveau."

Keine dieser Aussagen ist falsch. Doch wie solche scheinbaren Paradoxien zustande kommen, ist für den interessierten, aber meist fachfremden Bürger kaum nachzuvollziehen.

Um diese Wissenslücke zu schließen, bedarf es keiner technisch-wissenschaftlichen Abhandlung. Ich muss

Ihnen nicht erklären, wie ein Transformator mit Hilfe von zwei Spulen den elektrischen Fluss koppelt und wie sich das Verhältnis der Spannung aus der Anzahl seiner Windungen ergibt. Das müssen Sie nicht wissen, um die Energiewende zu begreifen. Aber ich möchte Ihnen unter anderem erklären, wie sich der Preis für Strom bildet. Denn das ist ein wichtiger Wissensbaustein um die Energiewende zu verstehen.

Ebenso wenig möchte ich Ihnen eine „Pro-Kontra"-Argumentation an die Hand geben. Weder möchte ich die Angst schüren, indem ich prophezeie, dass Deutschland in einigen Jahrzehnten wieder ein Agrarstaat sein wird und wir alle nur noch auf den Feldern ackern, weil die astronomischen Energiepreise jegliche Industrie ins Ausland vertrieben haben. Noch möchte ich Ihnen eine Predigt darüber halten, dass wir uns alle Photovoltaik-Anlagen aufs Dach bauen müssen, weil wir dann alle Probleme einer modernen Gesellschaft los wären – inklusive Welthunger, Kinderarbeit und Migrationsströme.

Denn Panikmache und Schwärmereien werden der historischen Aufgabe nicht gerecht. Mir geht es darum, Ihnen zu zeigen, wie unser derzeitiges System funktioniert und an welchen Stellschrauben die Energiewende ansetzt – sodass Sie schließlich in der Lage sind, eine eigenständige Bewertung der Debatte vorzunehmen.

Warum ausgerechnet ich als Angestellter eines Energieversorgungsunternehmens derjenige sein könnte, der objektiv und unvoreingenommen das Gesamtsystem Energieversorgung samt Energiewende erklärt? Immerhin bin ich Teil eines Systems bzw. eines Players der eigene Interessen im Spiel verfolgt. Will da jemand seinen Job verlieren oder eben doch Lobbyismus, quasi durch die Hintertür, betreiben? Weder noch. Als ich das Konzept für dieses Buch entwickelte, hatte ich ein klares Ziel vor Augen. Ich wollte die Lücke zu schließen zwischen dem Interesse für unser Energiesystem bzw. die Energiewende einerseits und dem mangelnden Wissen um die Zusammenhänge anderseits. Der Manager eines Atomunternehmens soll den Aussagen dieses Buches ebenso zustimmen können wie der Geschäftsführer eines Windkraftherstellers. Sozusagen als Fundament für weitere Diskussionen.

Aber ist es überhaupt möglich, über dieses brisante Thema *objektiv zu schreiben?* Gehen nicht wichtige Aussagen verloren? Muss nicht im Interesse der Harmonie, Faktenglättung betrieben werden?

Ich bin überzeugt davon, dass es möglich und sogar absolut notwendig ist. Weil es eine Wahrheit jenseits des Sturms der Lobby gibt: das Spiel der Energieversorgung und seine Spielregeln.

Inhaltsverzeichnis

1

Das Spiel der Spiele: Bedeutung und Entwicklung der deutschen Stromwirtschaft

Der Blick zurück

Historische Entwicklung der Stromwirtschaft

Wüsste nicht, was Sie Besseres erfinden könnten, als dass Leuchten ohne Putzen brennen.

(Johann Wolfgang von Goethe,
deutscher Dichter, 1749–1832)

In den Siebziger- und Achtzigerjahren des 19. Jahrhunderts wird das Zeitalter der Elektrizität durch zwei revolutionäre Erfindungen eingeläutet: Um 1866 entdeckte Werner von Siemens das dynamoelektrokritische Prinzip. Bereits zu dieser Zeit wurden mit kleinen, dezentralen Erzeugungsstationen Wohnhäuser und Manufakturanlagen

© Springer Fachmedien Wiesbaden GmbH 2017
P. Würfel, *Unter Strom*,
DOI 10.1007/978-3-658-15164-5_1

vereinzelt mit Elektrizität versorgt. Der Durchbruch der Elektrizität kam jedoch erst in der Kombination mit einer zweiten genialen Erfindung: 1881 stellte der Amerikaner Thomas Alva Edison im Rahmen einer Technikausstellung in Paris seine selbst entwickelte Glühlampe vor. Staunend standen die Besucher vor dieser scheinbar durch Magie erleuchteten Glühbirne. Man sprach vom „Lichtwunder von Paris". In den nachfolgenden Jahren revolutionierten die neuen Möglichkeiten der Elektrizität das wirtschaftliche, öffentliche und soziale Leben der entwickelten Länder. Edison, der „Wizard of Menlo Park", war nicht nur ein genialer Erfinder. Er war ebenso ein genialer Unternehmer. Er verstand sehr früh, dass eine noch so geniale Erfindung nichts ist ohne entsprechende Werbemaßnahmen, um die Öffentlichkeit von den Vorzügen der Erfindung zu überzeugen. Er schuf in den USA die erste Werbefigur der Stromindustrie. „Edison Darky" war ein mit Glühbirnen ausgestatteter Reklametänzer, der auf Jahrmärkten und Ausstellungen für die Elektrifizierungskampagnen der „Edison Electric Light Company" warb. Wie in den USA, lief die Elektrifizierung der industrialisierten Welt in der Frühphase sowohl auf technischer als auch auf kommunikativer Ebene ab. Heute würde man von Marketingkampagnen sprechen. Sie hatten das Ziel, die breite Öffentlichkeit von den physikalischen Eigenschaften und den potenziellen Anwendungsbereichen der Elektrizität zu überzeugen. Edisons „Edison Electric Light Company" lebt bis heute im Nachfolgekonzern General Electric (GE) fort.

   In Deutschland war es der Maschinenbauingenieur Emil Moritz Rathenau, der diese Strategie auf das Deutsche

Reich übertrug. Rathenau hatte auf der internationalen Technikausstellung in Paris Edisons Glühbirnentechnik kennengelernt. Er erkannte die weitreichenden Implikationen der neuen Technik und erwarb die deutschen Rechte an den Edisonpatenten. 1883 gründete er die „Deutsche Edisongesellschaft für angewandte Eletricität" (DEG) die 1887 in die „Allgemeine Electricitäts Gesellschaft" (AEG) umbenannt wurde. Sein unternehmerisches Ziel war es, den „Stromhunger" im prosperierenden jungen Deutschen Kaiserreich anzuheizen: „... nach Bedürfnis bald Licht, bald Kraft, gleichzeitig Lampen in Wohnungen und Maschinen in Werkstätten in Tätigkeit setzt!" wurde sein Leitspruch. Die AEG wurde einer der maßgeblichen Treiber der Elektrifizierung in Deutschland und zwischenzeitlich bis zu ihrem Konkurs 1982 einer der weltweit führenden Technologiekonzerne.

Schon 1883 installierte die Deutsche Edison Gesellschaft in Berlin eine Elektroblockstation zur Elektrizitätsversorgung umliegender Siedlungen und öffentlicher Einrichtungen. In kurzer Zeit entstanden vergleichbare Blockstationen in anderen Großstädten des Deutschen Reiches. Unter anderem versorgte schon 1888 eine solche technische Einrichtung die Bayreuther Festspiele mit Effekt- und Bühnenbeleuchtung. Was heute seit Generationen selbstverständlich ist, war für die Menschen damals eine echte Revolution. Die Versorgung mit Elektrizität ermöglichte dank der Unabhängigkeit von Tages- und Nachtzeiten einen komplett neuen Lebensrhythmus und befeuerte in der Gründerzeit des Reiches die wirtschaftliche Entwicklung. Zu dieser Zeit nutzte man die Elektrizität vorrangig für die Beleuchtung, wobei der Strom für die

Nutzer mangels Stromzähler zu einem Pauschalpreis abgerechnet wurde.

Charakteristisch für die Blockstationen war ihre Dezentralität. Der Strom wurde für ein lokales Netz vor Ort erzeugt und produktionsnah verbraucht. Diese Dezentralität gewinnt vor dem Hintergrund der heutigen Energiewende wieder an Aktualität.

Die nächste Entwicklungsstufe, der noch in den Kinderschuhen steckenden deutschen Stromwirtschaft, war dann auch eine *zentrale* Energieversorgung. So wurden größere Kraftwerkstationen installiert, die über ein verzweigtes Netz ganze Stadt- oder Industrieviertel weiträumig mit Strom versorgten. Aufgrund sinkender Kosten durch größere Produktionsmengen (Skaleneffekte) waren diese zentralen Großstationen den kleineren dezentralen Anlagen wirtschaftlich überlegen. Entsprechend wurde die zentrale Energieversorgung durch Großkraftwerke prägend für die Energieversorgung wachsender Industrienationen im 20. Jahrhundert.

In den Kap. 3 und 4 erfahren Sie, wie die Energiewende diese mehr als 100 Jahre alte Struktur aufbricht und verändert.

Beteiligung staatlicher Stellen

1884 schloss die Stadt Berlin mit der Deutschen Edison Gesellschaft den ersten Konzessionsvertrag ab. Er umfasste die Straßennutzung, das Recht zur Kabelverlegung und die Versorgungspflicht im Netzgebiet. Im Gegenzug entrichtete die Gesellschaft eine jährliche Abgabe an die Stadt.

Mit diesem Konsortialvertrag wurden jene zwei Faktoren geregelt, die das wachsende Interesse staatlicher Stellen an der Elektrizitätsbranche bis heute begründet haben:

1. Die Möglichkeit, Einnahmen zu erzielen.
2. Die Sicherstellung der Stromversorgung als öffentliches Gut.

Diese beiden Aspekte sind die Gründe dafür, dass die Energiebranche von Anfang an eine hoch politisierte Industrie war und es bis dato ist. Die Konzessionsabgabe wird übrigens bis heute von den Stromverbrauchern bezahlt.

Am Übergang zum 20. Jahrhundert wurden eine Vielzahl von Stromversorgungsunternehmen im gesamten Reichsgebiet gegründet. Mit dem Aufbau von Überlandleitungen gelang es, auch den ländlichen Raum nach und nach an die Elektrizitätsversorgung anzubinden. Es herrschte eine unglaubliche Dynamik in Verbindung mit einem rastlosen Pioniergeist. Die Stromerzeugung, die damals vor allem auf der Verbrennung von Kohle basierte, wurde immer zentraler. Kraftwerke zogen in für die Brennstoffversorgung günstige Lagen, in der Regel an Orte in Flussnähe, um die Kohleversorgung mithilfe von Binnenschiffen zu gewährleisten. Über das wachsende Stromnetz wurde der Strom dann zu den Verbrauchsorten transportiert.

All diese Entwicklungen resultierten damals aus privaten Unternehmensaktivitäten. Das Interesse der Kommunen beschränkte sich bis dahin auf die jährlichen Konzessionseinnahmen und ihre möglichst rasche versorgungstechnische Anbindung.

Doch schon bald erkannten auch Gemeinden und Kommunen, dass die Stromwirtschaft eine enorme Ertragschance barg, weshalb sie nach Auslaufen von Konzessionsverträgen verstärkt in die gesellschaftsrechtliche Eigentümerschaft der Energieversorgungsunternehmen drängten. Die Privatwirtschaft hieß die staatliche Beteiligung willkommen. Konnte sie auf diese Weise doch die eigene Expansion mit staatlicher Unterstützung vorantreiben.

Nach dem Ende des Ersten Weltkrieges gab es in den jeweiligen Reichsregierungen Überlegungen, die Elektrizitätswirtschaft komplett in Reichsbesitz zu überführen. Die Begründung lautete, die Versorgung mit dem öffentlichen Gut Energie müsse zentral von staatlicher Stelle gelenkt werden, um eine effiziente Stromversorgung zu gewährleisten. In Wirklichkeit waren es jedoch die Einnahmen, die den kriegsgeschwächten Reichshaushalt stützen sollten und das Interesse der Reichsregierungen auf sich zogen.

Diese Überlegungen führten zu einem Konflikt, den man als föderal und bis heute als charakteristisch für die Stromwirtschaft in Deutschland bezeichnen kann. Die Länder des Deutschen Reiches begehrten zu Beginn der Zwanzigerjahre des 20. Jahrhunderts gegen den Reichsanspruch auf, weil man die Chance auf eigene Beteiligungen am ständig wachsenden Kuchen der Stromeinnahmen schwinden sah. Einige Länder reagierten, indem sie Landesgesellschaften gründeten, unter anderem in Bayern, Baden und Sachsen. Der wichtigste Bundesstaat Preußen reagierte mit Landesaktivitäten zur flächendeckenden Elektrifizierung Mitteldeutschlands. 1927 vereinigte Preußen alle landeseigenen Kraftwerke und Übertragungsleitungen in der „Preußischen Elektrizitäts AG", der späteren PreussenElektra. Im Jahr 2000 schloss sich die PreussenElektra mit den Bayernwerken zur heutigen E.ON zusammen. Aufgrund der politischen Machtverhältnisse und einer geschwächten Reichsregierung während der Wirren der Weimarer Republik setzten sich die Länder in der Machtprobe mit der Zentralregierung durch. Bis heute sind deshalb Kommunen bzw. Bundesländer über Stadtwerke und Unternehmensbeteiligungen in der Stromversorgung aktiv.

An dieser Stelle zeigt sich einmal mehr, dass Konflikte, die bis heute in die Stromwirtschaft hineinwirken, zum Teil vor rund einem Jahrhundert begonnen haben. Heute kämpfen Länder und Bund im Zuge der Energiewende erneut um Kompetenzen und Einflussmöglichkeiten in der Energieversorgung. Und so sprechen Experten nicht umsonst von 16 Energiewenden. Es sieht oft so aus, als ob jedes Bundesland seine eigene Energiepolitik und damit seine eigene Energiewende betreibt.

Zweiter Weltkrieg und Konsolidierung

In den Dreißigerjahren des letzten Jahrhunderts erreichte die Zahl der Energieversorgungsunternehmen (EVU) ihren Höhepunkt mit ca. 16.000 Unternehmen. Doch bereits in der Endzeit der Weimarer Republik kam es zu Konsolidierungstendenzen in der Stromindustrie. Die EVU vereinbarten Demarkationsgrenzen innerhalb derer sie sich vor gegenseitigem Wettbewerb schützten. Es ist bemerkenswert, dass die Energieversorgungsbranche selbst während der Weltwirtschaftskrise noch sehr erfolgreich agierte. Die Gewinne und Renditekennzahlen hielten sich deutlich über denen anderer Industriebranchen. Seither galt die Energieversorgung als krisensicheres Geschäftsmodell. Die Energiewende aber bringt auch dieses scheinbar festgeschriebene Gesetz ins Wanken (Kap. 5).

Nach der Machtübernahme der Nationalsozialisten 1933 kam es zu einer weiteren Konsolidierung der EVU. Gab es zum Ende der Weimarer Republik noch rund 16.000 EVU im gesamten Reichsgebiet waren es 1937 nur noch knapp 10.000. Wie in anderen Branchen auch, wurde im Dritten Reich die Zentralisierung forciert und der Zusammenschluss zu größeren Einheiten erzwungen, um die Wirtschaft kriegstauglich zu machen. Das Führerprinzip hielt auch in der Energiewirtschaft Einzug. Der Trend zur Konsolidierung setzte sich nach dem Ende des Zweiten Weltkriegs fort. Bis 1955 reduzierte sich die Zahl der EVU weiter auf 4112 Unternehmen; 1970 bestanden noch 1378 und 1990 noch ca. 1000 Unternehmen. Die Energiewirtschaft folgte damit einem Trend, der auch in vergleichbar kapitalintensiven Branchen vorherrscht. Die Kapitalintensität förderte den Zusammenschluss zu größeren Einheiten.

Nach Kriegsende setzte sich zudem eine dreistufige Gliederung der deutschen Energiewirtschaft durch. An der Spitze (Ebene 1) kam es zu Allianzen und Zusammenschlüssen der Energieversorgungskonzerne. Diese vereinten die größten Kraftwerkskapazitäten und den Betrieb der Übertragungsnetze auf sich. Auf Ebene 2 folgten die

Regionalgesellschaften und auf Ebene 3 fanden sich die kleineren, nur lokal tätigen Versorgungsunternehmen. Diese dreistufige, typisch deutsche Struktur besteht im Grunde bis heute. Mit der Energiewende deutet sich allerdings eine erhebliche Verschiebung der bisherigen Machtverhältnisse an, denn es kommen neue Marktteilnehmer, die neuen Spieler, hinzu (Kap. 5).

Bis Anfang der Sechzigerjahre war die Kohle der dominierende Brennstoff für die deutsche Stromversorgung. Mit der Entdeckung und Erschließung des Groningen Erdgasfeldes in den Niederlanden 1959 drängte in den frühen Sechzigerjahren Erdgas immer stärker in den Markt, begleitet von der Kernenergie als weitere Stromerzeugungsoption. Die Initiative zur Entwicklung und Einführung der Kernenergie ging hauptsächlich vom Staat aus. Entsprechend zurückhaltend standen die Energieunternehmen der Kernkraftnutzung gegenüber. Die Stromindustrie war in dieser Frühphase ein eher bremsender Faktor bei der Einführung der Kernkraft. Zum einen waren bereits sehr hohe Summen in Kohlekraftwerke investiert und man fürchtete eine Entwertung der eigenen Investitionen. Zum anderen wirkten die enormen Anfangsinvestitionen für Kernkraftwerke abschreckend. Der Staat jedoch sah in der Kernkraft eine moderne Schlüsseltechnologie. Bis heute behaupten einige Historiker, dass in der Anfangszeit der Kernkraftnutzung die militärische Option, bzw. die Option zur schnellen nuklearen Aufrüstung, der politische Hauptfaktor zur Einführung eines zivilen Nuklearprogramms war. Demnach war der Ausbau der Kernkraft zu Beginn nicht marktgetrieben. Erst mit der ersten und zweiten Ölkrise 1973 und 1979 wurde der Aspekt „Versorgungssicherheit" politisch in den Vordergrund gestellt und der Ausbau der Kernkraft weiter forciert. Deutlich wird auf jeden Fall, dass die Einführung der Kernkraft als weitere Stromerzeugungstechnologie von Beginn an ein staatlich gefördertes Projekt war. Also machte die Bundesregierung den Energieunternehmen die Nutzung der Kernkraft ökonomisch schmackhaft, indem man sie mit Subventionen und steuerlichen Vergünstigungen lockte.

Insofern wirkt die Vehemenz, mit der die vier deutschen Atomkonzerne (E.ON, Rheinisch-Westfälisches Elektrizitätswerk (RWE), Energie Baden-Württemberg (EnBW) und Vattenfall) 2011 – d.h. nach Beschluss des vorzeitigen Atomausstiegs – ihre Besitzstände zu verteidigen versuchten, wie eine Ironie der Geschichte. 1961 speiste das Kernkraftwerk Kahl in der Gemeinde Karlstein am Main zum ersten Mal kommerziell kernkrafterzeugten Strom in das westdeutsche Stromnetz ein. Mit einer Leistung von 15 Megawatt war der Meiler noch verhältnismäßig klein. In den folgenden Jahren wurden weitere, deutlich leistungsfähigere Kernkraftwerke ans Netz gebracht. Bereits 1966 ging das Kernkraftwerk Grundremmingen mit einer Leistung von 237 Megawatt ans Netz. In der DDR wurde im selben Jahr das erste Kernkraftwerk in Rheinsberg in Betrieb genommen.

Bedenken aufgrund von technischen oder ethischen Risiken gab es in den Anfängen der Kernenergie weder in der Politik noch in der Gesellschaft. Themen wie Endlagerung, Beherrschbarkeit der Technik und menschliches Versagen standen damals nicht im Fokus der Öffentlichkeit.

Das Restrisiko eines atomaren Supergaus war ein abstrakter Begriff (Kap. 3). Erst im Laufe der Siebzigerjahre formierte sich in Deutschland die Anti-Atomkraftbewegung (Anti-AKW). Ab dieser Zeit galt das Zitat des Aphoristikers Gerhard Uhlenbruck: „Erst haben die Menschen das Atom gespalten, nun spaltet das Atom die Menschen!".

Liberalisierung des Strommarktes

Aufgrund europarechtlicher Vorgaben kam es 1998 zu einer Liberalisierung des deutschen Strommarktes. Mit der Liberalisierung strebte die EU-Kommission den Abbau von Regulierungen und die Privatisierung der Energieversorgung an. In der bisherigen Stromversorgungsstruktur galten feste Demarkationslinien (Konsortialgebiete), die das jeweils zuständige EVU vor Wettbewerbern schützte. Von der Stromerzeugung und der Verteilung über Netze, bis hin zum Vertrieb an den Endkunden, war innerhalb einer bestimmten Region stets nur ein Energieversorgungsunternehmen zuständig. Für die Stromversorgungsindustrie war diese Marktstruktur mit dem paradiesischen Zustand vergleichbar. Die Versorgungsgebiete waren häufig identisch mit den Bundesländern oder Regionsgrenzen, da die Initiative zur Gründung von Energieversorgungsunternehmen oftmals von Bundesländern bzw. Kommunen ausgegangen war. Innerhalb dieser Grenzen hatten die Unternehmen keinen Wettbewerber und konnten aus einer komfortablen Monopolistenposition heraus im Schatten des Wirtschaftswachstums vom steigenden

Stromverbrauch profitieren. In der Energiewirtschaft spricht man daher auch oft von der „Guten alten Zeit".

Ursächlich für die Änderung dieses Status quo war die Schaffung des EU-Binnenmarktes. Innerhalb dieses Binnenmarktes können Unternehmen ohne Einschränkungen Produkte und Dienstleistungen in allen EU-Mitgliedsländern anbieten. Dies gilt auch für den Handel mit Energie. Die sogenannten Konsortialgebiete wurden aufgelöst. Der Strommarkt musste den Wettbewerb erlernen. Jetzt durften alle EVU bundesweit Unternehmen, öffentliche Einrichtungen und Privatkunden mit Strom beliefern. Darüber hinaus musste das Netzgeschäft, also der Stromtransport, eigentumsrechtlich oder organisatorisch vom Handel- bzw. Vertriebsgeschäft getrennt werden. Dieses „Unbundling" sollte dafür sorgen, dass jeder Stromlieferant seine Kunden auch in Netzgebieten anderer Energieversorger mit Strom versorgen kann. Die Stromnetze fungieren hierbei als ein „natürliches Monopol" (Kap. 3). Mit der Liberalisierung setzte sich ein gewaltiges Fusionskarussell in Bewegung. Die Überlegung hinter diesen Zusammenschlüssen war, dass in einem Wettbewerbsmarkt nur große Konzerne mit entsprechender Marktmacht bestehen könnten. Die Folge waren die Megafusionen zu letztlich vier Großkonzernen der deutschen Energiebranche: E.ON, RWE, EnBW und Vattenfall. Man hoffte durch Synergieeffekte und Größenvorteile im neuen bundesweiten Wettbewerb besser bestehen zu können. Diese vier Megaplayer am deutschen Markt waren nun für ca. 80 Prozent der deutschen

Stromerzeugung verantwortlich. Den kleineren und mittleren Stadtwerken wurde damals ein schnelles Ende prophezeit.

Angesichts der Energiewende war dieser Schluss jedoch voreilig. Kleinere, flexible dezentrale Einheiten wie die Stadtwerke wurden zu Hoffnungsträgern der Energiewende. Das Geschäftsmodell der großen Energiekonzerne, der Betrieb von fossil-nuklearen Großkraftwerken, funktioniert nicht mehr in Zeiten von Kernkraftausstieg und Ausbau der dezentralen Erzeugung auf Basis regenerativer Energien. Das Ergebnis ist eine Umkehrung der Megafusionen im Zuge der Liberalisierung. Um sich auf die veränderten energiewirtschaftlichen Rahmenbedingungen einzustellen, führen die großen Konzerne gegenwärtig eine De-Integration durch (Kap. 5). Ein weiteres anschauliches Beispiel dafür, wie die Energiewende als „Game-Changer" fungiert. Viele Spielregeln der Branche gelten plötzlich nicht mehr, die Karten werden neu gemischt.

Unser heutiges Stromversorgungssystem hat sich in mehr als einem Jahrhundert entlang ökonomischer Notwendigkeiten, politischer Machtverhältnisse, technologischer Innovationen und gesellschaftlicher Diskussionen entwickelt. Die dabei entstandenen Strukturen haben sich als träge erwiesen. Mit der Energiewende soll dieses träge System innerhalb einer historisch recht kurzen Zeitspanne von knapp 40 Jahren komplett umgekrempelt werden. Ein sportliches Ziel.

Das magische Dreieck

Wirtschaftlichkeit – Versorgungssicherheit – Umweltschutz

Nur wer sein Ziel kennt, findet den Weg.
(Laotse, chinesischer Philosoph,
604–531 v. Chr.)

Bereits in der Frühphase der Stromversorgung kristallisierte sich heraus, dass die flächendeckende Stromversorgung bestimmten Anforderungen entsprechen muss. In diesem Zusammenhang ist die Rede von dem energiewirtschaftlichen Zieldreieck, das drei grundlegende Anforderungen an ein funktionsfähiges Stromversorgungssystem in einem Industrieland stellt.

Die drei Eckpunkte des Zieldreiecks sind:

* Wirtschaftlichkeit (Bezahlbarkeit)
* Versorgungssicherheit
* Umweltschutz

In der Bundesrepublik Deutschland ist dieses Zieldreieck der Energiepolitik gesetzlich verankert. Im Energiewirtschaftsgesetz (kurz EnWG) Paragraf 1 wird die Energiepolitik auf den energiewirtschaftlichen Zielkanon verpflichtet:

> Zweck des Gesetzes ist eine möglichst sichere, preisgünstige, verbraucherfreundliche, effiziente und umweltverträgliche leitungsgebundene Versorgung der Allgemeinheit mit Elektrizität und Gas.

Diese drei Ziele sind jedoch nicht kongruent. Indem man ein Ziel verfolgt, wird dadurch ein anderes gehemmt und umgekehrt. Es gibt klare Zielkonflikte. So geht eine besonders umweltfreundliche Energieversorgung oftmals mit höheren Preisen einher. Dasselbe gilt für eine gesteigerte Versorgungssicherheit. Umgekehrt verlieren die Zielkomponenten Umweltschutz und Versorgungssicherheit schnell an Qualität, wenn eine Energiepolitik das Merkmal Wirtschaftlichkeit nur im Sinne von niedrigen Preisen interpretiert. Folglich geht es nicht um die Maximierung eines der drei Ziele, sondern um die Optimierung des Zielsystems. Für ein effizientes Energieversorgungssystem muss eine optimale Balance gefunden werden. Eine wahrlich magische Balance, da sie in der Praxis nicht zu erreichen ist. Die volkswirtschaftlich optimale Balance zu finden, gilt deshalb als der „Heilige Gral" der Energiepolitik. Für eine moderne industrielle Volkswirtschaft ist es eine der Schlüsselfragen des 21. Jahrhunderts eine zuverlässige, bezahlbare und umweltverträgliche Energieversorgung zu gewährleisten. Das energiepolitische Zieldreieck bleibt deshalb die Richtschnur bei der Transformation des Energieversorgungssystems. Die Bundesregierung formulierte dieses Zieldreieck in ihrem ersten Monitoringbericht zur Energiewende 2012 folgendermaßen:

Deutschland soll in Zukunft bei wettbewerbsfähigen Energiepreisen und hohem Wohlstandsniveau eine der energieeffizientesten und umweltschonendsten Volkswirtschaften der Welt werden. Dabei soll der Energiebedarf jederzeit und zu bezahlbaren Preisen gedeckt werden können.

Anhand des Zieldreiecks lassen sich die Diskussionen um die Energiewende gut nachvollziehen. Denn auch bei der Energiewende handelt es sich um nichts anderes als um das Erreichen der idealen Balance. Oftmals werden die einzelnen Ziele jedoch separat betrachtet und kommentiert, obwohl sie in einer Wechselwirkung stehen und daher stets im Zusammenhang betrachtet bzw. bewertet werden müssen.

Wirtschaftlichkeit

Die Wirtschaftlichkeit der Energieversorgung verlangt die bezahlbare Bereitstellung von Energie. Wirtschaftlichkeit, im Sinne einer bezahlbaren Energieversorgung, kann in seiner Bedeutung für ein modernes Industrieland kaum überschätzt werden. Strom findet in allen Haushalten und Industrien Anwendung. Kommunikation, Licht, Steuertechnik, es gibt kaum einen Lebensbereich der ohne Elektrizität auskommt. Der Preis für den Strombezug hat daher eine große ökonomische und soziale Dimension. Ausgangsgedanke dieses Wirtschaftlichkeitsziel ist, dass jene Volkswirtschaft im Vorteil ist, die möglichst wenig für ihre Energie bezahlt. Je günstiger Unternehmen die benötigte Energie beziehen können, desto günstiger können sie bei sonst gleichbleibenden Bedingungen ihre Waren herstellen oder Dienstleistungen erbringen. Privathaushalte haben bei niedrigen Energiepreisen mehr Geld für den Konsum zur Verfügung. Summa summarum steht der Volkswirtschaft mehr Geld für zukunftsrelevante Posten wie Forschung, Bildung und Infrastruktur zur Verfügung.

Sie kennen die gängige Frage im Zusammenhang mit dem Ziel Wirtschaftlichkeit: *Was muss der Energie-Endnutzer für seinen Strom zahlen?* Und so setzen sich die Stromkosten zusammen:

* Kosten für die Produktion einer Stromeinheit (Stromgestehungskosten)
* Margen der Energieversorger
* nachgelagerte Kosten, z. B. die Kosten für die Stromverteilung und für den Netzausbau samt Wartung
* gesetzliche Umlagen und Abgaben

Um die Wirtschaftlichkeit eines Stromversorgungssystems zu beurteilen, muss eine Gesamtbetrachtung vorgenommen werden. Die Betrachtung einzelner Preiskomponenten hingegen führt zu einer verkürzten Darstellung. In den öffentlichen Diskussionen um die Energiewende werden dennoch oft nur einzelne Komponenten der Stromkosten betrachtet und kommentiert. Im Vergleich zu anderen europäischen Ländern zahlen Haushaltskunden in Deutschland aktuell den zweithöchsten Preis mit durchschnittlich 29,51 ct/kWh. Nur dänische Haushaltskunden zahlen mit durchschnittlich 30,68 ct/kWh mehr. In Frankreich zahlen Privatleute durchschnittlich lediglich 16,24 ct/kWh. Der EU-Durchschnitt liegt bei 20,78 ct/kWh. Für nicht privilegierte mittlere Industriebetriebe in der Bundesrepublik (500 MWh–2000 MWh Verbrauchsmenge pro Jahr) sieht es ähnlich aus. Sie liegen inklusive Steuern, Abgaben und Umlagen mit durchschnittlich 19,79 ct/kWh ebenfalls hinter dänischen Industriebetrieben auf dem zweiten Platz der teuersten Strombezugspreise innerhalb der EU. Industrielle Großverbraucher (70.000 MWh–150.000 MWh Verbrauchsmenge pro Jahr) liegen mit 13,88 ct/kWh inklusive Steuern, Abgaben und Umlagen auf Rang drei in der EU. Vergleichbare US-amerikanische Industrieunternehmen zahlen lediglich 5,27 ct/kWh. Wenn man sich überlegt, dass die Stärke der deutschen Volkswirtschaft zu einem großen Teil von der Wettbewerbsfähigkeit einer im internationalen Standortwettbewerb stehenden Industrie abhängt, sind dies mit Blick auf das Teilziel Wirtschaftlichkeit bedenkliche Zahlen. Die Politik muss auf diese Zahlen im Rahmen der Veränderungsprozesse der Energiewende Antworten finden.

Versorgungssicherheit

Die Versorgungssicherheit beschreibt die Fähigkeit unseres Energiesystems, zu jedem Zeitpunkt zuverlässig die benötigte Energiemenge liefern zu können. Im Einzelnen bezieht sich diese Fähigkeit auf vier Teilkomponenten:

* Verfügbarkeit von Primärenergieträgern
* Stromerzeugung
* Transport des Stroms
* Stabilität des elektrischen Systems

Hierbei ist zwischen technischer und politischer Versorgungssicherheit zu unterscheiden. Die *technische Versorgungssicherheit* verlangt, dass jede Störung im System ohne Verzug zu beheben ist. Maßstab für die technische Versorgungssicherheit sind die Blackout-Zeiten. Je niedriger diese Kennzahl, desto höher die technische Versorgungssicherheit. Deutschland erreicht hier bisher einen überaus positiven Wert (Exkurs „Blackout").

Exkurs: Blackout – der Albtraum moderner Gesellschaften
Stellen Sie sich vor, von einem Moment auf den anderen fällt die gesamte Stromversorgung aus. Kein Fernseher, kein Radio, kein Licht, die ersten Mobiltelefon-Akkus fallen aus, Computer lassen sich nicht mehr hochfahren, die Internetverbindungen sind gestört. Auf den Straßen bilden sich lange Staus, weil keine Ampel funktioniert. An den Tankstellen geben die Zapfsäulen ihren Geist auf. Krankenhäuser können nur noch einen Notbetrieb aufrechterhalten. Polizei und Feuerwehr sind aufgrund von Überlastung innerhalb kurzer Zeit handlungsunfähig. Unsere komplette Wirtschaft käme zum Erliegen. Alle kritischen Infrastrukturen wären betroffen und ein Kollaps der gesellschaftlichen Strukturen nach wenigen Wochen unvermeidbar. Der volkswirtschaftliche Schaden wäre immens. Sicherheitsexperten gehen davon aus, dass nach einer Woche flächendeckenden Stromausfalls die öffentliche Ordnung vollständig zusammenbrechen würde.

Unsere moderne Gesellschaft ist in hohem Maße abhängig von einer störungsfreien Stromversorgung. Eine Studie des Hamburger Weltwirtschaftsinstituts (HWWI) zeigt, dass bei einem flächendeckenden Stromausfall ein volkswirtschaftlicher Schaden von ca. 600 Millionen Euro pro Stunde entstünde. Die Ursachen eines solchen Systemausfalls können vielfältig sein. Infrage kommen technisches oder menschliches Versagen, extreme Wettersituationen, terroristische Kommandoaktionen, Cyberterrorismus, Epidemien oder Pandemien. All dies könnte theoretisch in einem Netzzusammenbruch resultieren. Experten rechnen damit, dass die Häufigkeit von Stromausfällen weltweit zukünftig zunehmen wird. Hintergrund ist, dass die möglichen

Gefährdungsfaktoren wie Cyberterrorismus bzw. klimatische Veränderungen mit Extremwetterereignissen zunehmend an Bedeutung gewinnen werden. Das deutsche Stromversorgungssystem funktioniert äußerst zuverlässig. Weltweit gilt der sogenannte SAIDI-Index (System Average Interruption Duration Index) als Maßstab für die technische Qualität eines Stromversorgungssystems. In diesen Index fließen allerdings nur Stromausfälle ein, welche unplanmäßig auftreten und länger als drei Minuten dauern. Betrachtet werden nur Ausfälle, welche durch technische oder menschliche Fehler hervorgerufen werden. Naturkatastrophen bzw. geplante Abschaltungen aufgrund von Wartungen fließen in den Index nicht ein.

Für Deutschland hat die Bundesnetzagentur ermittelt, dass im Schnitt im Jahr pro Kunde lediglich Versorgungsausfälle von insgesamt 15 Minuten auftraten. Es handelt sich hierbei um Zeiten, in denen kein Strom verfügbar war. Österreich kommt auf einen Wert von rund 35 Minuten. Das französische Stromnetz hat durchschnittliche Ausfallzeiten von 68 Minuten pro Jahr. Europäisches Schlusslicht ist Malta mit einer durchschnittlichen, jährlichen Unterbrechungsrate von 360 Minuten. Für die Sicherheit der deutschen Netze und den Schutz vor Blackouts ist der Begriff „n minus 1" der Schlüsselbegriff. Im deutschen Stromnetz gibt es eine große Anzahl an Systemkomponenten (Anzahl = n). Diese Komponenten sind Kraftwerke, Trafo-Stationen, Stromleitungen etc. Das System ist so aufgebaut, dass eine bestimmte Zahl dieser Komponenten ausfallen dürfte, ohne dass das Gesamtsystem zusammenbrechen würde. Der Ausfall eines Kraftwerks wird durch andere Kraftwerke abgesichert. Der Ausfall einer Leitung wird durch andere Leitungen ohne größere Einschränkungen wettgemacht. Wäre das Netz nicht so organisiert, käme es in einem verwobenen Netz zu einem Domino-Effekt bei Ausfall einer einzigen Komponente.

Dieser würde unweigerlich zu einem flächendeckenden Blackout führen. Das System „n minus 1" gilt als der Hauptgrund dafür, dass Deutschland bisher nur sehr selten von großen Störungen belastet wurde. Die Stromausfälle des Jahres 2000 im US-Bundesstaat Kalifornien sind ein präsentes, historisches Beispiel. Aufgrund von nicht ausreichenden Erzeugungskapazitäten kam es zu rollierenden Stromausfällen. Jahre später, im Rahmen eines Untersuchungsausschusses, wurden Marktmanipulationen einiger Kraftwerksbetreiber bekannt. Sie hatten Stromerzeugungskapazitäten bewusst verknappt, um den Strompreis nach oben zu treiben.

Unter *politischer Versorgungssicherheit* versteht man die Unabhängigkeit der Energieversorgung vom Ausland. Dem liegt die Überlegung zugrunde, dass für eine verlässliche Energieversorgung der Import von Primärenergierohstoffen (Erdöl, Erdgas, Kohle) notwendig ist. Doch sind die Rohstoffvorkommen ungleich verteilt. Das bedeutet, dass diese Vorkommen nicht unbedingt in den Ländern liegen, in denen sie für den Verbrauch benötigt werden. Zum Teil verfügen einzelne Länder über sehr große Vorkommen an Energierohstoffen. Man spricht von einer Lieferantenkonzentration aufseiten der Lieferländer. Dadurch kann sich ein potenzielles Erpressungspotenzial der Lieferländer gegenüber den Verbrauchsländern ergeben. Das Stichwort im Zusammenhang mit der politischen Versorgungssicherheit ist der Begriff „Ölkrise". 1973 und 1979 lösten starke Ölpreisanstiege in den westlichen Industrieländern schwere Rezessionen aus und führten den westlichen Staaten die empfindliche Abhängigkeit ihrer Volkswirtschaften von Erdölimporten vor Augen. Beide

Ölkrisen hatten ihren Ursprung in geopolitischen Entwicklungen im Nahen Osten. 1973 im Zuge des Jom-Kippur-Krieg setzten die arabischen Exportländer Algerien, Irak, Katar, Kuwait, Libyen, Saudi-Arabien und die Vereinigten Arabischen Emirate die Staaten Westeuropas und die USA unter Druck, den Kriegsgegner Israel nicht zu unterstützen. Innerhalb weniger Tage stieg der Ölpreis um 70 Prozent. In Deutschland wurden als Reaktion temporär autofreie Sonntage und Geschwindigkeitsbegrenzungen eingeführt. Die zweite Ölkrise wurde durch die iranische Revolution 1979 und den darauffolgenden iranisch-irakischen Krieg hervorgerufen. Die Förderausfälle, bedingt durch politischen Wirren und den militärischen Konflikt, ließen den Ölpreis stark steigen.

Die politische Versorgungssicherheit verlangt daher eine Diversifizierung an Importländern, um sich nicht in die Abhängigkeit einzelner Ländern bzw. Regionen zu begeben und damit politisch erpressbar zu werden.

In Deutschland dreht sich die Diskussion heute häufig um die Abhängigkeit von russischem Erdgas. Sein Anteil am deutschen Erdgasaufkommen lag 2014 bei 38 Prozent. Vor allem die Eskalation des Ukraine-Konfliktes ließ diese vermeintliche Abhängigkeit in den Fokus der Öffentlichkeit geraten und Forderungen laut werden, den Importanteil russischen Erdgases in der EU zu reduzieren. Hintergrund ist, dass Russland bis 2012 rund 80 Prozent seines für Westeuropa bestimmten Erdgases durch Pipelines in der Ukraine fließen ließ. Nachdem der staatliche ukrainische Energiekonzern Naftogas seine Schulden gegenüber dem staatlichen russischen Erdgasmonopolisten Gazprom nicht bezahlte, drehte Russland den Gashahn zu. Die Konsequenz war, dass auch in den westeuropäischen Staaten weniger Erdgas ankam. Mit der Inbetriebnahme der Nord-Stream-Pipeline, welche über die Ostsee von Russland direkt nach Deutschland liefert und der Jamal-Pipeline, die durch Weißrussland und Polen nach Deutschland verläuft, hat sich der Anteil des Erdgases in die EU über das Transitland Ukraine auf 50 Prozent reduziert. Deutschland bezieht auch Gas aus Norwegen (22 Prozent), den Niederlanden (26 Prozent) sowie sonstigen Lieferländern (4 Prozent). Zusätzlich werden rund 10 Prozent des deutschen Gasbedarfs, mit abnehmender Tendenz, durch heimische Gasförderung, vor allem in Niedersachsen, gedeckt. Eine Diversifizierung ist somit gegeben. Andere EU-Länder, wie die osteuropäischen Mitgliedstaaten Lettland, Litauen, Estland oder Bulgarien, sind zu nahezu 100 Prozent von russischen Erdgaslieferungen abhängig. Dies ist der Grund, weshalb in diesen Ländern der Aspekt „politische Versorgungssicherheit" noch emotionaler diskutiert wird als in Deutschland und die EU die Reduktion der Abhängigkeit von russischen Erdgaslieferungen als Teil ihrer Energieagenda vorantreibt.

Umweltschutz

Ob Landschaftsverschandelung durch Rohstoffgewinnung, Flächenversiegelung, Beeinträchtigung der Tierwelt, Monokulturen oder der Ausstoß von CO_2-Emissionen – alle Energieerzeugungsarten haben nicht zu übersehende Auswirkungen auf die Umwelt oder bergen ein nicht zu vernachlässigendes Schadensrisiko für Mensch und Natur.

Der Umweltschutz ist daher eine Grundvoraussetzung einer zukunftsfähigen Energieversorgung. Das Teilziel Umweltschutz verlangt den verantwortungsbewussten Einsatz der genutzten Energieversorgungsinfrastruktur, von der Primärenergiegewinnung über die Stromerzeugung und den Transport (Netzbetrieb), bis hin zu dem Verbrauch beim Endkunden.

Historisch betrachtet wurde der Umweltschutzaspekt erst relativ spät als energiewirtschaftliches Teilziel der Energieversorgung wahrgenommen. Zur Zeit des Wirtschaftswunders und bis spät in die Sechzigerjahre des 20. Jahrhunderts standen die Ziele günstige (= Wirtschaftlichkeit) und ausreichende (= Versorgungssicherheit) Energiebereitstellung im Vordergrund. Erst in den Siebzigern rückten die Umweltschutzbelange in das Blickfeld der modernen Energiepolitik. Es bildete sich eine Umweltschutzbewegung, welche geprägt war durch einen starken Wertewandel, hin zu postmaterialistischen Werteorientierungen. In den Siebzigerjahren waren es die Veröffentlichungen des Club of Rome über die Grenzen des Wachstums in Volkswirtschaften moderner Prägung, welche der aufkeimenden Umweltschutzbewegung den ideologischen Unterbau bereiteten. Im Verlauf der Siebziger- und Achtzigerjahre wurde die Umweltschutzbewegung als Anti-Atomkraftbewegung wahrgenommen, in der sie sich mit der Friedensbewegung verband. In diesen Jahren polarisierte der Konflikt um das Thema Kernkraftnutzung und Umweltschutz die Gesellschaft so stark, dass Beobachter bereits von der Gefahr eines „ökologischen Bürgerkrieges" sprachen.

Vor dem Hintergrund des Klimawandels ist es in Deutschland inzwischen gesellschaftlicher Konsens, dass der Umweltschutz im Zielkanon gleichwertig neben Wirtschaftlichkeit und Versorgungssicherheit steht.

Maßstab für eine umweltfreundliche Energieversorgung sind heute vor allem die CO_2-Emissionen als einer der Haupttreiber des Klimawandels. Neben der Reduktion des Emissionsausstoßes ist es auch der schonende und effiziente Umgang mit endlichen Ressourcen, der unter der Zielsetzung Umweltschutz subsumiert wird. In diesem Zusammenhang wird von einer nachhaltigen Energieversorgung gesprochen. Nachkommenden Generationen sollen alle Handlungsoptionen erhalten bleiben.

Zu einer ganzheitlichen Umweltschutzbetrachtung gehören aber auch Themen wie Flächenversiegelung, Artenschutz und Pflege von Kulturlandschaften.

Das magische Dreieck und die Energiewende

Um die Auswirkungen der Energiewende auf das magische Energiedreieck zu verstehen, muss man sich zunächst vor Augen führen, welche energiepolitischen Maßnahmen ergriffen werden, um die Energiewende zu verwirklichen. Hier sollen zunächst nur die Grundpfeiler der Energiewende genannt werden; eine vertiefende Darstellung erfolgt in den jeweiligen Kapiteln.

Die meisten Menschen verbinden den Begriff Energiewende mit dem *Ausstieg aus der Atomkraft.*

Exkurs: Deutscher Atomausstieg

In Deutschland begann der Ausstieg aus der Kernkraft
(= Atomkraft) mit dem Beschluss der damaligen rot-grünen
Bundesregierung im Jahr 2000. Mit der „Vereinbarung zwischen der Bundesregierung und den Energieversorgungsunternehmen" vom 14. Juni 2000 wurde der Ausstiegsplan festgelegt.
2002 folgte die Novellierung des Atomgesetzes, welche den Vertrag juristisch absicherte. Mit diesem Atomkonsens akzeptierten
die vier Kernkraftwerkbetreibergesellschaften in der Bundesrepublik den Beschluss der Bundesregierung, aus der Kernenergie
auszusteigen. Die ersten Kernkraftwerke wurden 2003 (Stade)
und 2005 (Obrigheim) abgeschaltet. 2010 wurde dann auf Initiative der neuen schwarz-gelben Bundesregierung die Laufzeit-
verlängerung für Kernkraftwerke durch eine erneute Novelle
des Atomgesetzes verabschiedet. Eine politische Kehrtwende;
die vor 1980 ans Netz gegangenen Atommeiler erhielten zusätzliche Laufzeiten von acht Jahren, die jüngeren Kraftwerke von
jeweils 14 Jahren. In Folge der Reaktorkatastrophe von Fukushima im März 2011 wurde diese Entscheidung revidiert. Die
Kehrtwende von der Kehrtwende. Den sieben ältesten Atoms-
tandorten sowie dem aufgrund vieler Pannen in der Öffentlichkeit umstrittenen Meiler Krümmel gab man ein dreimonatiges
Moratorium. Die Atommeiler sollten für drei Monate abgeschaltet werden, um eine Sicherheitsüberprüfung vorzunehmen.
In der Zwischenzeit tagte die Reaktorsicherheitskommission
sowie eine eingesetzte „Ethikkommission für die sichere Energieversorgung" im Auftrag der Bundesregierung und nahm
eine Neubewertung der Kernkraftrisiken vor. In dem Beschluss
der Bundesregierung vom 6. Juni 2011 wurde aus diesem
befristeten Moratorium ein generelles Abschalten für die acht
Meiler. Für die verbliebenen Kernkraftwerke ist eine stufen-
weise Abschaltung bis 2022 vorgesehen. Die Entscheidung der
Bundesregierung stützte sich auf einen breiten Konsens in der

Bevölkerung. Eine repräsentative Umfrage des Emnid-Instituts ergab eine Zustimmungsrate von 80 Prozent. Ein Ergebnis, welches auch in späteren Umfragen bestätigt wurde. Oftmals vergessen wurde bei dieser Betrachtung, dass dies nicht der erste deutsche Kernkraftausstieg war. Bereits mit der deutschen Wiedervereinigung stellte sich dieselbe Frage für die in der DDR betriebenen Atomreaktoren. Zum Zeitpunkt der Wiedervereinigung gab es noch zwei Meiler in den neuen Bundesländern. Beide Standorte, Greifswald und Rheinsberg, wurden im Zuge der Wiedervereinigung abgeschaltet. Im Gegensatz zum späteren gesamtdeutschen Ausstieg wurde diese Stilllegung jedoch deutlich weniger emotional diskutiert. Hintergrund war, dass die Kraftwerke nach sowjetischer Bauart gebaut waren. Spätestens mit der Reaktorkatastrophe von Tschernobyl galt diese Kraftwerkstechnologie im Vergleich zu Modellen westlicher Technik als nicht ausreichend gesichert.

Im Sommer 2015 machte ein ehrgeiziges Reformprojekt der französischen Regierung von sich reden. Frankreich, das Industrieland welches bei der Stromerzeugung am meisten auf die Kernkraft setzt, wird nach dem Willen der französischen Regierung den Anteil der Kernkraftnutzung an der Gesamtstromerzeugung schrittweise zurückfahren. Innerhalb von zehn Jahren soll der Anteil von heute 75 Prozent auf dann 50 Prozent sinken. Zwar handelt es sich um keinen Fahrplan für einen Komplettausstieg wie in der Bundesrepublik, doch ist dieser Schritt der französischen Regierung bemerkenswert, da der Anteil der Kernkraft an der französischen Stromerzeugung bisher als gesetzt galt.

Der Atomausstieg ist bedeutsam, umwälzend und eine historische Zäsur für ein Industrieland wie der Bundesrepublik Deutschland. Und doch ist er nur ein Bestandteil der Energiewende. Ein weiteres Ziel ist *der nachhaltige Ausbau und Einsatz von regenerativen Energieträgern.* Damit einher geht die allmähliche *Reduktion von fossilen Energieträgern* wie Kohle und Gas. Diese sollen möglichst nur noch als „Back-up" oder „Feuerwehr" hinter den aufstrebenden Erneuerbaren Energien fungieren. Dabei kommt dem Gas eine Schlüsselrolle zu. Warum Gas der natürliche Mitspieler der Erneuerbaren Energien ist und wie es diese Rolle einnehmen kann, wird in Kap. 3 beantwortet.

Windkraft-, Solar- oder Biomasseanlagen produzieren tendenziell dezentral und in kleineren Einheiten. Die fossil-nuklearen Erzeugungsarten produzieren Strom dagegen zentral in Großkraftwerken. Der Wechsel zu Erneuerbaren Energien wird daher auch zu einer *Verschiebung der Produktionsorte* führen. In Zukunft werden vermehrt kleinere, dezentrale Anlagen Strom auf Basis von regenerativen Energieträgern produzieren. Ausnahmen bilden dabei große Offshore-Windparks und Wasserkraftwerke (Kap. 3). Der Strom wird zunehmend an anderen Orten als bisher produziert und muss von den jeweiligen Produktionsstandorten an die Verbrauchsorte transportiert werden. Insofern steht die Netzstruktur in Deutschland vor einer gewaltigen Herausforderung. Es ist davon auszugehen, dass der Um- und Ausbauprozess nicht ohne Beeinträchtigungen für die Bevölkerung wie für die Umwelt ablaufen wird.

Ein weiterer Bestandteil der Energiewende ist die *Steigerung der Energie-Effizienz.* Die Energie-Effizienz beschreibt das Verhältnis von Nutzen zu Aufwand. Wenn Ihr Kühlschrank die gleiche Kühlleistung mit weniger Energie erbringen kann, so hat er eine höhere Energie-Effizienz. Welche Auswirkungen hat die Energiewende auf das Zieldreieck?

Da kein Ziel isoliert von den beiden anderen betrachtet werden kann, lässt sich diese Frage nicht einfach beantworten. So ist z. B. der Zubau der Erneuerbaren Energien, was die Kosten anbelangt, zunächst kritisch zu sehen. Denn die Stromgestehungskosten (Kosten für die Produktion einer Einheit Strom) bei Photovoltaik und Windenergie lagen lange Zeit noch deutlich höher als bei Kohle, Erdgas und Kernkraft. Jedoch gibt es auch Studien die darlegen, dass die Stromgestehungskosten der Windenergie an Land (Onshore) und der Photovoltaik unter denen von konventionellen Steinkohle- und Erdgaskraftwerken liegen. 2013 lagen die Stromgestehungskosten der Windenergie bei 4,5–10,7 ct/kWh. Für die Photovoltaik betrugen sie 7,8–14,2 ct/kWh. Im Vergleich zu Erdgaskraftwerken lagen beide Technologien damit gleichauf (7,4–9,8 ct/kWh) (Fraunhofer ISE 2013, ZSW et al. 2014).

Gleichzeitig sind die Kostensenkungspotenziale der Erneuerbaren Energien erheblich größer als bei den brennstoffabhängigen Erzeugungsarten. Die industrielle Lernkurve dieser regenerativen Erzeugungstechnologien ist im Vergleich zu den konventionellen Erzeugungstechnologien deutlich weniger ausgereizt. Kap. 3 und 4 veranschaulichen diesen Zusammenhang. Da die Erneuerbaren Energien schwankend und bislang kaum planbar Energie produzieren, sind ausreichend Speicher- und/oder Back-up-Kapazitäten in Form von konventionellen Kraftwerken erforderlich. Diese Kosten wirken sich derzeit ebenfalls negativ auf die Wirtschaftlichkeit des Gesamtsystems aus. In der Langfristperspektive kann sich dieses Bild jedoch drehen, wenn man von langfristig steigenden Preisen für fossile Energieträger ausgeht, während die Kosten für

Erneuerbare Energien aufgrund von Lerneffekten und Massenproduktionsvorteilen weiter sinken werden. Ob sich die Preisentwicklungen so einstellen werden, bleibt abzuwarten. So kam es in den letzten beiden Jahren zu einem drastischen Preisverfall an den Weltmärkten für Energierohstoffe (Primärenergieträger). Allein der Preis für Erdölroherzeugnisse fiel zwischen den Jahren 2014 bis 2016 in der Spitze um 70 Prozent. Diese Preisentwicklung ist nicht monokausal, allerdings zu einem großen Teil auf technologische Innovationen bei den Fördertechnologien zurückzuführen, welche das globale Angebot ausweiteten. Dazu wuchs die Weltwirtschaft schwächer, was eine abgeschwächte Nachfrage zur Folge hatte. Hinzu kamen geostrategische Entwicklungen wie die Rückkehr des bedeutenden Förderlandes Iran nach dem Ende der Sanktionen im Frühjahr 2016. Ob es sich bei diesem Preisregime der letzten beiden Jahre um eine temporäre, zyklische Entwicklung oder eine strukturelle Veränderung mit nachhaltig billigen Primärenergieträgern handelt, muss die Zukunft zeigen. Analysten sind sich in ihrer Bewertung uneinig. Die Entwicklung hat auf absehbare Zeit Auswirkungen auf die Wirtschaftlichkeitsvergleichsrechnungen zwischen den Erneuerbaren Energien und den konventionellen Energieträgern.

Als Fazit bleibt festzuhalten: Im Laufe der Jahre haben die Erneuerbaren Energien eine große Chance sich dem Ziel Wirtschaftlichkeit zu nähern. Bei Umfragen wird deutlich wie der Aspekt Wirtschaftlichkeit bei der Förderung der Energiewende und dem Ausbau der Erneuerbaren Energien, auch in der Bevölkerung im besonderen Blickpunkt steht. 2016 ergab eine repräsentative Umfrage des Bundesverbandes der Energie und Wasserwirtschaft (BDEW), dass 90 Prozent der Bevölkerung die Energiewende und den Ausbau der Erneuerbaren Energien für wichtig oder sehr wichtig erachten. Gleichzeitig sind jedoch auch 40 Prozent der Meinung, dass die dadurch entstehende Kostenbelastung aktuell zu hoch ist. Angesprochen auf die größte Herausforderung der Energiewende nannten die meisten den Aspekt der Kosten und Finanzierung. Das heißt, der Preis des Stroms und sein Anstieg durch die Energiewende ist ein gesellschaftliches Thema. Die klassische Preiselastizität der Nachfrage von Gütern findet sich in abgeänderter Form auch in diesem Zusammenhang wieder. Es ist eine Strompreiselastizität der Akzeptanz der Energiewende zu beobachten. Bisher waren die Akzeptanzwerte der Bevölkerung zur Energiewende relativ konstant. Bei zukünftig weiter stark steigenden Strompreisen wird es jedoch zu Akzeptanzproblemen für das Projekt Energiewende kommen.

Für das Ziel Umweltschutz ist der Zubau der regenerativen Energien zunächst ein positiver Faktor. Sie produzieren den Strom CO_2-neutral, also ohne größere Mengen Treibhausgase zu emittieren. Dies ist insofern relevant, als sich die Bundesrepublik zu erheblichen CO_2-Ausstoßreduzierungen verpflichtet hat. Auch bedürfen die Erneuerbaren Energien keinerlei Rohstoffförderung, welche grundsätzlich mit immensen Eingriffen in die Umwelt verbunden ist (Kap. 3). Negativ ins Gewicht fällt in diesem Zusammenhang, dass die Erneuerbaren Energien sehr flächenintensiv sind, denn Windkraft- und Solarparks, ebenso wie Bioenergieträger, benötigen viel Raum. Kritiker führen daher den Vorwurf der

„Landschaftsverschandelung" ins Feld. Zudem erzwingt der Zubau der Erneuerbaren Energien den Ausbau der Stromnetze. Auch das wirkt sich auf das Landschaftsbild und damit auf das Unterstützungsverhalten der Bevölkerung aus.

In puncto Versorgungssicherheit ergibt sich bei den Erneuerbaren Energien ein uneinheitliches Bild. Im Hinblick auf die technische Versorgungssicherheit verzeichnen die Erneuerbaren kurzfristig ein Minus. Ihre Stromproduktion ist abhängig von Wind und Sonne und somit nur schwer planbar. Mittel- bis langfristig kann dieses Manko jedoch mit einem Zubau der notwendigen Netz- und Speicherkapazitäten aufgehoben werden. Dieser Aus- und Aufbau ist allerdings mit bedeutenden Kosten für das Gesamtsystem verbunden. Allein für den Ausbau der Übertragungsnetze gehen die Übertragungsnetzbetreiber von einem erforderlichen milliardenschweren Investitionsprogramm aus. Hinzu kommt der Investitionsbedarf auf den nachgelagerten Netzebenen. Der Aufbau von Speichertechnologien setzt voraus, dass es zu technologischen Innovationen kommt, welche eine Speicherung von Strom in großindustriellem Maßstab ökonomisch möglich machen. Kap. 3 behandelt die technischen und wirtschaftlichen Hintergründe der entsprechenden Technologien.

Ein dickes Plus steht hinter der politischen Versorgungssicherheit. Je mehr unser Strom durch Erneuerbare Energien erzeugt wird, desto unabhängiger werden wir von Kohle-, Öl- und Gasimporten. Unser Energiesystem wird langfristig von fossilen Energieimporten autarker. Preissteigerungen bei fossilen Energierohstoffen und politischer Druck durch große Lieferländer verlieren ihr potenzielles Bedrohungspotenzial auf unsere Volkswirtschaft. Dafür ist der Zielwachstumspfad für die Erneuerbaren Energien durch die Bundesregierung definiert. Bis 2020 sollen 35 Prozent des Bruttostromverbrauchs durch Erneuerbare Energien gedeckt werden. 2030 sollen es 50 Prozent sein, um dann bis 2040 auf 65 Prozent zu steigen. Zu beachten ist die Bezugsgröße des Bruttostromverbrauchs. Dieser kann sich durch die Steigerung der Energie-Effizienz entsprechend verändern, weshalb auch der absolute Zubau der Erneuerbaren Energien ein „Moving-Target" sein wird.

Dem langfristigen Zubau der Erneuerbaren Energien steht der schnelle Ausstieg aus der Atomkraft bis 2022 gegenüber. Und bis spätestens 2050 sollen die regenerativen Energien auch die umweltschädliche Stromproduktion aus Kohle ersetzen. Die Energiewende beinhaltet also einen kurzfristigen Atomausstieg und einen langfristigen Kohleausstieg. Welche Auswirkungen haben diese Maßnahmen der Energiewende auf das energiewirtschaftliche Zieldreieck?

Fällt die Kernkraft weg, wirkt sich das zunächst negativ auf das Wirtschaftlichkeitsziel aus, denn sie ist derzeit die günstigste Erzeugungsart, sofern man nur die Stromgestehungskosten betrachtet. Nachhaftungs- bzw. Endlagerungsthematiken bleiben bei dieser Betrachtung unberücksichtigt. Auch Kohlekraftwerke, speziell Braunkohlekraftwerke, können sehr günstig Strom produzieren, solange die Kosten für die dadurch forcierten Klimafolgen nicht einberechnet werden.

Insofern ist das Bild in Sachen Umweltschutz ebenfalls uneinheitlich. Die Kernkraft produziert nahezu CO_2-neutral, steht den regenerativen Energien in dieser Hinsicht also in nichts nach. Es gibt durchaus ernst zu nehmende Experten, die deshalb im Sinne des Klimaschutzes für die Atomkraft plädieren. Andere Experten warnen davor, dass ein Verzicht auf die Kernenergie nur durch verstärkte Nutzung der umweltschädlichen fossilen Energieträger wie der Kohlekraft zu kompensieren sei. Nach Berechnungen der Atomkraftbefürworter könnten die deutschen Kernkraftwerke mit einem Weiterbetrieb der deutschen Volkswirtschaft jährlich rund 150 Millionen Tonnen CO_2 einsparen. Das entspricht in etwa dem Ausstoß des jährlichen PKW-Verkehrs der Bundesrepublik Deutschland. Auch hier ist wiederum zu differenzieren zwischen der kurzfristigen und der mittel- bis langfristigen Perspektive. Kap. 3 liefert die entsprechenden Hintergrundinformationen.

Die besondere Problematik der Kernkrafttechnologie und ihrer Gefahren ist offensichtlich. Nicht erst Fukushima 2011 hat uns vor Augen geführt, welch gravierende Auswirkung ein Reaktorunfall für Mensch und Umwelt haben kann – selbst wenn die Möglichkeit eines solchen Unfalls mathematisch gering ist. Das „Restrisiko" muss in jede Umweltschutzbetrachtung einbezogen werden, ebenso wie die ungelöste Frage der Endlagerung. Bis heute ist umstritten, wo und vor allem in welcher Form der atomare Müll zu lagern ist. Atomarer Müll strahlt für eine Million Jahre nach. Die letzte Eiszeit in Europa liegt noch keine 20.000 Jahre zurück. Die sichere Endlagerung müsste also eine um eine zigfach längere Zeitspanne umfassen. Spätere Generationen müssten über Jahrtausende verlässlich informiert und gewarnt werden. Sprachen können sich über wenige Jahrhunderte verändern. Unsere menschliche Kultur lässt sich gerade einmal ein paar tausend Jahre zurückverfolgen. Während des gesamten Zeitraumes wäre allein der omnipräsente Faktor des menschlichen Versagens bereits eine kaum zu bewältigende Herausforderung. Weltweit konnte bisher noch kein Endlager entdeckt werden, welches den geforderten Kriterien vollumfänglich entspricht. Allein in den kommenden Jahrzehnten rechnen Experten lediglich für die Endlagersuche mit Kosten von 50–70 Milliarden Euro.

Die Versorgungssicherheit wird durch den Wegfall der Atomkraft kurz- bis mittelfristig reduziert. Denn im Vergleich zu den Erneuerbaren Energien produzieren Atomkraftwerke planbar stetig. Auch die politische Versorgungssicherheit ist bei der Nutzung der Atomkraft unproblematisch, da es hier, anders als beispielsweise beim Gas, nur eine geringe Abhängigkeit von Drittländern gibt.

Und wie wirkt sich die erwähnte Erhöhung der Energie-Effizienz auf das magische Dreieck aus? Die Bundesregierung sieht in der Steigerung der Energie-Effizienz einen zentralen Schlüssel bei der Erreichung der Ziele der Energiewende. Mit Blick auf die Wirtschaftlichkeit ist zu konstatieren, dass eine erhöhte Energie-Effizienz zu einer Senkung der Kosten der Energieversorgung für die gesamte Volkswirtschaft führt. Der Effizienzgrad ist somit ein bedeutender Standortfaktor für eine industrielle Volkswirtschaft. Ein hoher Grad an Energie-Effizienz stellt einen volkswirtschaftlichen Wettbewerbsvorteil dar.

Mit Blick auf die Versorgungssicherheit sind die Effekte der Energie-Effizienz ebenfalls positiv. Sie senkt die spezifische Nachfrage und reduziert damit die Abhängigkeit von Energieimporten bzw. die Gefahr von technischen Ausfällen. Auch bezüglich des Teilziels Umweltschutz sind die Effekte positiv, da sie durch eine reduzierte Nachfrage die Notwendigkeit von schädlichen Umwelteinwirkungen der Energieerzeugung minimieren. In diesem Zusammenhang spricht man von der „Nega-Wattstunde", also jener Kilowattstunde, die nicht gebraucht wird und daher auch gar nicht erst produziert werden muss.

Exkurs: Rebound-Effekt – der „Jojo-Effekt" der Energiewirtschaft

Als Rebound-Effekt bezeichnet man in der Energiewirtschaft jenes Phänomen, bei dem eine Effizienzsteigerung nicht zu einem Minderverbrauch führt, sondern in einen erhöhten Verbrauch mündet. Die ökonomische Erklärung: Durch die Effizienzsteigerung sinkt der Wert des Gutes Energie und damit der Preis. Dies wiederum kurbelt die Nachfrage an. Klassisches Beispiel: Als in Großbritannien die Wolfram-Glühlampe die Kohlefaserlampe ablöste, stieg zwar die Effizienz der Lampen, jedoch wurde die elektrische Beleuchtung auch für Otto-Normalverbraucher erschwinglich. Die Folge war ein stark erhöhter Elektrizitätsverbrauch.

Mit Blick auf die Energie-Effizienz unterscheidet man zwei unterschiedliche Arten des Rebound-Effektes.

Der direkte Rebound-Effekt bezeichnet eine Entwicklung, in der eine gesteigerte Effizienz den Preis des Gutes drückt, und somit die Nachfrage nach dem Gut ankurbelt. Das Glühlampenbeispiel ist eine Form des direkten Rebound-Effektes. Der indirekte Rebound-Effekt dagegen bedeutet, dass das durch die gesteigerte Effizienz gesparte Geld für andere Güter oder Dienstleistungen ausgegeben wird, welche mehr Energie verbrauchen. Beispiel hierfür wäre ein Verbraucher, der die ersparten Stromkosten in eine Flugreise investiert. Der gesamtvolkswirtschaftliche Energieverbrauch würde in diesem Fall ansteigen. Insgesamt lässt sich konstatieren: Rebound-Effekte fallen geringer aus, je höher der Effizienzgrad einer Volkswirtschaft ist. Die Stärke des Effektes hängt also im Wesentlichen von den volkswirtschaftlichen Rahmenbedingungen ab.

Volkswirtschaftlich stellt sich die Situation in Deutschland so dar, dass der Stromverbrauch bis etwa zur Mitte der Achtzigerjahre schneller stieg als das Bruttoinlandsprodukt (BIP). Von 1991 bis heute drehte sich dieser Trend und es wurde je Einheit BIP weniger Strom aufgewendet. Laut der Arbeitsgemeinschaft Energiebilanzen e. V. (AGEB) wurden 1990 je Kilowattstunde (kWh) Bruttostromverbrauch ca. 3300 Euro Bruttosozialprodukt erwirtschaftet. 2012 waren es ca. 4200 Euro. Dies ist sowohl ein Zeichen für eine gesamtwirtschaftliche gesteigerte Energie-Effizienz als auch für eine strukturelle Veränderung der Volkswirtschaft, weg von energieintensiven Industrien, hin zum Dienstleistungssektor. Wirtschaftswachstum und Stromverbrauch scheinen sich zu entkoppeln.

Es zeigt sich, dass die kurzfristigen Auswirkungen der Energiewende auf das energiewirtschaftliche Dreieck vielschichtig sind. Zu komplex ist das Gesamtsystem und zu tief greifend und weitreichend sind die Effekte der Energiewendemaßnahmen. Mittel- bis langfristig aber ist davon auszugehen, dass die positiven Auswirkungen deutlich überwiegen, sofern die Einzelziele als gleichwertig angesehen werden. So bestätigt auch die Internationale Energieagentur (IEA) der deutschen Energiewende in ihrem regelmäßigen Länderbericht positive Effekte, ohne dabei die Herausforderungen unerwähnt zu lassen.

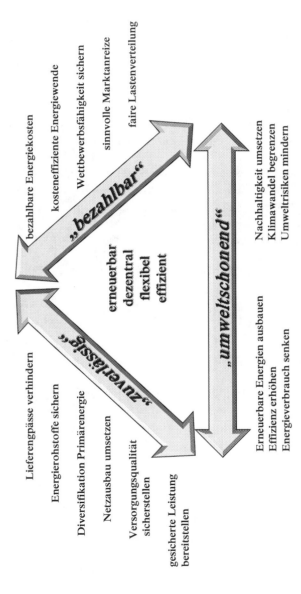

Abb. 1.1 Das energiewirtschaftliche Dreieck in der Energiewende

Die folgenden Kapitel werden die hier vorgestellten Zusammenhänge und Mechanismen näher beleuchten. Abb. 1.1 fasst die Anforderungen an ein modernes Stromversorgungssystem in Zeiten der Energiewende zusammen.

Die Stromindustrie

Branchenstruktur – Auswirkungen der Energiewende – neue Marktteilnehmer

> *Voraussagen soll man unbedingt vermeiden, besonders solche über die Zukunft.*
>
> (Mark Twain, amerikanischer Schriftsteller, 1835–1910)

Die deutsche Stromwirtschaft hat einen langen Weg zurückgelegt, um in ihre heutige Struktur zu wachsen. Die Wurzeln der heutigen Branchenstruktur liegen über ein Jahrhundert zurück. Im Folgenden soll die Branche dargestellt werden wie sie heute, zur Zeit der Energiewende, besteht. Im Vergleich zu anderen Industriebranchen kommt der Energiewirtschaft eine Sonderrolle zu. Gemäß des Energiewirtschaftsgesetzes erfüllt die Stromwirtschaft eine öffentliche Aufgabe. Sie übernimmt die Versorgungspflicht. Das bedeutet, sie muss „jedermann" zu den allgemeinen Vertragsbedingungen an das Stromnetz anschließen und eine Stromversorgung gewährleisten. Die Versorgungspflicht ist gesetzlich geregelt (Energiewirtschaftsgesetz § 36). Ausnahmen hiervon sind sehr begrenzt. So kann sie abgelehnt werden, wenn der

Anschluss etwa wirtschaftlich unzumutbar ist. In der Praxis kann dies beispielsweise vorkommen, wenn es um sehr entlegene Gartengrundstücke geht, welche der Eigentümer an das Netz anschließen möchte.

Neben den technischen Anschlusskomponenten umfasst die Versorgungspflicht die Lieferpflicht. Jeder Kunde, der bezahlt, muss auch mit Strom versorgt werden. Eine zeitweise Unterbrechung darf es auch bei einem Lieferantenwechsel nicht geben. Die Versorgungspflicht manifestiert die Aufgabe der öffentlichen Daseinsfürsorge, welche die Energiewirtschaft wahrnimmt. In dieser Hinsicht ähnelt die Energiewirtschaft anderen Bereichen wie der Müllentsorgung oder der Abwasserbeseitigung. Wahrgenommen wird diese Versorgungspflicht durch den sogenannten Grundversorger (§ 36 EnWG). Hierbei handelt es sich um den Energieversorger, der in einem Netzgebiet die Mehrzahl aller Haushaltskunden mit Strom beliefert. In der Regel ist es das örtliche Stadtwerk bzw. der Regionalversorger. Alle drei Jahre wird durch den Netzbetreiber geprüft, welcher Energielieferant die meisten Haushaltskunden im Netzgebiet beliefert und entsprechend für die nächsten drei Jahre als Grundversorger bestimmt. Der Grundversorger muss seine Lieferkonditionen (Preise/Allgemeine Geschäftsbedingungen) veröffentlichen. Die Konditionen gelten diskriminierungsfrei für alle Haushaltskunden des Grundversorgers. Wichtig ist zu wissen, dass ein Vertragsverhältnis mit dem Grundversorger nicht nur durch einen formellen Liefervertrag zustande kommen kann. Er kann bereits durch konkludentes Handeln entstehen. Im Schnitt beziehen ca. 40 Prozent aller Stromhaushaltskunden ihren Strom von ihrem Grundversorger.

Dies ist vor allem mit Blick darauf interessant, dass es sich bei der Grundversorgung in der Regel um den teuersten Tarif handelt.

Die Energiewirtschaft ist eine höchst heterogene Gruppe von Unternehmen. Deutschland hat eine große Anzahl an Energieversorgungsunternehmen. Insgesamt sind bundesweit rund 2000 Unternehmen auf dem deutschen Energiemarkt aktiv. Diese Zahlen beziehen sich auf den Strom- und Gasmarkt. Neben der relativ kleinen Gruppe an großen Versorgern gibt es eine unüberschaubare Anzahl kleinerer und mittlerer Unternehmen, die sich mehrheitlich in kommunaler Trägerschaft befinden. Diese Gruppe umfasst nahezu zwei Drittel des Gesamtmarktes. Seit der Liberalisierung 1998 hat die Anzahl der Marktteilnehmer deutlich zugenommen. Dies trotz der Tatsache, dass es vor allem auf regionaler Ebene zu einer Reihe von Fusionen gekommen ist. Die Ausrichtung der einzelnen Unternehmen ist höchst unterschiedlich. Es gibt Unternehmen, welche in allen Wertschöpfungsstufen von der Erzeugung über den Transport bis zum Vertrieb tätig sind. Andere operieren lediglich in einzelnen Bereichen. Auch regional und bezüglich der Zielkundensegmente bestehen große Unterschiede. So gibt es Versorger, welche nur in bestimmten Regionen Stromtarife anbieten. Andere Versorger werben bundesweit um Kunden. Viele kleinere Energieversorger bieten ihre Tarife nur den örtlichen Privathaushalten und Kleingewerbetreibenden an. Oftmals handelt es sich um sogenannte Querverbundunternehmen. Diese Versorger bieten neben der Stromversorgung auch die Fernwärme-, Erdgas- oder Wasserversorgung an.

Abb. 1.2 verdeutlicht die vielfältige Zusammensetzung der Branche.

Dreistufiger Branchenaufbau

In Deutschland hat sich ein dreistufiger Branchenaufbau herausgebildet. Die vier großen Energiekonzerne (E.ON, RWE, EnBW, Vattenfall) bilden die erste Stufe. Danach folgen die Regionalversorger und größeren Stadtwerke. Beispiele hierfür sind die Oldenburger EWE, die Mannheimer MVV Energie oder die Stadtwerke München. Die dritte Stufe bilden die kleineren und mittleren Stadtwerke. Insgesamt gibt es in Deutschland ca. 1000 Stadtwerke, welche in den verschiedenen Wertschöpfungsstufen des Strommarktes aktiv sind.

Diese Struktur ist ein typisch deutsches Merkmal und spiegelt den föderalistischen Aufbau der Bundesrepublik wider. In anderen Ländern gab und gibt es eine deutlich weniger föderalistische Struktur. Beispiel für eine zentralistische Struktur ist der französische Strommarkt. Dort gibt es einen Quasimonopolisten, Electricité de France (EDF), der zu einem großen Teil in Staatsbesitz ist. Diese monopolistische Struktur ist ein Spiegel der zentralistischen Staatsform Frankreichs. In beiden Fällen gibt es starke Verflechtungen zwischen Stromwirtschaft und Staat, jedoch jeweils auf anderen Ebenen; im zentralistischen Frankreich über die zentral-staatliche Beteiligung am Strommarktmonopolisten; im föderalen Deutschland über die Beteiligung von Kommunen oder Bundesländern an Energieversorgungsunternehmen.

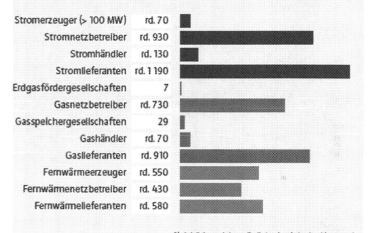

Zahl der Unternehmen in den einzelnen Marktbereichen[1]

Stromerzeuger (> 100 MW)	rd. 70
Stromnetzbetreiber	rd. 930
Stromhändler	rd. 130
Stromlieferanten	rd. 1 190
Erdgasfördergesellschaften	7
Gasnetzbetreiber	rd. 730
Gasspeichergesellschaften	29
Gashändler	rd. 70
Gaslieferanten	rd. 910
Fernwärmeerzeuger	rd. 550
Fernwärmenetzbetreiber	rd. 430
Fernwärmelieferanten	rd. 580

Quelle: BDEW, BNetzA, Stand: 04/2015

[1] Addition nicht möglich, da viele der Unternehmen in mehreren Sparten und auf mehreren Wertschöpfungsstufen tätig sind und somit mehrfach erfasst wurden; teilweise gerundet.

Abb. 1.2 Zahl der Unternehmen in den einzelnen Marktbereichen. (Quelle: BDEW, BNetzA, 2015)

In Deutschland arbeiten in der klassischen Stromversorgungsbranche aktuell ca. 132.000 Mitarbeiter. Im Jahr 1991 waren es noch 217.000. Diese Reduzierung zeigt, dass sich die Stromwirtschaft auf die Liberalisierung eingestellt und sich deutlich schlanker aufgestellt hat.

Woran lässt sich die Größe eines Stromversorgungsunternehmen feststellen? Sie wird an zwei Kennzahlen gemessen:

1. Stromerzeugungskapazität (Höhe der Strommenge, welche das Unternehmen mit seinen Kraftwerken erzeugen kann)
2. Stromabsatz (Strommenge, welche das Unternehmen an seine Abnehmer liefert)

Bei beiden Größen sind die vier Großkonzerne führend. So vereinen die vier Konzerne ca. 80 Prozent der Stromerzeugungskapazität auf sich. Bezüglich des Erzeugungsmarktes sprach man daher bisher von einem Oligopol am Strommarkt. Ein Oligopol ist eine Marktstruktur, in der wenige dominierende Anbieter einer großen Anzahl Nachfragern gegenüberstehen. Die Energiewende bricht diese Oligopol-Struktur zum Nachteil der bisherigen Marktführer auf (Kap. 4 und 5) und stellt die bisherigen Geschäftsmodelle der „Big Four" infrage.

Bereits die Darstellung der Branchenstruktur zeigt, dass es sich bei der Stromversorgungsbranche keineswegs um eine Gruppe von Unternehmen mit einheitlichen Interessen handelt. Die großen Energiekonzerne und Regionalversorger sind in allen Stufen der Energieversorgung tätig. Sie betreiben Großkraftwerke, unterhalten Netze und liefern den Strom an die Endabnehmer. Man bezeichnet sie daher auch als Verbundkonzerne. Viele Kommunalversorger sind dagegen lediglich im Netzbetrieb und der Lieferung tätig. Daneben betreiben die kleineren und mittleren Stadtwerke oft auch die örtlichen Schwimmbäder, Parkhäuser oder den öffentlichen Personennahverkehr. Nicht selten sind diese Einrichtungen defizitär und müssen durch das profitable Energiegeschäft quersubventioniert werden. Nach der Liberalisierung des Strommarktes und dem beginnenden Wettbewerb galten kleinere Stadtwerkeinheiten als nicht überlebensfähig. Dieses prophezeite „Stadtwerksterben" blieb jedoch aus.

Branchenstruktur und Energiewende

Marktbeobachter sagten nach der Liberalisierung voraus, dass die Größe bei Erzeugungskapazität, Stromabsatzmenge und Netzgebiet das entscheidende Kriterium sei, um im entstehenden Wettbewerb überleben zu können. „Big is better" war die damalige Auffassung. Es kam zu vielen gesellschaftsrechtlichen Querverbindungen kommunaler Unternehmen mit größeren Regionalversorgern oder noch häufiger, den großen vier Verbundkonzernen. Viele Kommunen sahen die Stadtwerkbeteiligungen als entbehrlich an und den Verkauf von Beteiligungen als eine Chance, die klammen Kommunalkassen zu füllen. Wie so vieles in der Branche hat die Entscheidung zur forcierten Energiewende diesen Trend gebrochen. Die Ertragskraft der „Big Four"-Konzerne basierte nicht zuletzt auf dem Betrieb ihrer hochprofitablen atomaren- und fossilen Großkraftwerke. Der dezentrale Betrieb von Erneuerbaren Energien war nicht ihre Stärke. Er ist kleinteiliger und lässt sich in den auf zentrale Großkraftwerke angelegten Strukturen deutlich weniger profitabel betreiben. Die kleineren Stadtwerke sind dagegen prädestiniert für dieses dezentrale, regionale Geschäft. Sie sind regional verankert und können in ihren kleinteiligeren Strukturen den Betrieb von erneuerbaren Projekten flexibler gestalten. Bei der dezentralen Erzeugung sind sie daher deutlich im Vorteil.

Es ist deshalb ein vermeintlicher Trend der „Rekommunalisierung" zu beobachten. Wertschöpfungsstufen, wie der Netzbetrieb oder die Beteiligungen an örtlichen Stadtwerken, welche an privatwirtschaftliche Energiekonzerne vergeben wurden, sollen wieder öffentlich-rechtlich in mehrheitlich kommunaler Trägerschaft betrieben werden. Die Kommunen und damit ihre Bürger möchten sich zunehmend unabhängig machen von der Bindung an große Energiekonzerne. Sie möchten die Wertschöpfung selbst gestalten und entsprechen so einem verbreiteten gesellschaftlichen Wunsch nach Selbstbestimmung. Zwischen 2003 und 2012 stieg die Zahl der öffentlichen Versorger um 17 Prozent. So könnten die einst totgesagten Stadtwerke zu den Treibern der Energiewende werden. Ironie der Geschichte? Die Energiewende stellt alte Spielregeln der Branche auf den Kopf. Das Konzept, Strom lokal zu erzeugen und vor Ort zu verbrauchen, passt besser zu ihrem Geschäftsmodell als zum Geschäftsmodell der großen Verbundkonzerne, welche von ihren Strukturen lange Zeit auf den Betrieb von Großkraftwerken ausgelegt waren. Gleichzeitig wuchs in den Jahren zwischen 2003 und 2012 auch die Zahl der privaten Energieversorger um 49 Prozent. Trotz des Trends zur Rekommunalisierung kann man nicht davon sprechen, dass die kommunalen Versorger die privaten aus dem Markt verdrängen. In beiden Gruppen gab es ein deutliches Wachstum. Auf die ganze Branche bezogen, erwirtschaften die kommunalen Stadtwerke etwa ein Viertel der Umsätze im Energiesektor.

Gleichzeitig sind aber auch Teile der Stadtwerkebranche durch die Energiewende in ihrer Existenz gefährdet. Viele größere Stadtwerke oder Regionalversorger haben sich an

Großkraftwerken, teilweise auch an Atommeilern, beteiligt. Diese Beteiligungen geraten durch das Aufkommen der Erneuerbaren Energien dramatisch unter wirtschaftlichen Druck (Kap. 3 und 4). Die Folgen für die Betreiber der Anlagen sind nicht minder dramatisch. Ebenso wie bei den großen Energiekonzernen werden diese Beteiligungen zur Belastung für die Bilanzen. Den Unternehmen drohen bilanzielle Abschreibungen. Die Kommunen müssen die Unternehmensbeteiligungen in ihren Haushalten abwerten oder Kapital nachschicßen. Viele zum Teil überschuldete Kommunen können sich diese Abschreibungen nicht leisten. Auch fallen sicher geglaubte Einnahmen für die Subventionierung anderer defizitärer Aufgaben weg und hinterlassen schmerzhafte Haushaltslücken. So geschah im Sommer 2014 in Gera das Undenkbare. Zum ersten Mal in der Geschichte der Bundesrepublik Deutschland ging ein Stadtwerk in die Insolvenz. Die Stadtwerke waren durch jahrelang angehäufte Verluste in eine wirtschaftliche Schieflage geraten. Die Kommunalaufsicht verweigerte der hoch verschuldeten Stadt Gera die Kreditaufnahme, um den angeschlagenen Stadtwerken zu helfen. Auch wenn es sich bei diesem Beispiel bisher um einen Einzelfall handelt, droht Expertenschätzungen zufolge dieses Schicksal weiteren Stadtwerken mit überschuldeten Kommunaleigentümern. Bisher war die Energiesparte immer der profitabelste Bereich im Dienstleistungsportfolio der meisten Stadtwerke. Doch mit den Entwicklungen der Energiewende, den fallenden Großhandelspreisen und dem Investitionsbedarf in Netze und Erneuerbare Energien drohen auch vielen Stadtwerken die Gefahren, welchen die großen vier Energiekonzerne ausgesetzt sind. Daneben sind den klassischen Energieversorgern, und damit auch den Stadtwerken, neue, bisher branchenfremde, Wettbewerber erwachsen. So geriet nicht erst in den letzten Jahren die Profitabilität der regionalen Stadtwerke, ähnlich wie die der „Big Four", erheblich unter Druck. Zwischen 2004 und 2015 sank der Gewinn vor Zinsen, Steuern und Abschreibungen im Verhältnis zum Umsatz bei regionalen Versorgern um durchschnittlich 30 Prozent. Damit sind die kommunalen Stadtwerke nur unwesentlich besser als die großen vier Energiekonzerne der Branche. E.ON, RWE, EnBW und Vattenfall verzeichneten bei dieser Kennzahl im selben Zeitraum einen Einbruch um etwa 37 Prozent. Dringender als zuvor benötigt die klassische Energiewirtschaft neue Innovationen, um mit neuen Geschäftsmodellen die unter Druck geratenen Geschäftsfelder zu kompensieren.

Die Interessen der Strombranche vertreten verschiedene Fachverbände. Die beiden bedeutendsten sind der Bundesverband der deutschen Energie- und Wasserwirtschaft (BDEW) sowie der Verband kommunaler Unternehmen (VKU). Der BDEW vertritt rund 1800 Unternehmen aus der Strom-, Gas-, Wärme- und Wasserwirtschaft. Seine Mitgliedsunternehmen machen rund 90 Prozent des deutschen Stromabsatzes aus. Der VKU nimmt die Interessen der über 1420 lokalen Energie- und Wasserversorger sowie Abfallentsorger wahr, welche sich in kommunaler Trägerschaft befinden. Beide Verbände sind politisch sehr gut vernetzt und betreiben Lobbybüros in Berlin, um den Kontakt zur Politik zu gewährleisten. Hier versuchen die Verbände auf die Gesetzgebungsaktivitäten im Interesse ihrer Mitgliedsunternehmen einzuwirken. Der BDWE beschäftigt für diese Aufgabe über 150 Mitarbeiter. Die Positionierung der Verbände in Fragen der Energiewende gleicht einem Drahtseilakt, da es innerhalb der klassischen Stromversorgungsbranche sowohl Gewinner als auch Verlierer der Energiewende geben wird. Sie müssen beide Gruppen vertreten. 2011 gab es folgerichtig Diskussionen in den Medien über eine Aufspaltung des BDEW. Während die kleineren Regionalversorger und Stadtwerke den Kernkraftausstieg als Chance begrüßten, fühlten sich die großen Verbundkonzerne in ihren Interessen nicht mehr vertreten. Inzwischen scheint es so, dass die Verwerfungen der Energiewende beide Seiten wieder einigermaßen zusammengebracht haben. Das Gefühl, als klassische Energieversorger „im selben Boot" zu sitzen, hat sich durchgesetzt.

Neben den Verschiebungen innerhalb der traditionellen Strombranche bringt die Energiewende noch einen weiteren Mitspieler, einen neuen Player, ins Spiel. Es handelt sich nicht um das Revival eines alten Mitspielers, wie bei den Stadtwerken, sondern um einen absoluten Newcomer: die Gruppe der privaten oder institutionellen Betreiber von Erneuerbare-Energie-Anlagen. Hatte früher die klassische Energiewirtschaft das Monopol auf die Stromerzeugung, allen voran die großen Energiekonzerne, so produzierten im Jahr 2012 insgesamt 1,35 Mio. Anlagen Strom aus Erneuerbaren Energien. 2006 waren es noch rund 260.000 Anlagen. Die Investitionen in Erneuerbare Energien betrugen zwischen 2000 und 2014 ca. 217 Milliarden (!) Euro. Ein sportliches Wachstum. Heute kann sich theoretisch jeder Bürger eine Photovoltaik-Anlage aufs Dach bauen oder sich an einem Windpark beteiligen.

Der große Teil dieser Anlagen wird von Privatpersonen, Bürgergenossenschaften, Versicherungen oder Fonds projektiert und betrieben. Der starke Zubau der Erneuerbaren Energien im Zuge der Energiewende eröffnete bisher branchenfremden Investoren die Chance, im Spiel der Stromerzeugung mitzuspielen. Das Monopol der klassischen Energieversorger auf die Stromerzeugung existiert nicht mehr, obwohl sie nach wie vor der bedeutendste Marktteilnehmer sind. Die neuen Player bringen die klassischen Energieversorger unter erheblichen Druck. Allen voran sehen die großen vier Stromkonzerne ihr früher unangefochtenes Geschäftsmodell in Gefahr. Sie verlieren ihr Oligopol und müssen ihr Geschäftsmodell neu erfinden, um in Zukunft erfolgreich zu sein. Die Neu- bzw. Umstrukturierungen unter den großen vier Energiekonzernen machen deutlich, wie sich die Konzerne auf diese neue Situation einstellen. Die tiefen Spuren, welche die Energiewende in der arrivierten Stromwirtschaft hinterlässt, werden deutlich sichtbar (Kap. 4).

Die Regeln des Spiels

Europarecht – Deutsches Recht – Internationale Abkommen

Das öffentliche Wohl soll das oberste Gesetz sein.
(Marcus Tullius Cicero, römischer Staatsphilosoph,
106 v. Chr.–43 v. Chr.)

Wie jedes Spiel, so hat auch die Stromwirtschaft als ein Teil der Energiewirtschaft ganz eigene festgelegte Spielregeln. Vor allem im Zuge der Liberalisierung, des Ausbaus der Erneuerbaren Energien seit 2000 und des Kernkraftausstiegs 2011, haben sich die energiewirtschaftlichen Rahmenbedingungen sehr umfangreich gewandelt. Gleichzeitig sind sie deutlich komplexer geworden. Aufgrund der Komplexität der Branche, den zahlreichen Einflussfaktoren und den Überschneidungen zu anderen Rechtsgebieten (z. B. Umweltrecht, Wettbewerbsrecht, Verbraucherschutz) unterliegen die gesetzlichen Rahmenbedingungen einem steten Wandel. Jahr für Jahr kommen neue Gesetze, Verordnungen, Richtlinien oder Verbändevereinbarungen hinzu und alte Regelungen werden angepasst.

Das Feld des Energierechts ist ein verzweigtes juristisches Teilgebiet, auf das sich spezialisierte Juristen ausgerichtet haben. Grob lässt sich das Energierecht in die folgenden Teile aufgliedern:

* Energiewirtschaftsrecht
* Energiekartellrecht
* Energieverbraucherschutzrecht
* Energieumweltrecht
* Energiesicherheitsrecht

Die Darstellungen dieses Kapitels beschränken sich lediglich auf die Regelungen, welche für das Verständnis der Stromwirtschaft und der Energiewende wesentlich sind.

Der rechtliche Rahmen ist dreistufig. Er bildet sich aus EU-Recht, deutschem Recht und internationalen Abkommen.

Europarecht

Die Europäische Union (EU) wirkt auch in die Energiepolitik als eine supranationale Organisation. Das heißt die Mitgliedstaaten der EU haben Teile ihrer Autonomie über die Energiepolitik an die Europäische Union abgegeben. In zunehmendem Maße werden entscheidende energiepolitische Weichen somit auf EU-Ebene gestellt. Die EU-Mitgliedstaaten müssen ihr nationales Recht den europarechtlichen Vorgaben anpassen. Von der Rechtssystematik geht dieses EU-Recht dem der Mitgliedstaaten vor. Die erklärten Ziele der EU-Energiepolitik ergeben sich aus Artikel 194 des Lissabonner Vertrages von Dezember 2009:

> Die Energiepolitik der Union verfolgt im Geiste der Solidarität zwischen den Mitgliedstaaten im Rahmen der Verwirklichung oder des Funktionierens des Binnenmarktes und unter Berücksichtigung der Notwendigkeit der Erhaltung und Verbesserung der Umwelt folgende Ziele:

a. Sicherstellung des Funktionierens des Energiemarktes;
b. Gewährleistung der Energieversorgungssicherheit in der Union;
c. Förderung der Energie-Effizienz und von Energieeinsparungen sowie Entwicklung neuer und Erneuerbarer Energiequellen und
d. Förderung der Interkonnektion der Energienetze.

Vergleicht man diese Ziele mit den Zielen der Energiewende (Förderung Erneuerbare Energien, Steigerung
Energie-Effizienz) gibt es durchaus Übereinstimmungen.
Verkürzt kann man diese EU-Ziele bereits als den Hebel
für eine europäische Energiewende bewerten. Im Vergleich
zu anderen Teilrechtsbereichen wurde das Energierecht
relativ spät vergemeinschaftet. Die Europäische Kommission erhielt vergleichsweise spät eine eigene Regelungs-
kompetenz im Energierecht zugesprochen.

Das bedeutendste Rechtsinstrument, um die Ziele zu
verwirklichen, ist die EU-Richtlinie. Eine Richtlinie gibt
das zu erreichende Ziel sowie die Frist, in welcher dieses
Ziel zu erreichen ist, vor. Die Wahl der Mittel zur Umsetzung bleibt den Einzelstaaten überlassen. Die Mitgliedstaaten müssen die Inhalte der Richtlinie innerhalb einer
vorgegebenen Frist in nationales Recht umsetzen.

Eine wichtige energiepolitische Richtlinie ist unter
anderem die „Zweite EU-Binnenmarktrichtlinie Elektrizität" vom 26. Juni 2003. Diese Vorgabe umfasst grundlegende Regelungen zur Liberalisierung der europäischen
Stromversorgung.

Mit Blick auf die Energiewende wird in der Öffentlichkeit immer wieder heiß diskutiert, inwieweit diese
Delegation der Macht über die Energiepolitik an die EU
sinnvoll ist. Tatsache ist, dass die Bundesrepublik mit dem
Atomausstieg und den Fördermechanismen zu den Erneuerbaren Energien einen Alleingang ohne EU-Beteiligung
vollzogen hat. In diese nicht mit ihr abgestimmten Entwicklungen versucht die EU immer wieder einzugreifen.
Beispiele hierfür sind die Untersuchungen, welche der EU-
Wettbewerbskommissar in Bezug auf die Förderung der

Erneuerbaren Energien und die EEG-Umlage-Befreiung für privilegierte Industrieunternehmen durchführte. Vor diesem Hintergrund gibt es Stimmen, welche ein „Wiederzurückholen" von energiewirtschaftlichen Kompetenzen von der EU zurück in die Mitgliedstaaten fordern. Ergebnis einer solchen Renationalisierung des Energierechts wäre jedoch eine weitergehende „Kleinstaaterei" in der Energiepolitik der EU. Eine einheitliche Energiepolitik und damit die Chance auf eine europaweite Energiewende würden in weite Ferne rücken. Außerdem passt eine solche Kleinstaaterei nicht in die Zeit eines zunehmenden grenzüberschreitenden Stromhandels. Mit dem Amtsantritt des Kommissionspräsidenten Jean-Claude Juncker im Sommer 2014 erhielt die gemeinschaftliche europäische Energiepolitik eine neue Leitlinie. So soll das Konzept einer Energieunion vorangetrieben werden, welche eine größere Vernetzung der jeweils nationalen Energiemärkte innerhalb der EU vorsieht. Ziel der Union ist es, die energiewirtschaftlichen Teilziele des Energiedreiecks aus Energieversorgungssicherheit, Nachhaltigkeit (Umweltschutz) und Wettbewerbsfähigkeit (Wirtschaftlichkeit) mit einem juristischen Unterbau in der gemeinschaftlichen EU-Energiepolitik zu versehen. Die Zielvision dieser Energieunion ist es laut EU-Kommission die Energieversorgung zu einer nachfragegesteuerten, von Energieimporten weitestgehend unabhängigen dezentralen Energieversorgung zu entwickeln. Um dieses Ziel zu erreichen, ist ein umfassender Umbau der rechtlichen und technologischen Rahmenbedingungen der europäischen Energieversorgung notwendig. An diesem ehrgeizigem Ziel, welches laut Vorgabe bis

2020 erreicht werden soll, macht sich jedoch große Kritik quer durch alle Mitgliedstaaten fest. Eine solche Union würde so tief greifend in die unterschiedlichen Interessen der jeweiligen Mitgliedstaaten eingreifen, dass der Widerstand in den nationalen Regierungen ein Erreichen dieser energierechtlichen Mammutaufgabe bis 2020 eher unrealistisch macht. Zu unterschiedlich sind die Interessen und Strukturen der einzelnen Mitgliedstaaten bei der Energieversorgung.

Deutsches Recht

Das bedeutendste Gesetz in Deutschland zur Stromwirtschaft ist das Energiewirtschaftsgesetz (EnWG). Es enthält unter anderem die bedeutenden Regelungen zur Entflechtung (Unbundling) von Netzbetrieb und Vertrieb sowie die Anreizregulierung der Stromnetze (Kap. 3). Das Gesetz ist die Umsetzung der europarechtlichen Vorgabe (EU-Richtlinie 96/92/EG) und wurde 1998 in Kraft gesetzt. Es setzte die europarechtliche Vorgabe zur Liberalisierung der Strommärkte in deutsches Recht um. 2005 kam es zu einer bedeutenden Neuregelung des Energiewirtschaftsgesetzes. Hintergrund war auch hier eine europarechtliche Vorgabe (Richtlinie 2003/54/EG). Diese beinhaltete die Beschleunigung der Liberalisierung der EU-Energiemärkte.

Hier wird deutlich, wie sehr die europarechtlichen Vorgaben das Recht der Mitgliedstaaten prägen. Die Komplexität der zu regelnden Materie erkennt man daran, dass das Gesetz zehn Teile und 118 Paragrafen umfasst.

Das zweite bedeutende Gesetz zum Strommarkt ist das Erneuerbare-Energie-Gesetz (EEG).

Artikel 1 Absatz 1 EEG beschreibt den Zweck des Gesetzes:

> Zweck dieses Gesetzes ist es, insbesondere im Interesse des Klima- und Umweltschutzes eine nachhaltige Entwicklung der Energieversorgung zu ermöglichen, die volkswirtschaftlichen Kosten der Energieversorgung auch durch die Einbeziehung langfristiger externer Effekte zu verringern, fossile Energieressourcen zu schonen und die Weiterentwicklung von Technologien zur Erzeugung von Strom aus Erneuerbaren Energien zu fördern.

Das Gesetz ist eines der Kernstücke der Energiewende, da es Abnahme und Vergütung von ausschließlich aus regenerativen Energiequellen produziertem Strom regelt. Es hat für den erheblichen Zubau der Erneuerbaren Energien in den letzten zehn Jahren gesorgt.

Die Grundlagen des Gesetzes liegen im Stromeinspeisegesetz von 1990, das 2000 durch das EEG abgelöst wurde. Allein an den Daten sieht man, dass die Energiewende auch juristisch nicht erst im Frühjahr 2011 mit den Beschlüssen zum Kernkraftausstieg begann. Die Entscheidung, vor dem Hintergrund endlicher Ressourcen und dem Klimawandel die Erneuerbaren Energien zu fördern, liegt bereits mehr als 20 Jahre zurück. Die Energiewende ist deutlich älter als man gemeinhin annimmt. Ihre volle Dynamik entfaltete sie jedoch erst im Laufe der letzten 12 Jahre.

Bundesregierungen aller politischen Lager (schwarz-gelb, rot-grün, große Koalition) waren an diesen Beschlüssen beteiligt, getragen von einem zunehmend breiteren gesellschaftlichen Konsens. Trotz aller Probleme, welche wir im Zuge der Energiewende diskutieren, stellt keine ernst zu nehmende gesellschaftliche Gruppierung den Konsens infrage. Dessen Umsetzung über die letzte Dekade ist eine deutsche Erfolgsgeschichte, auf die unser Land stolz sein darf. Umfragen unter europäischen Energieexperten zeigen, dass die deutsche Energiewende auch international im Fokus steht. Das Meinungsbild unterschiedlicher Umfragen über die Jahre hinweg zeigt jedoch kein einheitliches Bild inwieweit das Modell der deutschen Energiewende auch als übertragbar auf andere Länder angesehen wird. Im Januar 2013 bestätigte eine Emnid-Umfrage unter europäischen Energieexperten eine 76-prozentige Zustimmung zur deutschen Energiewende (http://www.wingas.com/uploads/tx_news/20130121_WINGAS_Expertenbefragung_zu_Erdgas.pdf_01.pdf).

Jedoch gibt es auch neuere Umfrageergebnisse, welche ein differenziertes Meinungsbild unter europäischen Energieexperten zeigen. So befragte der Weltenergierat im Februar 2015 Energieexperten aus 35 Länderkomitees. Dreiviertel der Befragten sahen eine potenzielle Stärkung der deutschen Volkswirtschaft durch die Umsetzung der Energiewende erst in der langfristigen Perspektive ab dem Jahre 2020. Kurzfristig erwarten sie eine Schwächung der deutschen Wirtschaftskraft. 82 Prozent der Befragten stellen infrage, ob in ihren Ländern die technologischen und ökonomischen Rahmenbedingungen existieren, um die deutsche Energiewende als Blaupause in ihren Ländern einzusetzen. 50 Prozent der Befragten waren der Meinung, dass die Energiewende nur in Teilen oder mit Verzögerungen erreichbar sein wird (http://www.weltenergierat. de/200215-internationale-umfrage-energiewende-ist-derzeit-kein-exportschlager/).

Seit der Einführung des EEG wurde es mehrfach überarbeitet. Die Fassung aus dem Jahr 2012 (EEG-2012) beinhaltet die konkreten Ziele, welche untrennbar mit der Energiewende verbunden sind:

> § 1 Zweck des Gesetzes
> (2) Um den Zweck des Absatzes 1 zu erreichen, verfolgt diese Gesetz das Ziel, den Anteil Erneuerbarer Energien an der Stromversorgung mindestens zu erhöhen auf
>
> 1. 35 Prozent spätestens bis zum Jahr 2020
> 2. 50 Prozent spätestens bis zum Jahr 2030
> 3. 65 Prozent spätestens bis zum Jahr 2040 und
> 4. 80 Prozent spätestens bis zum Jahr 2050
>
> und diese Strommengen in das Elektrizitätsversorgungssystem zu integrieren.

Neben den Zielen regelt das Gesetz die Fördermechanismen zur Förderung der Erneuerbaren Energien. Kap. 4 stellt sowohl die Ziele als auch die Mechanismen im Detail vor.

Umfasste das Stromeinspeisegesetz 1990 noch fünf Paragrafen, hatte die erste EEG-Fassung bereits 13 Paragrafen. In der aktuellen Fassung aus dem Jahr 2014 besteht das EEG aus 104 Paragrafen plus Anlagen. Das Wachstum an Paragrafen über die letzten 24 Jahre verdeutlicht, wie die

Politik das EEG an eine deutlich komplexer werdende Stromwelt angepasst hat. Es zeigt aber auch, wie bedeutend die Erneuerbaren Energien inzwischen für unser Stromversorgungssystem geworden sind (Kap. 4).

Internationale Abkommen

Neben den europarechtlichen Vorgaben sowie dem nationalen Recht sind es internationale Abkommen, welche die deutsche Stromwirtschaft beeinflussen.

Mit Abstand am bedeutendsten ist dabei das Kyoto-Protokoll zum globalen Klimaschutz.

Das Kyoto-Protokoll wurde 1997 auf der dritten Vertragsstaatenkonferenz in Kyoto, Japan, beschlossen. Die Vereinbarung legte zum ersten Mal in der Geschichte absolute und rechtlich bindende Ausstoßgrenzen für die Treibhausgasemissionen völkerrechtlich fest. In der ersten Verpflichtungsperiode (2008–2012) verpflichteten sich Industriestaaten ihre Emissionen insgesamt um 5,2 Prozent gegenüber den Emissionen von 1990 zu reduzieren. Die Europäische Union hatte zugesagt ihre Emissionen um 8 Prozent zu reduzieren. Dieses Gesamt-EU-Ziel wurde in einem internen Lastenteilungsverfahren in der Gruppe der damaligen 15 Mitgliedstaaten aufgeteilt.

Die Bundesrepublik Deutschland hatte sich in diesem Abkommen und Folgeabkommen verpflichtet, ihre Treibhausgasemissionen bis 2012 im Vergleich zu 1990 um 21 Prozent zu reduzieren. In einem Folgeabkommen (Weltklimagipfel Doha 2012) einigten sich die 200 Teilnehmerstaaten des Welt-Klimagipfels darauf, die Vereinbarungen des Kyoto-Protokolls bis 2020 zu verlängern. Kritisch am Kyoto-Protokoll war, dass die USA das Abkommen nicht ratifizierten. Im amerikanischen Senat gab es hierzu keine Mehrheit.

Das Abkommen gibt neben den Reduzierungszielen auch die Mechanismen zur Erreichung dieser Ziele vor. Um die gesetzten Minderungsziele möglichst kostengünstig zu erreichen, bietet das Abkommen neben Maßnahmen im eigenen Land auch die Möglichkeit die Verpflichtungen im Ausland durch „flexible Maßnahmen" (Emissionshandel, Clean Development Mechanism, Joint Implementation) zu erfüllen. Der Hintergrund dieser Flexibilität sollte es sein, die Einsparungen möglichst dort zu erzielen, wo sie am kostengünstigsten realisiert werden können. Grundgedanke ist, dass es am Ende nur darauf ankommt die globalen Ausstoßwerte zu reduzieren und nicht wo dies geschieht. Treibhausgase machen nicht an nationalen Grenzen halt. Die EU-Staaten haben sich für den Weg eines Emissionshandelssystems entschieden.

Exkurs: Emissionshandel

Um die Reduzierungsziele des Kyoto-Abkommens zu erreichen, hat die EU ein eigenes Emissionshandelssystem (EU ETS – EU Emission Trading Scheme) geschaffen. Seit 2005 bekommen energieintensive Anlagen (Kraftwerke, Industrieanlagen) aus Industrie und Energiewirtschaft staatlich festgelegte Mengen an Emissionsrechten. Insgesamt wurden in 31 europäischen Ländern rund 11.500 Anlagen vom Emissionshandel erfasst. Zugeteilt werden Zertifikate, welche zum Ausstoß einer bestimmten Menge CO_2 berechtigen. Definiert wurden auch Handelsperioden, in welchen die verpflichteten Anlagenbetreiber mit zugeteilten Mengen haushalten müssen. Der Handel mit Emissionsberechtigungen erfolgt in verschiedenen Handelsperioden. Phase I (2005–2007) und Phase II (2008–2012) sind bereits abgeschlossen. In der Phase II erfolgte die Gesamtzuteilung der Berechtigungszertifikate zum ersten Mal nicht mehr dezentral über die einzelnen Mitgliedstaaten sondern zentral über die Europäische Kommission. Seit 2007 ist übrigens auch der Luftverkehr als einer der Hauptemittenten in den Handel mit Emissionszertifikaten eingebunden. Die Gesamtmenge der ausgegebenen Emissionszertifikate ist per Obergrenze beschränkt. Reicht die zugeteilte Menge nicht aus, muss der Anlagenbetreiber die Zusatzmengen auf einem Markt für Emissionszertifikate nachkaufen. Die Zertifikate werden an den Energiegroßhandelsmärkten oder bilateral zwischen den Unternehmen gehandelt. Hat ein Unternehmen nicht die erforderlichen Emissionsberechtigungen, muss es Strafzahlungen leisten. Die Überlegung hinter dem Handel mit Emissionsberechtigungen ist, die Einsparung von Treibhausgasen volkswirtschaftlich möglichst kosteneffizient zu gestalten. Kommt ein Unternehmen nicht mit den zugeteilten Mengen aus, so kann es entweder die zusätzlichen Mengen nachkaufen oder in emissionsreduzierende Technologien investieren. Insgesamt deckt das System rund 45 Prozent des aktuellen Treibhausgasausstoßes der Europäische Union ab. Soweit die Theorie. In der Praxis war das EU-Handelssystem jedoch mit einem fundamentalen Geburtsfehler versehen. Es wurden deutlich zu viele Emissionsberechtigungen ausgegeben. Daneben dürfen die in einer Handelsperiode nicht verbrauchten Mengen in andere Handelsperioden übernommen werden. Das Angebot an Zertifikaten überstieg die Nachfrage um ein Vielfaches. Durch das Überangebot kam es zu einem erheblichen Preisverfall der Zertifikate. Da keine Preisanreize entstanden, entfiel für die verpflichteten Unternehmen auch die Notwendigkeit, in einsparende Technologien zu investieren. Das eigentliche Ziel des Emissionshandels wurde in der Praxis verfehlt. Anfang 2014 beschloss die EU-Kommission durch ein Eingreifen in den Markt den Preis für Zertifikate zu stützen. Konkret bedeutete dies, dass man zugeteilte Mengen aus dem Markt nahm (Backloading), um somit eine Knappheit und ein Ansteigen der Preise zu erzielen. Die Preise stabilisierten sich seitdem, verharrten jedoch noch deutlich unter dem Niveau, welches von Experten als notwendig angesehen wird um die originären Ziele des Abkommens zu erreichen. Aus diesem Grund beschloss die EU die sogenannte „Marktstabilitätsreserve". Die im Rahmen des Backloading aus dem Markt entnommenen Zertifikate sollten dauerhaft aus dem Markt genommen und in eine Reserve überführt werden. Diese Reserve soll erst dann auf den Markt kommen, wenn der politische Zielpreis für CO_2-Emissionen erreicht ist. Zusätzlich dürfen überschüssige Handelsmengen nicht mehr in zukünftige Handelsperioden übertragbar sein. Diese Reform tritt ab 2018 in Kraft. Um eine Abwanderung von energieintensiven Industriebranchen (Carbon Leakage) zu verhindern, erhalten bestimme Branchen auch weiterhin kostenlose Zertifikate zugeteilt. Nicht wenige Ökonomen befürchten jedoch gravierende Wettbewerbsnachteile durch ein zu rigides Klimaschutzregime in der EU. Einseitige EU-Sanktionsmechanismen könnten der europäischen Industrie einen schweren Standortnachteil gegenüber anderen Wirtschaftsräumen mit weniger strikten Sanktionsmechanismen verschaffen. So sind aktuell beispielsweise europäische Fluglinien gegenüber nicht europäischen Fluglinien kostenseitig benachteiligt, was sich auf deren Wettbewerbsfähigkeit auswirkt.

Vom 30. November bis zum 12. Dezember 2015 fand in Paris die UN-Klimakonferenz und gleichzeitig das elfte Treffen zum Kyoto-Protokoll statt. Unter Vorsitz des französischen Außenministers wurde ein Klimaschutzabkommen als Nachfolgeabkommen zum Kyoto-Protokoll abgeschlossen. Am Ende der Verhandlungen stand die Verpflichtung der Staaatengemeinschaft die globale Klimaerwärmung auf unter zwei Grad, sofern möglich auf 1,5 Grad Celsius, im Vergleich zum vorindustriellen Zeitalter zu begrenzen. Um dieses höchst ambitionierte Ziel zu erreichen, müssen die Treibhaugasemissionen von 2045 bis 2060 auf null zurückgefahren werden, sowie ein Teil des bisher ausgestoßenen Kohlenstoffdioxids aus der Atmosphäre entfernt werden. Faktisch ist dieses Ziel nur mit einer konsequenten „Dekarbonisierung" der Weltwirtschaft innerhalb der nächsten 50 Jahre erreichbar. 175 Staaten, inklusive der USA und China, unterzeichneten im April 2016 das Abkommen. Es tritt in Kraft, wenn es von mindestens 55 Staaten, die zusammen für 55 Prozent der globalen Emissionen stehen, ratifiziert wird. Da die USA und China bereits erklärt haben, den Klimavertrag ratifizieren zu wollen, sind bereits 40 Prozent erreicht. Hinzukommt die Europäische Union, die für 12 Prozent des globalen Ausstoßes steht und sich ebenfalls bereit erklärt hat, den Vertrag zu unterzeichnen. Damit ist es sehr wahrscheinlich, dass die Klimavereinbarung in Kraft tritt. Die EU hat sich verpflichtet bis 2030 ihren Emissionsausstoß gegenüber dem Referenzjahr 1990 um 40 Prozent zu senken. Die Bundesrepublik Deutschland will bis 2050 die Emissionen um 80 Prozent reduzieren. In seinen Auswirkungen und seiner Tragweite hat dieses Abkommen das Potenzial als historischer Wendepunkt in die Geschichte der Menschheit einzugehen. Es könnte der Einstieg in eine globale Energiewende sein, welche den Ausstieg aus einer fossilen Weltwirtschaft einleitet. Ob es praktisch zu dieser Umsetzung kommt, bleibt abzuwarten.

Der Komplettausstieg aus einer fossilen Energieinfrastruktur, welche über mehr als ein Jahrhundert gewachsen ist und in welcher Billionen an Investitionsvolumen liegen, stellt die weltweiten Volkswirtschaften vor gewaltige technologische und ökonomische Herausforderungen. Ob den Worten vor dem Hintergrund dieser Herausforderungen auch handfeste politische Taten folgen, ist heute nur schwer abzuschätzen. Fakt ist, dass sowohl der Energieverbrauch als auch die Treibhausgasemissionen in den letzten 25 Jahren massiv angestiegen sind. Heute decken fossile Energieträger weltweit knapp 86 Prozent der Energieversorgung ab. Die „neuen" Erneuerbaren Energieträger Sonnenkraft und Windkraft kommen auf lediglich 3 Prozent. Seit 1990 ist der weltweite Energieverbrauch um 60 Prozent gestiegen. 83 Prozent dieses Zuwachses wurden von fossilen Energieträgern getragen. Die meisten Prognosen rechnen bis zum Jahr 2035 mit einem weiteren Anstieg um 35–40 Prozent. Der steigende Energiebedarf wird primär von Schwellen- und Entwicklungsländern verursacht. Für sie ist eine günstige Versorgung mit Energie Voraussetzung dafür, das Wirtschaftswachstum ihrer Volkswirtschaften hochzuhalten und Milliarden von Menschen aus der Armut zu führen. Ob vor dem Hintergrund eines steigenden Weltenergiebedarfs und dem sicherlich nicht erreichbarem Verzicht auf Wohlstandsgewinne in den Schwellenländern, die Ziele des Pariser Abkommens in den kommenden vier Jahrzehnten erreicht werden, ist zumindest infrage zu stellen. Viele Energie- und Umweltexperten bezeichnen die Ziele des Abkommen als reines Wunschdenken.

2

Die Basics: Begriffe der Stromwirtschaft

Maßeinheiten – Definitionen – Primärenergie – Energiewende und Primärenergiequellen

Man muss Grundlagen lernen, um über das, was man nicht weiß, fragen zu können.

(Jean-Jacques Rousseau, französischer Philosoph, 1712–1778)

Jedes Spiel verfügt über einige Grundbegriffe und Regeln, deren Verständnis notwendig ist um das Spiel zu verstehen. Die Diskussionen über ein Fußballspiel ohne die Abseits-Regeln zu kennen, macht ja auch nur halb so viel Freude. Als Fußballfan wissen Sie, was sich hinter dem Begriff „Abseits" oder „Strafstoß" verbirgt. Stellen Sie sich vor, Sie lesen nun

© Springer Fachmedien Wiesbaden GmbH 2017
P. Würfel, *Unter Strom*,
DOI 10.1007/978-3-658-15164-5_2

einen Zeitungskommentar über ein wichtiges Fußballspiel, ohne diese Begriffe zu kennen. Ein gewisser Kanon an
Grundbegriffen ist notwendig, um die Mechanismen eines
Spiels richtig einordnen zu können. Die Stromwirtschaft ist
ein komplexes Spiel. Die Fachbegriffe aus dem technischen,
juristischen und ökonomischen Fachvokabular sind zahlreich
und unübersichtlich. Zum Teil werden sie, je nach Fachbe-
reich, auch unterschiedlich verwendet. Um dieses Spiel als
Laie zu verstehen, ist es nicht notwendig, die Fachsprache
fließend sprechen zu können. In diesem Kapitel möchte ich
Ihnen die notwendigen energiewirtschaftlichen Begriffe vorstellen. Wenn Sie diese Begriffe kennen, verstehen Sie die
Zusammenhänge, welche die anderen Kapitel beschreiben,
umso leichter.

Maßeinheiten: Kilowatt, Volt, Ampere & Co

Unter Strom versteht man die flussartige Bewegung von
Elektronen (geladene Teilchen). Dieser Stromfluss ist in
verschiedenen Materialformen in unterschiedlicher Ausprägung möglich. Am besten geeignet sind Metalle. Die
Netzwirtschaft (Kap. 3) verwendet sie daher auch für den
Stromtransport. Um einen Stromfluss hervorzurufen,
muss es an den jeweiligen Enden einer Leitung einen sogenannten „Höhenunterschied" geben. Das bedeutet, dass es
auf der einen Seite der Leitung einen Ladungsüberschuss
gibt, auf der anderen Seite dagegen einen Ladungsmangel.
Genau diesen Effekt sehen wir bei der Stromversorgung
vom Kraftwerk bis zur heimischen Steckdose.

Verschiedene Maßeinheiten und Definitionen beschreiben den physikalischen Vorgang. In der landläufigen Sprache werden diese oftmals uneinheitlich verwendet bzw. verwechselt.

Die Stromstärke misst man in der Einheit Ampere. Diese Einheit beschreibt die fließende Ladung.

Der Unterschied aus Ladungsüberschuss und Ladungsmangel stellt die elektrische Spannung dar. Je höher der Unterschied, desto größer die elektrische Spannung. Die Maßeinheit für diese Spannung ist Volt.

Vergleicht man den Stromfluss mit einem Wasserfall, so ist die Spannung die Höhe, aus der das Wasser herunterstürzt.

Beispiele Spannungsebenen

Steckdose/Hausanschluss = 230 V
Ortschaften/Industrie = 10.000 – 30.000 V
Kleinere Kraftwerke/Großindustrie = 110.000 V
Großkraftwerke/Transportnetze = 220.000 – 380.000 V

Natürlicher Widerstand für die elektrische Spannung ist die jeweilige Leitung. Eine dicke Leitung stellt einen geringen Widerstand dar, eine dünne Leitung einen großen Widerstand. Die Maßeinheit für den Widerstand der elektrischen Spannung ist Ohm.

Beispiel Stromwiderstände

Metalldrähte (1 m Länge und Querschnitt 1 mm^2)
Kupfer = 0,0156 Ω
Silber = 0,0151 Ω
Gold = 0,0265 Ω
Eisen = 1,25 Ω

Anhand ihrer Widerstandszahl lassen sich Stoffe in elektrische Leiter (z. B. Kupfer), Halbleiter (z. B. Silicium), Isolatoren (z. B. Gummi oder Luft) einteilen.

Ein weiterer Begriff den man kennen sollte, ist die Netzschwingung. Diese sagt aus, mit welcher Frequenz der Strom in den Stromleitungen schwingt. Maßeinheit für die Schwingung ist Hertz (Hz). Im Haushaltsnetz beträgt dieser Wert weltweit 50 Hertz. Für den Privatverbraucher war dieser Wert in der bisherigen Stromversorgung relativ unwichtig. Durch die Energiewende gewinnt diese Maßeinheit jedoch an Bedeutung. Plakativ lässt sich postulieren: ohne die 50 Hz keine stabilen Netze, ohne stabile Netze keine stabile Energieversorgung, ohne stabile Energieversorgung keine Energiewende (Kap. 3).

Die Stromstärke wird also in Ampere angegeben und die Spannung in Volt. Indem man nun Menge mit Spannung multipliziert, erhält man die Leistung. Die Maßeinheit für Leistung ist Watt. Das menschliche Herz hat eine Leistung von 1,5 Watt. Ein professioneller Radrennfahrer tritt in einer Bergetappe mit einer Trittleistung von 400 Watt. Ein ICE dagegen kommt auf eine Leistungszahl von ca. 8.000.000 Watt. 1600 Watt entsprechen in etwa 1,36 PS.

Zur Übersicht

Stromstärke = Ampere
Spannung = Volt
Widerstand = Ohm
Netzschwingung = Hertz
Leistung = Watt

Arbeit ist nicht Leistung

Stellen Sie sich bitte folgendes Szenario vor: Sie ziehen um. Sie haben Ihre Kisten gepackt und müssen diese nun in den Umzugswagen tragen. Tragen Sie die Kisten alleine, so schaffen Sie es in acht Stunden. Wenn Freunde dabei helfen, schaffen Sie es gemeinsam in zwei Stunden.

In beiden Fällen wurde dieselbe Anzahl an Kisten transportiert. Jedoch wurde pro Stunde (Zeiteinheit) eine unterschiedliche Anzahl an Kisten befördert.

Ein Beispiel für die Unterscheidung von Arbeit und Leistung.

Was für viele Bereiche des Lebens gilt, gilt für die Stromversorgung im Besonderen. Die Leistung gibt an, welche Menge Energie in jeder Sekunde umgewandelt wird. Maßeinheit hierfür ist wie beschrieben Watt.

Die Arbeit gibt dagegen an, wie viel Energie des elektrischen Stromes in andere Energieformen umgewandelt wird. Die Arbeit ist die Leistung je Zeiteinheit. Maßeinheit für die Arbeit ist folgerichtig Watt pro Stunde (Wh). Um den Größenordnungen technischer Anwendungen gerecht zu werden, verwendet man nicht die Beschreibung Watt/Stunde (Wh), sondern Kilowatt/Stunde (tausend Watt pro Stunde) oder kurz eine Kilowattstunde (eine kWh). Diese kWh war bisher eine der Leitwährungen der Stromwirtschaft. Alle Bereiche, alle Wertschöpfungsstufen, welche dieses Buch beschreibt, messen ihren Erfolg oder Misserfolg in dieser oder einer eng mit ihr verknüpften Währung. Ein Stromproduzent fragt, wie viel kWh er produziert hat; ein Netzbetreiber, wie viel er transportiert hat;

ein Händler, wie viel er verkauft hat und ein Verbraucher wie viel er verbraucht hat. Es sind diese Maßeinheiten, um welche sich das Spiel der Energiewirtschaft dreht.

Der Vollständigkeit halber sei an dieser Stelle zu ergänzen, dass in verschiedenen Bereichen der Stromwirtschaft die Größe angepasst wird. So rechnen Energiehändler in MWh (Megawattstunde = 1000 kWh). Großverbraucher drücken ihren Strombedarf oft in GWh (Gigawattstunde = 1 Mio. kWh) aus.

Zur Übersicht

kWh = 1 Kilowattstunde
MWh = 1 Megawattstunde (1000 kWh)
GWh = 1 Gigawattstunde (1 Mio. kWh)
TWh = 1 Terrawattstunde (1 Mrd. kWh)

Die erzeugte Gesamtstrommenge aller Kraftwerke (konventionell + regenerativ) in der Bundesrepublik Deutschland betrug 2015 etwa 650 Milliarden Kilowattstunden.

Die Maßeinheit kWh gilt auch in Zeiten der Energiewende als „Leitwährung" der Stromwirtschaft. Jedoch könnte sich im Rahmen der Marktumwälzungen eine zweite „Währung" herausbilden. Einige Marktteilnehmer fordern diese bereits vehement. Es handelt sich um die „gesicherte elektrische Kapazität". Kap. 4 beschreibt diese alternative Währung.

Der Input: Primärenergie in der Stromversorgung

Rind, Schwein, Geflügel, Wild, Steak! Welcher Begriff gehört nicht in die Wortreihe?

Dieselbe Frage nun für die Energiewirtschaft:

Öl, Kohle, Gas, Wasserkraft, Erdwärme, Strom! Es handelt sich um sechs Energieträger; jedoch fällt einer aus der Reihe.

Wenn wir über Energie bzw. Energieträger sprechen, so gibt es dabei eine feine, aber entscheidende, Unterscheidung.

Es gibt Energieträger, welche in der Natur als natürliche Ressource vorkommen. Diese Energie bezeichnet man als Primärenergie. Dazu gehören die Kohle-, Erdöl- und Erdgasvorkommen sowie Uran, Wasserkraft oder die Kraft durch Sonneneinstrahlung. Die Natur ist ihr Lieferant. Um sie in Verkehr oder als elektrische Energie nutzbar zu machen, muss diese Primärenergie umgewandelt werden. Das Produkt dieser Umwandlung wird in der Energiewirtschaft als Sekundärenergie bezeichnet. Erdölprodukte entstehen durch die Umwandlung von Rohöl in Raffinerien in Benzin, Heizöl oder Diesel etc. Auch Strom ist eine Sekundärenergie. Wir bedienen uns diverser „Inputenergien", um Strom zu produzieren. Die Umwandlung in Strom erfolgt in thermischen Kraftwerken (Kernkraft-, Gas-, Kohlekraftwerke) oder durch EE-Kraftwerke (Wasserkraftwerke, Windanlagen, Photovoltaik-Anlagen). Kap. 3 stellt die verschiedenen Erzeugungstechniken im Detail vor. Im Verhältnis zu den Primärenergieträgern ist Strom somit eine höherwertige Energieform, da es zu seiner Produktion der Umwandlung von Primärenergie bedarf.

Von der Umwandlung von Primärenergie in Sekundärenergie unterscheidet man die Umwandlung in Endenergie bzw. Nutzenergie. Diese ist die Energie, welche der Endverbraucher tatsächlich bezieht (Endenergie) und die ihm nach der Umwandlung durch elektrische Anwendungen zur Verfügung steht (Nutzenergie). Es ist die Menge an Strom, welche Sie nutzen, wenn Sie Ihren Laptop an die Steckdose anschließen, um ihn hochzufahren und damit zu arbeiten.

Beispiele: Energiearten

Primärenergie = z. B. Kohle, Erdgas, Erdöl, Windkraft, Biomasse
Sekundärenergie = z. B. Strom, Heizöl, Fernwärme
Endenergie = z. B. Stromanschluss, Heizöl im Tank
Nutzenergie = z. B. Raumbeleuchtung, Rolltreppe, Heizung

Energiebilanz

Im Zusammenhang mit der Umwandlung von Primärenergie wird energiewirtschaftlich häufig der Begriff der Energiebilanz verwendet. Eine Energiebilanz ist eine Übersichtsrechnung, welche den Input an Primärenergieträgern zum Output an nutzbarer Energie ins Verhältnis setzt. Diese Bilanz ist sinnvoll, da beim Umwandlungsprozess von Primärenergie in Sekundärenergie und von Sekundärenergie in End- bzw. Nutzenergie Umwandlungsverluste entstehen.

Eine Energiebilanz beinhaltet drei Hauptteile:

* die Primärenergiebilanz
* die Umwandlungsbilanz
* den Nutz- bzw. Endenergieverbrauch

Veranschaulichen wir uns die Energiebilanz am Beispiel einer konventionellen Glühbirne. Um die Glühbirne zu beleuchten, benötigt man Strom. Um diesen Strom zu erzeugen, wird eine Menge von Primärenergie (Gas, Kohle, Uran, Erneuerbare Energien) benötigt. Diese Primärenergie stellt 100 Prozent Eingangsenergie dar. Bei der Umwandlung in Strom (Sekundärenergie) bleiben noch knapp 40 Prozent erhalten. Nach dem Transport des Stroms zur Steckdose (Endenergie) verbleiben ca. 38 Prozent der Eingangsenergie. Bei der Beleuchtung der Glühbirne (Nutzenergie) sind am Ende noch knapp 5 Prozent der ursprünglich 100 Prozent Primärenergie übrig. Bei einer Energiesparlampe (Kompaktleuchtstoffröhre) beträgt dieser Wert etwa 50 Prozent.

Eine Energiebilanz kann auch für die gesamte Volkswirtschaft aufgestellt werden. Diese volkswirtschaftliche Energiebilanz berücksichtigt neben der reinen Umwandlungsbilanz, inwieweit die jeweilige Primärenergie importiert werden musste oder innerhalb des eigenen Staatsgebietes gefördert werden konnte. Sie stellt somit das energiewirtschaftliche Pendant zur volkswirtschaftlichen Gesamtrechnung eines Landes dar.

Offiziell erstellt die Bundesrepublik Deutschland seit dem Jahr 1971 eine Energiebilanz. Sie wird aufgestellt von

der Arbeitsgemeinschaft Energiebilanzen, einer Gesellschaft bürgerlichen Rechts, welcher Fachverbände und wissenschaftliche Institute angehören. Seine Ergebnisse macht
dieses Gremium der Öffentlichkeit zugänglich und stellt
sich der Politik als Analyse-Instanz zur Verfügung. Die
Arbeitsgemeinschaft berechnet unter anderem den Primärenergieverbrauch (PEV) der Bundesrepublik Deutschland.
Dieser legt den Energiegehalt aller im Inland eingesetzten
Energieträger dar.

Grundsätzlich ist bei der Berechnung einer Energiebilanz die Frage zu stellen, wie sich die jeweilige Primär-
energiemenge einheitlich bewerten lässt. Immerhin fließen
unterschiedliche Energieträger (z. B. Erdgas, Erdöl, Steinkohle, Braunkohle) mit unterschiedlichen Energiegehalten
und in unterschiedlichen Mengen in die Bewertung ein.

Ein definierter Maßstab löst dieses Bewertungsproblem.
An diesem misst man den Energiegehalt einer jeden Pri-
märenergieeinheit. Maßstab in Mitteleuropa war hierzu
oftmals die Steinkohleeinheit (SKE). Der historische
Grund: In Mitteleuropa hatte die Kohle lange Zeit das
Monopol als Primärenergie inne. Eine Steinkohleeinheit
entspricht der Energiemenge, welche beim Verbrennen von
einem Kilogramm Steinkohle frei wird. Die Steinkohleeinheit ist keine gesetzlich vorgeschriebene Maßeinheit. Auch
ist sie kein international gängiger Standard. International
findet die „Öleinheit" bei der Erfassung des Primärenergieverbrauchs oftmals Verwendung. Inzwischen hat die
Einheit „Joule" die Steinkohleeinheit als Referenzgröße
zunehmend verdrängt.

Zum Vergleich andere Primärenergieträger in Steinkohleeinheiten
1 kg Rohöl = 1,428 (kg) SKE
1 kg Flüssiggas = 1,60 (kg) SKE
1 kg Uran = 15.000 (kg) SKE

Die Bundesrepublik Deutschland hatte 2015 einen Primärenergiebedarf von etwa 455 Millionen Tonnen Steinkohleeinheiten (tSKE). Rund 30 Prozent werden aus heimischen Ressourcen gewonnen, die übrige Menge wurde importiert. Importiert werden vor allem die Energieträger Mineralöl, Erdgas, Steinkohle und Uran. 80 Prozent des Primärenergiebedarfs in Deutschland wird durch fossile Energieträger gedeckt. Diese Zahl ist jedoch nicht mit der Menge, der in der Stromversorgung eingesetzten fossilen Primärenergie, identisch. Ca. 38 Prozent des Primärenergiebedarfes fließt in die Stromversorgung. Die übrige Menge verteilt sich auf die anderen Bereiche der Energieversorgung (Verkehr, Wärmeversorgung). Seit 1990 vollzieht sich ein drastischer Wandel. Durch den Wegfall von alten, ineffizienten Braunkohlekraftwerken in der ehemaligen DDR und dem enormen Zubau an Erneuerbaren Energien findet eine Verschiebung, weg von der Kohle hin zu Gas und den Erneuerbaren Energien, statt. Das grundsätzliche Steigerungspotenzial der regenerativen Energien ist groß. Nicht erst seit den Atomausstiegsbeschlüssen nach dem Reaktorunfall in Fukushima 2011 strebt die Bundesrepublik im großen gesellschaftlichen Konsens an, die Nutzung von Sonne, Windkraft, Wasserkraft und anderen regenerativen Primärenergieträgern erheblich auszuweiten.

Primärenergie und Energiewende

Welche Primärenergiequellen vor allem in der Stromerzeugung genutzt werden, ist seit den Siebzigerjahren eine sehr polarisierende Frage. Mit dem Beginn der Anti-Atombewegung und dem Erwachen der Umweltbewegung entwickelte sich zunehmend die Diskussion darüber, welche Primärenergiequellen ethisch vertretbar für die Stromerzeugung erschlossen werden sollen. Im Grunde ist jede Nutzbarmachung von Primärenergie mit einem Eingriff in die Natur verbunden. In Deutschland zeigt sich dieser Eingriff am deutlichsten in den gewaltigen Kohletagebauten im Ruhrgebiet und der Lausitz. Man sieht hier deutlich, mit welcher Gewalt und Macht der Mensch die Energiequellen der Natur entreißt. Doch auch die regenerativen Primärenergiequellen sind nicht ohne Beeinträchtigung der Natur nutzbar zu machen. Um die Energie des Windes oder der Sonne zu nutzen, benötigt man Erneuerbare-Energien-Anlagen (EE-Anlagen). Diese sind in der Regel sehr flächenintensiv und beeinträchtigen oft zusätzlich das Landschaftsbild (Kap. 5).

Die Energiewende verändert die Anteile der genutzten Primärenergiequellen. Durch den Atomausstieg wird Uran als Primärenergiequelle bis 2022 komplett obsolet. Mit dem Zubau entsprechender Anlagen nimmt die Nutzung regenerativer Primärenergiequellen dagegen zu. Die Notwendigkeit des Ausbaus der Erneuerbaren Energien ist vor dem Hintergrund von potenziellen, zukünftigen Preissteigerungen bei fossilen Energieträgern, dem Atomausstieg und dem globalen Klimaschutz in Deutschland unbestritten. Ein Blick auf die Preise der drei fossilen Energieträger (Kohle, Erdöl, Erdgas) zeigt deren langfristige Preisschwankungen (https://www.destatis.de/DE/Publikationen/Thematisch/Preise/Energiepreise/EnergiepreisentwicklungPDF_5619001.pdf?__blob=publicationFile).

In den Jahren 1986 bis 1999 waren alle drei fossilen Primärenergien relativ preiswert. Ab dem Jahre 2000 kam es zu deutlichen Nachfragesteigerungen, welche die Preise selbst während der schweren Weltwirtschaftskrise von 2008/2009 auf einem hohen Niveau verharren ließen. Ab 2014 Jahren kam es an den Weltmärkten für fossile Primärenergieträger zu einem deutlichen Preisabsturz. Allein die Referenzpreise für Erdöl stürzten von 2014 auf 2015 um 70 Prozent in die Tiefe. Hintergrund war eine Gesamtkonstellation aus weltweiten Überkapazitäten, angebotssteigernden Technologieinnovationen und geostrategischen Entwicklungen im Nahen Osten (Kap. 3). Trotz der strukturellen Marktverwerfungen zeigen die Erfahrungen der letzten Jahrzehnte, dass auf Phasen drastischer Preisstürze, Preisregime mit deutlichen Steigerungen folgten. Über die Jahrzehnte mit volatilen Preisbewegungen ist sowohl in der Politik, in der Bevölkerung als auch in der Versorgungswirtschaft das Bewusstsein um die volkswirtschaftlichen Probleme durch schwankungsanfällige Preise für fossile Energieträger gewachsen. Durch die Nutzung von regenerativen Primärenergieträgern macht sich unsere Volkswirtschaft von diesen Schwankungen unabhängig. Eine vergleichende Wirtschaftlichkeitsrechnung zwischen Erneuerbaren Energien und den konventionell fossilen

Energieträgern auf Basis der aktuell niedrigen Preise wäre daher zu kurz gegriffen. Mögliche Umweltimplikationen bei der Nutzung fossiler Energieträger sind in dieser Rechnung ohnehin nicht berücksichtigt. So besagen Studien, dass um das zwei Grad Ziel der Pariser Klimabeschlüsse zu erreichen und somit die einschneidendsten Konsequenzen der globalen Erwärmung zu vermeiden, im Zeitraum bis 2050 etwa ein Drittel der heute bekannten Erdölreserven, die Hälfte der Erdgasreserven und 80 Prozent der Kohlereserven nicht verbrannt werden dürfen.

Offen bleibt die Frage, welche Auswirkungen die Energiewende kurzfristig auf die Nutzung von fossilen Primärenergieträgern hat. Die Lücke, die durch den Ausstieg aus der Atomkraft sukzessive entsteht, muss geschlossen werden. Ob die Erneuerbaren diese Lücke kurzfristig schließen können, ist eine technologische Wette auf die Zukunft. Daher kann es durchaus zu einem kurzfristigen Anstieg der Nutzung von Kohle und Gas für die Stromproduktion kommen. Dies trifft aktuell vor allem für die Kohle zu (Kap. 3).

Auch im Jahr 2050, wenn regenerative Energiequellen 80 Prozent des deutschen Stroms produzieren sollen, muss es immer noch einen Restbestand an fossilen Kraftwerken geben. Dieser steht sozusagen als Back-up hinter den Erneuerbaren Energien. Somit werden fossile Primärenergiequellen auch in Zukunft einen Teil des Inputs für die deutsche Stromversorgung liefern.

Welche Bedeutung hat in diesem Zusammenhang das Merkmal „Steigerung der Energie-Effizienz" im Rahmen der Energiewende? In der Vergangenheit galt der scheinbar festgeschriebene Satz: „Je höher das Wirtschaftswachstum, desto höher der Primärenergieverbrauch." Die Steigerung der Energie-Effizienz soll diesen Zusammenhang durchbrechen, das Wirtschaftswachstum soll vom gesamten Energieverbrauch entkoppelt werden. Neben der Stromversorgung umfasst dies auch die Bereiche Verkehr und Wärmeversorgung. Was die Stromversorgung anbelangt, so gibt es Anzeichen, dass dieses Ziel tatsächlich erreicht werden kann.

So sinkt seit 2010 der Stromverbrauch in Deutschland. Dieser Trend, bei gleichzeitig relativ robuster Konjunktur, lässt auf eine tatsächliche Entkopplung zwischen Energieverbrauch und wirtschaftlicher Entwicklung schließen. Bis zum Jahr 2010 ging ein Ansteigen der wirtschaftlichen Aktivität mit dem Ansteigen des Stromverbrauchs einher. Zwischen 1991 und 2010 stieg der jährliche Stromverbrauch um etwa durchschnittlich 0,7 Prozent. Die Volkswirtschaft wuchs in dieser Zeit um durchschnittlich 1,2 Prozent. Offensichtlich gab es also bereits in dieser Zeit eine schleichende Entkopplung. Gründe hierfür waren der Einsatz effizienterer Technologien, der bewusstere Umgang der Verbraucher mit Energie und der steigende Anteil der weniger energieintensiven Dienstleistungssektoren am Bruttosozialprodukt der Bundesrepublik Deutschland. Abb. 2.1 zeigt die Entwicklung des Netto-Stromverbrauchs seit 1971.

Exkurs: Bestimmende Trends des Stromverbrauchs

Konkret zeigt sich, dass die Entwicklung des Stromverbrauchs von einer Reihe von langfristigen Teiltrends beeinflusst wird, die sich gegenseitig überlagern:

Gesteigerte Effizienz: Tendenziell sind die Stromanwendungen gekennzeichnet durch sinkende, spezifische Stromverbräuche. Dieser Trend erstreckt sich auf nahezu alle Verbrauchsgeräte und Produktionsprozesse. Ob diese Entwicklung zu Rebound-Effekten führen wird, bleibt abzuwarten.

Verbraucherverhalten: Neben dem gesteigerten Umweltbewusstsein haben die gestiegenen Strompreise zu einem sparsameren und effizienteren Verbraucherverhalten geführt.

Industrielle Entwicklungen: Die Verlagerung von energieintensiven Prozessen von Deutschland ins Ausland und ein höherer Anteil am weniger energieintensiven Dienstleistungssektor am Bruttosozialprodukt haben zu einem sinkenden gesamtwirtschaftlichen Stromverbrauch beigetragen.

Demografische Faktoren: Die Zahl der Haushalte ist in den letzten Jahren beständig gestiegen. Der Anteil der Ein- und Zweipersonenhaushalte steigt stetig an. Im Haushaltsektor kam es somit zu einem insgesamt höheren Stromverbrauch

Substitutionseffekte: Strom steht in verschiedenen Endenergieanwendungen (beispielsweise Heizung, Warmwasseraufbereitung, zunehmend Mobilität) im Wettbewerb zu anderen Energieträgern. So hat Strom im Wärmemarkt kontinuierlich Anteile zugunsten von Erdgas und Erneuerbaren Energien verloren. Gleichzeitig kam es zu einem wachsenden Anteil an Wärmepumpen, die diesen Effekt jedoch nicht ausgleichen konnten. Ein flächendeckender Ausbau der Elektromobilität könnte zu einem deutlichen Wachstum des Stromanteils im Verkehr führen. Abb. 2.2 fasst die einzelnen Einflussfaktoren und ihre tendenzielle Wirkung auf den Stromverbrauch zusammen.

Mit Blick auf die kurzfristige Entwicklung des Stromverbrauchs kommen zu diesen Einflussfaktoren noch die konjunkturelle Situation sowie Temperatur und Witterungseffekte hinzu. Gleichzeitig wirken sich sowohl kurz- als auch langfristig

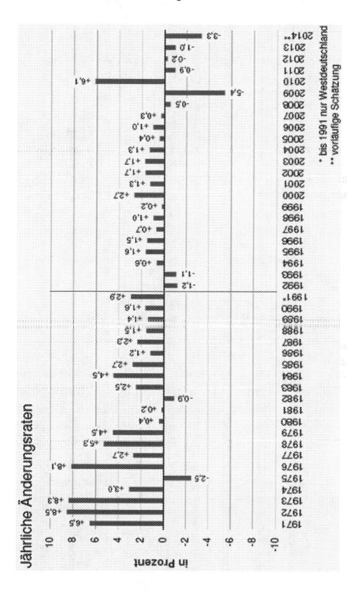

Abb. 2.1 Entwicklung des Netto-Stromverbrauchs seit 1971. (Quelle: BDEW)

Was bestimmt die Entwicklung?

Senkende Faktoren	Steigernde Faktoren	Weitere Faktoren
• Energieeffizienz (z. B. Hausgeräte, Beleuchtung, Heizungsumwälzpumpen)	• Demographie (mehr Haushalte, mehr Einpersonen-Haushalte)	• Konjunktur • Temperatur • politische Maßnahmen
• Substitution von Stromanwendungen im Wärmemarkt	• „neue" Anwendungen (Wärmepumpe, Elektromobilität)	
• Sparsameres Verbraucherverhalten	• Rebound-Effekte	
• Abwanderung Industrie		

Abb. 2.2 Einflussfaktoren auf den Stromverbrauch. (Quelle: BDEW)

politische Maßnahmen auf den Energieverbrauch und damit auf den volkswirtschaftlichen Stromverbrauch aus.

Mit Blick auf den wachsenden Anteil der Erneuerbaren Energien verliert die Kennzahl „verbrauchte Primärenergie" in der Stromversorgung tendenziell an Bedeutung. Im Gegensatz zu den endlichen Rohstoffen Kohle und Erdgas, stehen Sonne und Wind als Primärenergiequelle nach menschlichem Ermessen unendlich zur Verfügung. In einem Versorgungssystem, welches überwiegend auf regenerativen Energien beruht, ist eine Erfassung des Verbrauchs daher letztendlich zunehmend unbedeutender.

3

Das Powerhouse: technische Grundlagen der Stromversorgung

Die nächste Generation darf nicht Geisel der Energiequellen des vergangenen Jahrhunderts sein.
(Barack Obama, ehemaliger Präsident der Vereinigten Staaten von Amerika, 2009–2017)

Dieses Kapitel beschäftigt sich mit einem der wesentlichen Parameter der Energiewende.

Es geht um die Frage, welche Technologien uns zur Stromerzeugung zur Verfügung stehen. Über viele Jahrzehnte hatten die fossil-nuklearen Technologien die unbestrittene Leitfunktion in unserem Stromversorgungssystem. Die Energiewende stellt diese Leitfunktion der konventionellen Stromerzeugung nicht nur infrage. Mehr noch, sie transformiert das bestehende System. In diesem Transformationsprozess fordern die Erneuerbaren Energien die

© Springer Fachmedien Wiesbaden GmbH 2017
P. Würfel, *Unter Strom*,
DOI 10.1007/978-3-658-15164-5_3

etablierten Erzeugungstechnologien heraus und stellen den Anspruch sie zu ersetzen.

Der Wettbewerb der Erzeugungsalternativen bestimmt die Zusammenstellung des Strommixes unseres Landes. Vereinfacht ausgedrückt, gibt der Strommix die Anteile der unterschiedlichen Primärenergiequellen an, welche wir für die Erzeugung unseres Stroms einsetzen. Jedes Land hat seinen individuellen Strommix. Frankreich erzeugt heute rund 75 Prozent seines Stroms aus Atomkraft. Polen verlässt sich im Wesentlichen auf die heimischen Kohlevorkommen. Österreich nutzt seine topografischen Vorteile und hat im eigenen Strommix einen überwältigenden Anteil an Wasserkraft. So ergibt sich unter den EU-Mitgliedstaaten ein sehr unterschiedliches Bild der verwendeten Stromerzeugungstechnologien.

Die Frage des Strommixes gehört zu einem der wesentlichen energiepolitischen Bereiche, in welchem sich die EU-Mitgliedstaaten gegenüber der EU eine nationalstaatliche Entscheidungskompetenz vorbehalten haben. Bei der Frage des Energie- bzw. Strommixes ist die EU daher keine Union. Die Zusammensetzungen der nationalen Stromerzeugungsparks sind höchst unterschiedlich.

In Deutschland ist die Frage nach dem richtigen Strommix bzw. den verwendeten Technologien seit Jahrzehnten Gegenstand einer hochemotional geführten gesellschaftlichen Debatte. In den Siebzigerjahren formierte sich parallel zur Friedensbewegung eine gut organisierte Umweltbewegung. Beide zusammen bildeten eine starke Anti-Atomkraftbewegung. Seit dieser Zeit hat die Frage der Stromerzeugungstechnologie – also welche

Primärenergiequellen nutzen wir? – eine gesellschaftsethische Dimension.

Diese heftige Debatte hielt bis 2011, dem Zeitpunkt der Atomausstiegsbeschlüsse, an.

Die Energiewende und als einer ihrer wesentlichen Pfeiler, der Ausstieg aus der Kernkraft, greifen erheblich in den bestehenden Strommix ein. So wird die Bundesrepublik Deutschland bis 2022 die Kernkraft komplett aufgeben und beabsichtigt den Anteil der fossilen Energietechnologien bis 2050 auf höchstens 20 Prozent zu reduzieren. Marktbeobachter diskutieren kontrovers die erheblichen Konsequenzen für unsere Stromversorgung und Volkswirtschaft.

Um Pro und Kontra in dieser Debatte zu verstehen, ist es notwendig, die verschiedenen Erzeugungstechnologien zu kennen, sowie ihre Vor- und Nachteile bewerten zu können. Es gibt einige Vorurteile, wenn es um die verschiedenen Stromerzeugungsalternativen geht. Ziel dieser Darstellung ist es, die unterschiedlichen Technologien bzw. ihre Primärenergiequellen ohne ideologische Wertungen objektiv darzustellen.

Stellt man sich unsere Stromerzeugung als ein Spielfeld vor, so stehen sich aktuell zwei Mannschaften gegenüber: Auf der einen Seite stehen die „Klassiker", die konventionell fossil-nuklearen Technologien (basierend auf Kohle, Erdgas, Atomkraft). Auf der anderen Seite stehen die Herausforderer, die „Jungen Wilden", die Erneuerbaren Energien (basierend auf Sonne, Wind, Wasserkraft, Biomasse, Geothermie). Beide Teams haben spezifische Stärken und Schwächen. Wie ein Sportteam können sie bis zu einem gewissen Grad an diesen Stärken und Schwächen arbeiten, um sich zu verbessern. Technische Weiterentwicklung ermöglicht diese Verbesserung.

Es ist im wahrsten Sinne ein „Powerplay", ein Spiel um die Stromerzeugung im Gange oder wie es manche Experten nennen: ein „Kampf um Strom".

Powerplay der Kraftwerke

Fossil-atomare Kraftwerke – Erneuerbare Energien – Erzeugungswettbewerb durch Energiewende – Stromspeicher

Alles, was gegen die Natur ist, hat nicht von Dauer Bestand.
(Charles Robert Darwin, britischer Naturforscher,
1809–1882)

Im Jahr 2014 erzeugte der deutsche Kraftwerkspark (= die Summe aller Kraftwerke) etwa 651 Milliarden Kilowattstunden Strom (Bruttostromerzeugung). Davon wurden ca. 35,6 Milliarden Kilowattstunden exportiert (Netto-Austauschsaldo). Das heißt, diese Menge wurde über das europäische Verbundnetz ins Ausland übertragen und dort verbraucht. Die Bundesrepublik Deutschland hat demnach 2014 mehr Strom erzeugt als verbraucht und folgerichtig mehr Strom exportiert als importiert. Der Nettostromverbrauch der deutschen Volkswirtschaft lag laut der Arbeitsgemeinschaft Energiebilanzen e. V. 2014 bei 519 Milliarden Kilowattstunden. Die Differenz zwischen

Nettostromverbrauch, Stromexport und Stromerzeugung
ergibt sich aus Übertragungs- und Umwandlungsverlusten.

Exkurs: Stromexport
Zwei Streitende traten vor den Richter. Der Richter fragte
zunächst den einen nach seiner Schilderung des strittigen Sach-
verhalts. Nach seiner Rede nickte der Richter und sagte: „Du
hast recht." Danach fragte er den zweiten Streitenden nach seiner Sicht der Dinge. Nachdem dieser seine Meinung kundgetan
hatte, nickte der Richter ebenfalls und sagte: „Du hast ebenfalls
recht." Als ein Prozessbeobachter dann ausrief, dass doch nur
einer der beiden Streitenden recht haben könne, meinte der
Richter: „Auch Du hast recht."
    (Persische Fabel)
    Zur kontroversen Debatte um die deutsche Energiewende
gehörte in den letzten Jahren immer wieder die Frage ob
Deutschland nun ein Stromexportland oder ein Stromim-
portland ist. Beide Aussagen treffen paradoxerweise zu, jedoch
kommt es immer auf eine Netto-Gesamtbetrachtung an. Nach
den Moratorien für einige deutsche Kernkraftwerke äußer-
ten viele Energieexperten die Befürchtung, dass Deutschland
nun von Stromlieferungen aus dem Ausland abhängig werden
würde. Häufig mutmaßte man, dass Deutschland die Lieferung
billigen französischen Atomstroms angewiesen sei. Tatsächlich
eilte Deutschland jedoch seit den Ausstiegsbeschlüssen 2011
von Exportrekord zu Exportrekord und exportierte immer mehr
Strom ins Ausland als es auf Jahressicht aus dem Ausland importierte. 2013 flossen rund 33 Milliarden Kilowattstunden mehr
Strom aus Deutschland ins Ausland, als Deutschland importierte. 2012 war es noch ein Saldo von 23,1 Milliarden Kilowattstunden. Dieser Trend setzte sich in den Folgejahren fort.
Offensichtlich verfügt Deutschland über Strom im Überfluss

und das obwohl die ersten Kernkraftwerke bereits vom Netz gegangen sind.

Der innereuropäische Stromaustausch ist dabei kein neues Phänomen. Über das europäische Verbundnetz flossen bereits vor der Liberalisierung Strommengen über Ländergrenzen hinweg. Dieser Austausch hatte vor der Liberalisierung vornehmlich den Sinn, eine ausgleichende Funktion im Verbundnetz herzustellen und somit zur Systemstabilität beizutragen. Im Zuge der Liberalisierung und des europäischen Binnenmarktes mit einem wachsenden grenzüberschreitenden Stromhandel haben diese Grenzflüsse deutlich zugenommen. Letztendlich zeigen diese Stromflüsse die zunehmende Vernetzung der europäischen Strommärkte. Grund für die hohen Lastflüsse aus Deutschland war das im Vergleich zu europäischen Nachbarmärkten Schweiz, Niederlande und Frankreich günstige Großhandelspreisniveau. Zu diesen Ländern bestehen ausgebaute Marktkuppelkapazitäten und es lohnte sich für dortige Händler, den Strom günstig am deutschen Großhandelsmarkt zu kaufen. Die Gründe für das niedrigere Großhandelspreisniveau am deutschen Strommarkt sind unterschiedlich. So entfaltete der starke Zubau der Erneuerbaren Energien einen stark preismindernden Effekt. Dieser wurde verstärkt durch die konventionellen Kapazitäten, wie die Braunkohlemeiler, die zu sehr niedrigen Grenzkosten Strom produzieren können und im Vergleich zu anderen europäischen Ländern das Großhandelspreisniveau senkten.

Trotzdem kann man nicht sagen, dass Deutschland von Stromlieferungen aus dem Ausland komplett isoliert ist. Strom lässt sich im Gegensatz zu anderen Gütern nur sehr begrenzt speichern. Produktion und Verbrauch müssen zeitgleich erfolgen. Es muss also eine Jahresgesamtbetrachtung stattfinden. Die grenzüberschreitenden Stromflüsse unterliegen starken saisonalen oder untertägigen Schwankungen. Gerade in Extremsituationen, wie einer extrem hohen Nachfragesituation oder einer hohen Windkraft- und Photovoltaik (PV) Stromproduktion, können sich starke vom Normalzustand abweichende Grenzflüsse ergeben. So erzielt Deutschland tagsüber während Phasen mit starker PV-Produktion oftmals einen Exportüberschuss. Dasselbe gilt für Zeiten mit substanzieller Windkraftproduktion. Jedoch hat Deutschland nicht grundsätzlich einen Stromexportüberschuss. So gibt es regelmäßig viele Stunden im Jahr, in denen Deutschland Strom aus dem Ausland importierte. Das bedeutet nicht, dass in diesen Stunden zwangsläufig die Stromversorgung gefährdet war. Zu diesen Zeitpunkten waren im Rahmen des europäischen Verbundmarktes lediglich ausländische Erzeugungsoptionen günstiger. An diesem Mechanismus sieht man den Wert des europäischen Binnenmarktes. Eine zunehmende Vernetzung gewährleistet eine Ausgleichsfunktion zum Vorteil aller beteiligten Länder.

Über den Gesamtzeitraum von einem Jahr hatte Deutschland mehr Strom exportiert als es importierte. Die Aussage, dass Deutschland Nettostromexporteur sei, trifft also zu.

Der in der Bundesrepublik Deutschland 2015 erzeugte Strom wurde zu 23,8 Prozent aus Braunkohle gewonnen. Die Steinkohle kommt auf einen Anteil von 18,1 Prozent. Atomkraftwerke trugen 14,1 Prozent zur Stromerzeugung bei, Tendenz fallend. Gaskraftwerke erzeugten 9,1 Prozent des deutschen Stroms. Die Erneuerbaren Energien kamen auf einen Gesamtanteil von 30,1 Prozent. Hier ist die Tendenz stark steigend. Rund 4,8 Prozent wurden aus sonstigen Quellen wie Heizöl oder Deponiegas gewonnen.

Nimmt man die beiden Blöcke, „Fossil-atomar" und „Erneuerbar", als Ganzes, so ergibt sich aktuell ein Spielstand von 70:30 Prozent. Über den gesamten Zeitraum eines Jahres hinweg haben die „Klassiker" in der aktuell also die Nase vorn und somit die Leitfunktion in unserem Stromversorgungssystem. Diese Betrachtungsweise ist stark vereinfacht, jedoch gibt sie einen Anhaltspunkt, wo wir im Rahmen des Energiewendeprozesses derzeit stehen. Die prozentualen Anteile verschieben sich sowohl zwischen als auch innerhalb der beiden Blöcke. Beide Verschiebungen sind Auswirkungen der Energiewende. Ein Trend ist eindeutig und sowohl gesellschaftlich als auch politisch gewollt: der abnehmende Anteil der Atomkraft und der wachsende Anteil der Erneuerbaren. Ein ungewollter Trend ist der stabile Anteil der Kohleverstromung und der sinkende Anteil der Gaskraftwerke. Beide Trends und die Gründe, warum der zweite Trend nicht gewollt ist, beschreibt Kap. 4.

Im europäischen Vergleich der Stromerzeugung aus Erneuerbaren Energien schneidet Deutschland verhältnismäßig mittelmäßig ab. Unter 24 europäischen Ländern kommt Deutschland bei der Nutzung der Erneuerbaren Energien lediglich auf Rang elf. An der Spitze steht Island, welches nahezu 98 Prozent seines Strombedarfs mit Ökostrom abdeckt. Unsere Nachbarn Österreich und die Schweiz kommen auf einen Wert von 80 Prozent und 55 Prozent Grünstromanteil am Bruttostromverbrauch. Die Einmaligkeit der deutschen Energiewende liegt also keineswegs in einer möglichst hohen Vollversorgung mit Erneuerbaren Energien. Je nach topografischen und industriellen Strukturen weisen hier andere Länder deutlich höhere Werte auf. Die Einmaligkeit liegt vielmehr in der Tatsache, dass ein großes Industrieland, genauer die viertgrößte Volkswirtschaft der Erde, diesen Versuch unternimmt.

Die Klassiker – fossil-atomare Kraftwerke

Als klassische Erzeugungsarten bezeichnet man die mit fossilen Brennstoffen betriebenen thermischen Kraftwerke. Sie werden mit Braunkohle, Steinkohle oder Erdgas betrieben. Daneben zählt auch die Kernkraft zu den oftmals konventionelle Erzeugungsarten genannten Stromerzeugungstechnologien.

Kohle

Kohle ist der älteste, industrielle Energieträger und ist vor allem mit Deutschland kulturell tief verbunden. Bei uns gibt es seit dem Mittelalter die Kohleförderung. Nicht nur in energietechnischer Hinsicht spielte der Kohlebergbau eine bedeutende Rolle für die Entwicklung unserer modernen Industriegesellschaft. So gab es durch den Kohlebergbau auch weitreichende, technische und soziale Errungenschaften. Die Bildung von Gewerkschaften, die Ächtung von Kinderarbeit und die Schaffung von Tariflöhnen haben ihre Wurzeln in der Kohlebergbauindustrie.

Möchte man sich einen Eindruck von der Größe des Kohlebergbaus in Deutschland machen, so sollte man den Zollverein in Essen besuchen. Heute ein UNESCO-Weltkulturerbe und Kulturzentrum, erahnt man beim Betrachten die gesellschafts-ökonomische Bedeutung der einstigen Kohleförderung. Allein im Ruhrgebiet waren noch in den

Sechzigerjahren knapp 400.000 Menschen in der Kohlein-
dustrie beschäftigt.

Die Kohle war als Energiequelle die Grundlage für die
industrielle Revolution und heizte, im wahrsten Sinne
des Wortes, die wirtschaftliche Entwicklung an. Über
Dampfmaschinen machten sich Unternehmen ihre Kraft
in industriellem Maßstab nutzbar. Auch in der Elektrifizierung war sie neben der Wasserkraft die erste verlässliche, industrielle Energiequelle. Das erste Kohlekraftwerk
entstand 1882 in New York und wurde von Thomas Alva
Edison in Betrieb genommen. Weltweit nimmt die Kohle
mit rund 41 Prozent der globalen Stromerzeugung den
bedeutendsten Platz ein.

**Übersicht weltweite Stromerzeugung 2011 in Pro-
zent**

Kernkraft = 13
Öl = 4
Kohle = 41
Gas = 22
Erneuerbare Energien = 20

Zieht man den Verkehr und die Wärmeversorgung in diese
Betrachtung mit ein, ist Kohle nach Erdöl der wichtigste
globale Energieträger. Neben dem Einsatz in der Energieversorgung kommen nicht unerhebliche Mengen Kohle als
sogenannte Kokskohle zur Stahlherstellung in Hochöfen
zur Anwendung.

Grundsätzlich unterscheidet man in (Hart-) Steinkohle
und in (Weich-) Braunkohle. Steinkohle verfügt über einen

höheren Kohlenstoffgehalt und demnach über einen höheren Energiegehalt. Im Vergleich zur Braunkohle werden bei ihrer Verbrennung auch weniger CO_2-Emissionen frei. Die Braunkohle dagegen ist günstiger. Angesichts ihres niedrigeren Energiegehalts lohnt sich ihr Transport jedoch wirtschaftlich nur selten. Braunkohlemeiler befinden sich entsprechend in unmittelbarer Nähe der Fördervorkommen. Steinkohle wird dagegen oftmals per Schiff (meistens Binnenschifffahrt) oder per Bahn an die Kraftwerke angeliefert und weitab der Förderung verstromt. Braun- und Steinkohle werden in der Energieerzeugung nahezu ausschließlich als fester Brennstoff zur Stromproduktion genutzt. Global sind 93 Prozent der zur Energieproduktion verwendeten Kohle Steinkohle und lediglich rund 7 Prozent Braunkohle. In Deutschland ist dieses Verhältnis aufgrund der eigenen Braunkohlevorkommen ausgeglichener.

Nach aktuellen Schätzungen des Bundesamtes für Geowissenschaft und Rohstoffe reichen die weltweiten Steinkohlereserven noch 125 Jahre und die der Braunkohle noch 200 Jahre. Diese Zahl ist jedoch nicht statisch zu sehen. Die Schätzungen schwanken mit dem Weltmarktpreis für Kohle. So unterscheidet man generell bei Energierohstoffen (z. B. auch bei Erdgas und Erdöl) in Reserven und Ressourcen. Reserven sind die Vorkommen, welche bekannt sind und zu den aktuellen Weltmarktpreisen wirtschaftlich gefördert werden können. Bei den Ressourcen handelt es sich dagegen um noch nicht erschlossene Vorkommen oder solche, welche sich bei den aktuellen Preisen nicht wirtschaftlich fördern ließen. Rohstoffexperten sind sich weitgehend einig, dass die

Ressourcen die derzeitigen Reserven um mindestens das 30-fache übersteigen. Ein Knappheitsproblem der Kohle besteht derzeit nicht. Auch ist Kohle im Vergleich zu Öl und Gas deutlich differenzierter verteilt. Hauptlieferanten der Steinkohle sind politisch stabile Länder wie Kanada, Südafrika oder Australien. Länder wie Russland oder China, die selbst über große Kohlevorkommen verfügen, treten je nach Weltmarktpreis entweder als Importeur oder Exporteur auf. Die politische Versorgungssicherheit ist somit bei der Kohle, neben der ausreichenden Reichweite, ein weiterer Pluspunkt. Vor allem aufstrebende Schwellenländer wie China oder Indien nutzen die günstige und ausreichend verfügbare Kohle, um den wachsenden Energiebedarf ihrer dynamischen Volkswirtschaften zu decken. In China geht gegenwärtig fast jede zweite Woche ein großes Kohlekraftwerk ans Netz. Der größte Teil der weltweiten Kohleförderung kommt in dem Land zum Einsatz in dem sie gefördert wird. Weltweit stieg in den letzten Jahren der Steinkohleverbrauch besonders stark in der Australien-Asien Region. In dieser Region hat sich in den letzten 30 Jahren die Steinkohleförderung mehr als vervierfacht. Global hat sich die Förderung im selben Zeitraum lediglich verdoppelt. In Europa war die Förderung dagegen rückläufig, wobei der Verbrauch konstant blieb. Braun- und Steinkohle unterscheiden sich auch in der Art ihrer Förderung. Steinkohle wird im Tage- und Tiefbau gewonnen. Die Braunkohle dagegen wird nahezu ausschließlich im Tagebau gewonnen. So reichen alte Steinkohlebergwerke oftmals tiefer als 1100 Meter unter die Erde. Braunkohletagebauten erreichen selten eine tiefere Abbautiefe als 200 Meter. Die bedeutendsten Kohlevorkommen lagern nach aktuellem Stand in den USA (41 Prozent), gefolgt von China (32 Prozent) und Russland (16 Prozent). Deutschland verfügt zwar über relativ große Braunkohlevorkommen, jedoch nur über geringe Steinkohlevorkommen die allesamt als Ressourcen bewertet werden, da sie ohne Subventionen nicht wirtschaftlich gefördert werden könnten.

Auch in Deutschland spielt die Kohle nach wie vor eine Schlüsselrolle in der Stromerzeugung. Im Vergleich zu anderen Industrieländern ist der Einsatz der Kohle für die Stromerzeugung sogar überdurchschnittlich hoch. Kohle, genauer die Braunkohle, ist neben geringen Erdgasvorkommen und bereits ausgeförderten Uranminen die einzige fossile heimische Primärenergiequelle Deutschlands. Kohlebergbau wird vor allem in den großen Kohlerevieren im Ruhrgebiet und der Lausitz betrieben. Mehrheitlich handelt es sich hierbei um Braunkohlevorkommen. Man bezeichnet die Braunkohle oftmals auch als „deutsches Öl". Betrachtet man ausschließlich die europäischen Braunkohlevorkommen, so liegen knapp 86 Prozent der Vorkommen der europäischen Braunkohlelagerstätten in Deutschland und Polen.

Funktion Kohlekraftwerk

Kohlekraftwerke unterscheiden sich grundsätzlich in Braunkohle- und Steinkohlekraftwerke. Die jeweiligen Kraftwerke sind spezifisch für die Besonderheiten des eingesetzten Kohlebrennstoffes ausgelegt. In Kohlekraftwerken wird Energie durch die Verbrennung von Kohle erzeugt. Das Herzstück eines Kohlekraftwerkes ist der Kessel. Dieser Kessel fungiert als Brennerraum für den Verbrennungsprozess. Bevor der Brennstoff jedoch in den Kessel gelangt, müssen diverse Vorbereitungsschritte erfüllt sein. So muss der Brennstoff zunächst für die Verbrennung vorbereitet werden. Hierzu wird die Kohle von Fremdkörpern wie beispielsweise Pflanzenstoffen oder Schiefer gesäubert, die auf einem Förderband von der Kohle abgetrennt werden. Danach folgt ein Zerkleinerungsprozess in einer Kohlemühle, bis die Kohle zu feinem Kohlestaub zermahlen und getrocknet ist. Ein Gebläse befördert den Kohlestaub dann in den Brennkessel. Auf diese Weise wird der für den Verbrennungsprozess besonders wichtige Luftsauerstoff zugeführt. Der Verbrennungsprozess kann auf diese Weise deutlich effektiver und schneller erfolgen. Pro Sekunde werden gewöhnlich mehrere hundert Kilogramm Kohlestaub in den Kessel geblasen. Pro Stunde werden in einem typischen Kohlekraftwerk Kohlemengen im Wert von 800.000 Euro verbrannt.

Die durch den Verbrennungsprozess entstehende Wärme wird durch einen Wasserrohrkessel aufgenommen. Rohrleitungen führen den Wasserdampf zu einer mehrstufigen Turbine, die einen Generator antreibt, der mechanische in elektrische Energie umwandelt. Der Dampf wird über einen Kondensator geleitet. Das darin enthaltene Kühlwasser bewirkt eine Dampfkondensation. Das Wasser, das bei diesem Kondensationsprozess entsteht, wird zurück in den Wasserrohrkessel geleitet, womit sich der Kreislauf schließt. Zur Kondensation wird meist eine Flusswasserkühlung und zusätzlich ein Kühlturm verwendet. Bei der Verbrennung der Kohle entsteht ein

Rauchgasgemisch, welches durch Filtern von Schwefel und Stickstoff befreit wird. Ein Schornstein bläst das Rauchgasgemisch ab. Es sind die charakteristischen, weit sichtbaren Rauchsäulen der Kraftwerke. Einrichtungen wie die Kohlemühle oder die Abgasreinigung benötigen große Strommengen. Aus diesem Grund entfallen oftmals 10 Prozent der Bruttostromerzeugung eines Kohlekraftwerks auf den Eigenbedarf.

Die durchschnittliche Lebensdauer eines Kohlekraftwerks beträgt knapp 30 Jahre. Der deutsche Kohlekraftwerkspark nähert sich diesem Durchschnittsalter an. Um die technische Lebensdauer der Kraftwerke zu verlängern, sind erhebliche Investitionen in den Bestandspark notwendig. Ähnlich wie Atomkraftwerke sind Kohlekraftwerke relativ schwerfällig in der Produktionsweise. Sie produzieren hauptsächlich in Grundlast und können nur relativ unflexibel auf höhere oder niedrigere Bedarfssituationen reagieren. Die Grundlast ist die Bedarfsmenge an Strom, welche ohne Verbrauchsschwankungen konstant anfällt und nicht unterschritten wird. Würde man Kraftwerke mit Fahrzeugen vergleichen, so ähneln Kohlekraftwerke wie Atomkraftwerke großen LKWs. Sie sind leistungstechnisch „träge". In Zeiten der Energiewende entsteht durch diese „Trägheit" ein Problem. Durch die schwankende Einspeisung von Strom aus regenerativen Energien bedarf es eher flexibler Kraftwerke, welche schnell hoch- und runtergefahren werden können, um Lastschwankungen im Netz auszugleichen. Gaskraftwerke sind deutlich flexibler (Kap. 4). Sie sind daher auch eher mit spritzigen Sportwagen zu vergleichen.

Das Hauptproblem der Kohleverstromung liegt jedoch im Umweltschutzaspekt. Die große Schwachstelle der Kohle ist ihre CO_2-Intensität. Bei der Verstromung hat die Kohle im Vergleich zum Gas eine deutlich höhere Emissionsbelastung der Umwelt zur Folge. Aus Umweltschutzaspekten und vor dem Hintergrund des Klimawandels ist dieses Kriterium fast schon ein Ausschlusskriterium, um an einer zukünftigen Energieversorgung teilzuhaben. Für Deutschland ist dies mit Blick auf die eingegangenen Emissionseinsparverpflichtungen problematisch. Neben der Emissionsintensität weist die Nutzung der Kohle zur Energiegewinnung jedoch noch einen weiteren Nachteil auf. Mit ihrer Förderung gehen erhebliche Eingriffe in die Natur einher. So benötigen Tagebauten mit fortschreitender Förderung immer größere Flächen. In Deutschland handelt es sich um eine Fläche von 1600 Quadratkilometern, die durch die Kohleförderung dauerhaft zerstört wurde. Um diesen Fördergebieten Platz zu machen, müssen ganze Ortschaften und Einwohner umgesiedelt werden. Allein in den Jahren 1948 bis 1990 mussten in Deutschland 30.000 Menschen umgesiedelt werden, um die Kohleförderung zu ermöglichen. Zwar sind die Bergbaugesellschaften in Deutschland verpflichtet den ursprünglichen Lebensraum wiederherzustellen und zu kultivieren. Jedoch handelt es sich hierbei um einen Prozess von mehreren Jahrzehnten bis der ursprüngliche Zustand von Flora und Faune wieder erreicht werden kann. In anderen Ländern gibt es diese Pflicht zur Rekultivierung überhaupt nicht.

Weltweit sind es mangelhafte Sicherheitsstandards in den Kohleminen, welche oftmals gegen die Kohlenutzung angeführt werden. Vor allem in Schwellenländern sind die Sicherheitsvorschriften katastrophal. Allein in China sterben jährlich hunderte Minenarbeiter durch Unfälle.

Betreiber von Kohlekraftwerken versuchen die Schwachstelle der Emissionsbelastung zu beheben, indem sie die eigene Kraftwerkstechnologie weiterentwickeln. Sie versuchen, durchaus mit Erfolg, den Wirkungsgrad der Anlagen zu erhöhen. Das heißt, um dieselbe Menge Strom zu erzeugen, wird weniger Kohle verbrannt. Das reduziert die Emissionsbelastung. Die deutsche Kohlekraftwerksflotte kommt hierbei im internationalen Vergleich auf einen sehr guten Wirkungsgrad von durchschnittlich 38 Prozent (weltweit 31 Prozent). Moderne Kraftwerkstypen erreichen einen Wirkungsgrad von 43 Prozent (Braunkohlemeiler) und 46 Prozent (Steinkohlemeiler) Zum Vergleich: In China beträgt der durchschnittliche Wert 23 Prozent. Letztendlich bleibt die Erhöhung des Wirkungsgrades jedoch nur ein Kurieren der Symptome. Weiterentwicklungen können den Wirkungsgrad nicht beliebig oft erhöhen. Technische und physikalische Gesetze setzen der Erhöhung Grenzen. Eine deutliche Steigerung des Gesamtwirkungsgrades kann durch den Einsatz einer Kraft-Wärmekopplung erreicht werden. Diese Technologie ermöglicht die gleichzeitige Produktion von Strom und Wärme, was jedoch voraussetzt, dass Abnehmer in der Nähe des Kraftwerks sind, um die Wärme abzunehmen. Je nach Standort des Kraftwerks ist dies nicht immer möglich.

Für die Kohle als Energiequelle lässt sich insgesamt konstatieren: Sie ist günstig und in ausreichendem Maße verfügbar. Sie kann die Grundlast im Stromversorgungssystem abdecken und dadurch eine Lücke schließen. Eine Lücke, welche die langsam vom Netz gehenden Atommeiler hinterlassen. Problematisch ist ihre mangelnde Flexibilität, um auf Bedarfsschwankungen zu reagieren. Das Hauptproblem der Kohle liegt in der Klimabelastung. Moderne Kraftwerkstechnik mildert diesen Schwachpunkt, er bleibt auf absehbare Zeit jedoch bestehen. Die Energiewende hat sich das Ziel gesetzt, bis 2050 Schritt für Schritt auch die Kohlekraft durch regenerative Energien zu ersetzen. Da der Ausstieg aus der Atomkraft eine erhebliche Lücke in der deutschen Stromproduktionskapazität hinterlässt, welche die Erneuerbaren Energien noch nicht decken können, bleibt die Kohle notgedrungen noch mindestens ein Jahrzehnt unverzichtbar für die deutsche Stromversorgung. In der Praxis ist sie eine Brückentechnologie, bis die Erneuerbaren Energien in der Lage sein werden die Leitfunktion zu übernehmen. Für viele Wissenschaftler ist spätestens das Abkommen von Paris der Einstieg aus dem Kohleausstieg. Sie sehen die ambitionierten Ziele des Abkommens nur erreichbar, wenn möglichst zeitnah auf die Kohle als Energieträger verzichtet wird. Ein weltweites Anwachsen der Kohlekraftkapazitäten ist ihrer Meinung nach unter allen Umständen zu verhindern. Dieser Sichtweise folgt inzwischen auch eine wachsende „Divestmentbewegung". Sie hat sich zum Ziel gesetzt, so schnell als möglich Investments aus fossilen Energieträgern, allen voran der Kohle, abzuziehen. Neben anderen internationalen Großinvestoren hat sich in Deutschland, der Allianz Versicherungskonzern, dieser Bewegung angeschlossen und zieht seit November 2015 systematisch Investitionen aus der Kohleenergie ab. Das Unternehmen investiert nicht mehr in

Bergbau- oder Energieunternehmen, die mehr als 30 Prozent ihres Umsatzes mit der Energieerzeugung aus Kohle generieren. Ob sich diese Divestmentbewegung durchsetzen bzw. bis wann sie sich durchsetzen wird, bleibt abzuwarten. Fakt ist, dass der Kohleausstieg früher oder später folgen wird. Mit Blick auf den weltweit steigenden Energiehunger und der Tatsache, dass nach wie vor 1,3 Milliarden Menschen keinen Zugang zu einer sicheren und bezahlbaren Elektrizitätsversorgung haben, wird die Kohle, wie alle anderen zur Verfügung stehenden Energieträger, während der kommenden Jahrzehnte noch eine bedeutende Rolle in der globalen Energieversorgung spielen.

Exkurs: CCS-Technik – Zukunftstechnologie oder „CO_2-Klo"

CCS steht für „Carbon Capture Storage". Hinter diesem Begriff verbirgt sich auf den ersten Blick eine potenzielle Zukunftstechnologie. Forscher und Energieunternehmen versuchen durch sie, das Problem von Emissionsbelastungen vor allem durch Kohlekraftwerke in den Griff zu bekommen. Die Technologie könnte eines Tages dabei helfen die CO_2-Konzentrationen in der Atmosphäre zu reduzieren und somit ein Instrument gegen den Klimawandel darstellen.

Aktuell gibt es drei potenzielle Verfahren: Kohlevergasung vor dem Verbrennen (Pre-Combustion), das Verbrennen der Kohle in einer reinen Sauerstoffatmosphäre (Oxyfuel) oder durch das Waschen der Rauchgase (Post-Combustion). Jedes dieser drei Verfahren erfordert einen hohen Energieaufwand. Jedoch kann der CO_2-Ausstoß der Kraftwerke um bis zu 98 Prozent vermindert werden. Nach dem Abscheideprozess könnte das abgetrennte CO_2 über unterirdische Pipelines zu den Lagerstätten transportiert werden. Gespeichert werden könnte das abgetrennte CO_2 in ausgeförderten Gas- oder Öl-Lagerstätten bzw. in Naturspeichern. Weltweit und auf EU-Ebene gibt es bereits konkrete Forschungsvorhaben, welche die genauen Anforderungen an Lagerstätten prüfen.

So vielversprechend sich die Technologie anhört, so viele Fragen stellen sich mit Blick auf die praktische Umsetzung. Obwohl bereits im Jahr 2006 mit dem Bau erster Pilotanlagen begonnen wurde, befindet sich die gesamte Technologie noch in einem frühen Entwicklungsstadium, weshalb nicht abzusehen ist, ob es jemals zu einer wirtschaftlichen Nutzbarmachung kommt. Zu viele Fragen stellen sich bezüglich der sicheren Speichermöglichkeiten. Ein mögliches Endlager für abgetrenntes CO_2 wird von Naturschutzverbänden und regional betroffener Bevölkerung bisher vehement abgelehnt. Vom „CO_2-Klo" ist in diesem Zusammenhang die Rede. Auch ergeben sich Fragen zum Trinkwasserschutz. So warnen Geologen, dass das eingespeicherte CO_2 ins Grundwasser gelangen könnte. Viele Umweltschützer lehnen die Technologie bereits deshalb kategorisch ab, weil sie befürchten, dass die Technik lediglich als Rechtfertigung für den Bau neuer fossiler Kraftwerke dienen soll. Neben den ökologischen, bleiben handfeste wirtschaftliche Fragen. Wer finanziert die teure Infrastruktur? Wer gewährleistet die sichere Lagerung über viele Jahrzehnte? In der deutschen Politik ist das Thema CCS vor dem Hintergrund dieser Fragestellungen derzeit „a dead horse". Ob es jemals wiederbelebt wird, ist unsicher. Seit 2012 existiert in der Bundesrepublik ein Gesetz, welches den Rechtsrahmen für die Erprobung und Demonstration von CCS-Anlagen regelt. Es umfasst jedoch nur Pilotanlagen. Hinzu kommt, dass sich Bundesländer über eine Länderklausel in dem Gesetz die Kompetenz vorbehalten, die Technologieerprobung in den jeweiligen Ländern zu verbieten.

Gas

Neben Kohle ist Erdgas der zweite fossile Energieträger, welcher für die Stromversorgung von Bedeutung ist. Außer in der Stromversorgung spielt Erdgas auch im Wärmemarkt und zunehmend im Verkehr eine Rolle. Hier soll lediglich die Rolle von Gas bei der Stromversorgung betrachtet werden. Im Gegensatz zur Kohleverstromung ist der Einsatz von Gas in Form von Gaskraftwerken zur Stromversorgung historisch jung. Das erste Gaskraftwerk zur kommerziellen Stromerzeugung entstand 1949 in den USA. Wie die Kohle und andere Energieträger, so hat auch Gas Vor- und Nachteile. Anders als bei der Kohle verfügt Deutschland nur über geringe heimische Gasvorkommen. Zwar kommen knapp 10 Prozent des genutzten Gases aus deutschen Förderstätten, welche sich hauptsächlich (95 Prozent) in Niedersachsen befinden, doch geht die Förderung deutlich und stetig zurück. Wurden vor zehn Jahren noch knapp 19 Prozent des deutschen Erdgasbedarfs aus heimischen Lagerstätten gefördert, waren es im Jahr 2014 nur noch 10 Prozent. Um die Versorgung zu gewährleisten, ist Deutschland zunehmend auf höhere Importe angewiesen. Das macht die Gasversorgung unter dem Gesichtspunkt der Versorgungssicherheit anfälliger. Die bedeutendsten Lieferländer sind:

* Russland (38 Prozent)
* Niederlande (26 Prozent)
* Norwegen (22 Prozent)
* Dänemark und Großbritannien (4 Prozent)

Somit stammen rund 60 Prozent des importierten Gases aus West- und Nordeuropa und damit aus vermeintlich sicheren Bezugsquellen. Weltweit haben die Reserven für Erdgas eine Reichweite von konservativ geschätzt 100 Jahren. Doch gilt auch hier, wie bei Kohle und Öl, der Zusammenhang zwischen Reservenreichweite und Marktpreis. So gehen die meisten Experten auch beim Gas davon aus, dass die Ressourcen die Reserven deutlich übersteigen. Seit Jahren steigen die neu erschlossenen Reserven schneller als der Verbrauch. Zusätzlich bieten neue Fördermethoden (Exkurs „Fracking") die Möglichkeit, bisher nicht wirtschaftlich zu erschließende Vorkommen zu fördern. Diese unkonventionellen Gasvorkommen werden die Reichweite noch deutlich erhöhen. Ähnlich der Kohle ist daher derzeit nicht von einer Knappheit beim Gas auszugehen. Ganz im Gegenteil, die Erschließung neuer, konventioneller wie unkonventioneller Gasquellen lässt die Welt aktuell in Gas schwimmen. Es gibt unterschiedliche Gründe für diese historisch gute Versorgungslage. Zum einen entwickelten sich die Vereinigten Staaten vom Erdgasimporteur zum Exporteur. Lieferländer wie beispielsweise Katar, weltweit größter LNG-Exporteur, verkaufen Gas, das früher in die USA verkauft wurde, nun nach Europa oder Asien. Grund für den drastischen Gasförderanstieg in den USA ist der dortige Ölförderboom. Als Beiprodukt der Ölförderung wird Gas praktisch mitgefördert. Daneben fließen auch aus Russland große Erdgasmengen auf den europäischen Markt. In den russischen Förderregionen wie Sibirien wurden in den vergangenen Jahren die Gasförderkapazitäten sehr stark ausgebaut. Gleichzeitig ist die Erdgasnachfrage in Europa im

Gegensatz zu früheren Schätzungen in den letzten Jahren eher gesunken. So trifft ein historisch gutes Lieferangebot auf eine geschwächte Nachfrage.

Gasproduzenten sind oftmals staatseigene Konzerne wie Gazprom in Russland, Sonatrach in Algerien oder Statoil in Norwegen. Zweiter großer Spieler bei der Entwicklung von Gasförderprojekten sind internationale Öl- und Gasförderunternehmen. Sie verfügen über ein hohes Knowhow bei der Abwicklung komplexer Förderprojekte. Die größten Spieler in diesem hochpolitischen Markt sind der amerikanische Exxon- und der britisch-niederländische Royal-Dutch Shell-Konzern.

Ein besonders interessantes Beispiel ist das Gasexportland Norwegen. Es verfügt über enorme Gasvorkommen und ist eines der bedeutendsten Lieferländer für die europäische Union. Ein Meilenstein in dieser Lieferbeziehung stellt die Entdeckung des Troll Feldes, einem gewaltigen Erdgasfeld, im Jahr 1979 dar. 1986 schlossen deutsche, französische, belgische und niederländische Unternehmen die sogenannten „Troll-Verträge", das größte Handelsgeschäft in der norwegischen Geschichte. Die Verträge laufen bis 2020.

Der staatseigene Produzent Statoil exportiert nahezu die komplette Förderung ins Ausland. Die norwegische Stromnachfrage wird aus der reichlich vorhandenen Wasserkraft gedeckt. Ein interessantes Beispiel dafür, wie sich jedes Land die eigenen topografischen Gegebenheiten und die heimischen Rohstoffvorkommen zunutze macht. Norwegen hat in diesem Energieroulette der Primärenergieverteilung das große Los gezogen.

Die Bundesrepublik Deutschland verfügt über die größten Speicherkapazitäten für Gas in Europa. Es sind quasi unsere „Gas-Akkus". Bei vollen Akkus, sprich vollen Speichern, könnte sich Deutschland 30 Tage komplett selbst durch Ausspeicherung mit Gas versorgen. So ist beim Gas, wie bei der Kohle, nicht von einer unvertretbaren Versorgungsunsicherheit auszugehen

Gas unterscheidet sich in seiner Transportfähigkeit aufgrund seines physischen Zustandes von Kohle oder Erdöl. Deshalb gibt es noch keinen einheitlichen Weltmarkt für Gas. Es existieren weltweit drei Marktgebiete mit unterschiedlichen Preisentwicklungen. Dies sind die USA, Europa und Asien. Deutschland und zu einem großen Teil auch Europa versorgt sich primär mit Pipeline-Gas und bezahlt im Vergleich zu den USA deutlich höhere Preise. Die Gaspreise in den USA betragen nur etwa ein Drittel des europäischen Preises. Eine Alternative zum klassischen Gas, das über Pipelines in die Verbrauchsländer geliefert wird, ist die Nutzung von Flüssiggas (LNG = Liquified Natural Gas). Dazu wird Gas auf minus 162 Grad Celsius heruntergekühlt und verändert damit seinen physischen Zustand – es wird flüssig und schrumpft auf 1:1600 seines ursprünglichen Volumens zusammen. In diesem Zustand kann es wie Kohle oder Erdöl verschifft werden. An einem Entladeterminal wird das Gas dann wieder regasifiziert und in das Gasnetz eingespeist. Dieser Prozess ist jedoch sehr teuer und energieaufwendig. Bis zu 25 Prozent des Energiegehaltes gehen dabei verloren. Derzeit gibt es rund 380 LNG-Tanker, die weltweit auf den Meeren Flüssiggas transportieren. Der LNG-Anteil am weltweiten Gashandel liegt aktuell zwischen 10 und 15 Prozent, Tendenz steigend. Marktbeobachter gehen von einem Anteil von 50 Prozent bis zum Jahr 2030 aus. Aufgrund dieser Entwicklung rechnen Experten mit einem Zusammenwachsen der drei globalen Gasmarktgebiete. Die freie Transportfähigkeit ermöglicht es den Lieferanten auf Preissignale in den unterschiedlichen Marktgebieten zu reagieren, was zu einem Angleichen der Preise führen wird. So hat beispielsweise der deutsche Energiekonzern E.ON einen LNG-Liefervertrag ab dem Jahr 2020 mit dem kanadischen Energieunternehmen Pieridae Energy über den Bezug von 6,5 Milliarden Kubikmeter Flüssiggas pro Jahr abgeschlossen. Die Menge entspricht in etwa 7 Prozent des jährlichen deutschen Gesamtgasverbrauches.

Deutschland verfügt über keine LNG-Terminals, ist jedoch über das europäische Erdgasverbundsystem in den LNG-Bezug miteingebunden. Es profitiert so beispielsweise über das Anlande-Terminal in Rotterdam vom wachsenden Flüssiggashandel der EU und zusätzlich von LNG-Mengen, die aus Ländern wie Katar, Algerien oder Nordamerika auf den europäischen Markt gelangen. Zwar deckt die EU aktuell lediglich 9 Prozent ihres Gasbedarfes über LNG, doch ist dieser niedrige Prozentsatz zunächst zweitrangig. LNG schafft eine Alternative zu den klassischen Bezugsquellen von Pipelinegas und reduziert somit die Abhängigkeit von einzelnen Lieferländern. Ein Beispiel dafür wie, mit Blick auf die Energieversorgung, länderübergreifende Synergieeffekte erzielt werden können. Die Möglichkeit von günstigen Preisen in anderen Weltmärkten zu profitieren wird mittel- und langfristig steigen, bei gleichzeitig weiterhin guter Versorgungslage durch die klassischen Pipelinegasbezüge. So kam es an den europäischen Großhandelsmärkten seit Herbst 2014 im Zuge eines fallenden Ölpreises auch zu drastisch fallenden Gaspreisen.

Gaskraftwerke als Partner der Erneuerbaren Energien

Im Vergleich zu Kohlekraftwerken haben Gaskraftwerke einen höheren Brennstoffkostenanteil. Hohe Gaspreise können bei niedrigen Strompreisen Gaskraftwerke somit schnell unprofitabel machen. Diese Situation herrschte in den letzten Jahren gerade am Strommarkt der Bundesrepublik Deutschland vor. Von 2010 bis Ende 2015 verdiente in Deutschland kein Gaskraftwerk mehr Geld mit dem Verkauf von Strom. Viele Gaskraftwerke standen still. Fachleute nennen eine solche Situation die „Kraftwerke waren nicht im Geld".

Es handelte sich um eine der größten Paradoxien der Energiewende. Bei den modernen Gaskraftwerken handelt es sich um die Art Kraftwerk, welche wir für die Umsetzung der Energiewende in dieser Phase benötigen. Genau sie sind sozusagen das Back-up, welches die Erneuerbaren Energien stützt. Dies hat zwei Gründe:

Erstens sind die CO_2-Emissionen bei der Verbrennung von Gas deutlich geringer (etwa 0,36 $kgCO_2$/kWh bei Braunkohle, 0,2 $kgCO_2$/kWh bei Gas). Aufgrund dieser positiven Eigenschaft bezeichnen Fachleute Gas oft als „Premium Product". Gaskraftwerke belasten die Umwelt deutlich weniger. Eine Absurdität, dass in der deutschen Energiewende ausgerechnet vergleichbar saubere Gaskraftwerke nicht mehr wirtschaftlich zu betreiben waren. „Schmutzige", mit billiger Kohle befeuerte Kohlekraftwerke, konnten trotz ihrer Eigenschaft als Dreckschleudern, weiter produzieren und verdienten gutes Geld für ihre Betreiber. Erdgas wurde stark aus dem deutschen Strommix verdrängt.

Zweitens haben Gaskraftwerke mit Blick auf die Energiewende mit ihren Erzeugungscharakteristika einen weiteren Vorteil. Sie können flexibler hoch- und runtergefahren werden als die schwerfälligen Kohlekraftwerke. Ihnen ist es damit möglich, die fluktuierende Produktion der Erneuerbaren Energien flexibel auszugleichen. Solange für die regenerativen Energien noch keine ausreichenden Speichertechnologien zur Verfügung stehen, ist dies der entscheidende Vorteil von Gaskraftwerken. Sie gelten als die Formel-1-Rennwagen der Kraftwerkstechnologie. Innerhalb weniger Minuten können sie, ähnlich den Triebwerken eines Jumbojets, aus dem Kaltstart auf Spitzenlast hochfahren.

Gaskraftwerke sind thermische Kraftwerke. Durch Wärme wird eine Turbine angetrieben, die Strom erzeugt. Diese Turbine kann wie ein Flugtriebwerk schnell angeworfen und auf Leistung gebracht werden. Durch Brenngas wird Wasser in seinem Kessel erhitzt und der dadurch erzeugte Dampf treibt die Turbine an. Alternativ kann das Gas auch direkt als Brennstoff zum Antrieb einer Gasturbine fungieren. Um den Wirkungsgrad zu erhöhen, nutzen neuere Gas- und Dampf (GuD)-Kraftwerke die bei diesem Prozess entstehenden heißen Abgase ein zweites Mal, um einen Dampfkessel aufzuheizen der eine Dampfturbine antreibt. Beide Turbinen erzeugen dann

Bewegungsenergie, die einen Generator zur Stromerzeugung betreibt.

Der Wirkungsgrad und damit auch die Energie-Effizienz von Gaskraftwerken ist höher als bei Kohlekraftwerken. Durchschnittlich haben sie einen Wirkungsgrad von etwa 40 Prozent. Moderne GuD-Gaskraftwerke kommen auf absolute Spitzenwerte beim Wirkungsgrad von bis zu 60 Prozent. Diese Vorteile, geringer CO_2-Ausstoß, flexible Fahrweise, hoher Wirkungsgrad, zusammen mit dem Vorteil geringer Bauzeiten machen moderne Gaskraftwerke zu einem Hoffnungsträger der Energiewende. Eine von mehreren Paradoxien der Energiewende ist jedoch wie dargestellt, dass die Realität anders aussieht. Gaskraftwerke waren wegen hoher Gaspreise bei niedrigen Großhandelspreisen für Strom in den letzten Jahren unwirtschaftlich und rissen große Löcher in die Bilanzen ihrer Betreiber. Ein Treppenwitz der Energiepolitik. Der Grund dafür sind Marktverwerfungen der Energiewende (Kap. 4). Mit dem weiteren Verfall der Rohstoffpreise Ende 2015 hat sich die wirtschaftliche Situation der Gaskraftwerke allerdings etwas gebessert. An den Märkten fiel der Preis für Gas zeitweise schneller als der Preis für Strom und sogar für Kohle.

Fakt bleibt jedoch: Der Betrieb von umweltschädlichen Braunkohlekraftwerken, welche in keiner Weise die Erneuerbaren Energien ergänzen können, lohnt sich deutlich mehr als der Betrieb von umweltschonenden Gaskraftwerken. Dabei wären sie jedoch der ideale Partner der Erneuerbaren Energien.

Trotz der wirtschaftlichen Krise, in welcher sich Gaskraftwerke heute befinden, sind sie möglicherweise eine entscheidende Brückentechnologie, um die Zeit zu überbrücken bis die regenerativen Energien die wegfallende Atomkraft und schließlich die umweltbelastende Kohlekraft ersetzen können. Sie wären die Brücke in eine Zukunft mit 100 Prozent regenerativem Strom.

Exkurs: „Fracking – Fluch oder Segen"

Spricht man heutzutage über Gas als Energieträger, kommt man an einem Thema nicht mehr vorbei. Fast schon wie die Atomkraft entwickelt es sich zu einem Spaltpilz, welcher das Potenzial hat, die Gesellschaft zu polarisieren. Die Frontlinien: Umweltbedenken versus wirtschaftliche Interessen. Innerhalb des energiepolitischen Dreiecks: Versorgungssicherheit und Wirtschaftlichkeit versus Umweltschutz. Beide Seiten haben gute und richtige Argumente.

Es handelt sich um den Themenblock „Hydraulic Fracturing", welchen wir schlagwortartig als „Fracking" bezeichnen. Eine Technologie, welche bei der Förderung von unkonventionellen Erdgaslagerstätten zum Einsatz kommen soll. Bei diesen Erdgasvorkommen ist das Gas in dichten Gesteinsschichten mit nur sehr geringer Durchlässigkeit gefangen. Mit Hilfe von hydraulischen Bohrungen wird das Gestein aufgebrochen (gefrackt), um das Gas austreten zu lassen. In die Bohrlöcher wird unter hohem Druck von bis zu 1000 bar ein Gemisch aus chemischen Additiven, Quarzsand und Wasser gepumpt. Dieses Einpumpen bricht die Risse in der Gesteinsschicht weiter auf und erhöht den Gasfluss an das Bohrloch. Das Frackingfluid wird nach dem Frackvorgang wieder abgepumpt, wobei der Quarzsand und Teile der zugesetzten Chemikalien in den Gesteinsrissen verbleiben, um die Risse offen zu halten. In Verbindung mit neuartigen Bohrtechniken (Horizontalbohrungen) sind bisher unerreichbare Gasvorkommen wirtschaftlich förderbar. Bei diesen unkonventionellen Gasvorkommen handelt es sich um natürliches Erdgas, welches in Tongestein (Schiefer) entsteht und dort gespeichert ist. Daher die Bezeichnung „Shale Gas". Die weltweiten Vorkommen an Schiefergas sind noch umstritten. In einem Punkt sind sich die Experten jedoch einig: Sie übersteigen die bekannten Reserven um ein Vielfaches. In den USA ist durch den Einsatz von Fracking und die Förderung von Schiefergas ein regelrechter Boom entstanden. Eine sogenannte „Gas-Bonanza". Innerhalb weniger Jahre haben sich die USA von einem der größten Gasimporteure zu einem Gasexporteur entwickelt. Man kann fast von einer amerikanischen Energiewende sprechen. Der Preis für Gas und in seinem Windschatten der Preis für Strom sind rapide gefallen und betragen nur noch bis zu einem Drittel des Preises in Europa, mit allen Vorteilen für die Volkswirtschaft. Ein beachtenswerter Nebeneffekt ist die Tatsache, dass die USA ihre Treibhausgasemissionen rapide senken konnten. Durch das billige Gas ist es wirtschaftlicher Gas anstatt Kohle zur Stromerzeugung zu verbrennen und damit die CO_2-Emissionen zu verringern.

Nicht umsonst wird daher in Europa diskutiert, inwieweit diese scheinbare amerikanische Erfolgsgeschichte wiederholt werden kann. Länder wie Bulgarien und Frankreich haben das Fracking verboten. In den Niederlanden wurde ein Moratorium für die Technologie verhängt. Es gibt viele Fragestellungen zu klären. Was ist mit dem Trinkwasserschutz? Welche Chemikalien kommen zum Einsatz und wie beeinflussen diese Mensch und Umwelt? Wie viel Wasser wird verbraucht? Wie groß sind die unkonventionellen Vorkommen tatsächlich? Benötigen wir diese zusätzliche Gasquelle vor dem Hintergrund der aktuell guten Versorgungslage?

Die Fragen bringen Bürger und Umweltschutzverbände in Stellung. Die geführte Diskussion gewinnt an Schärfe, da wirtschaftliche Interessen Umweltschutzinteressen gegenüberstehen. Vor dem Hintergrund einer fallenden heimischen Gasförderung und den wirtschaftlichen Chancen für die deutsche Industrie wäre es falsch, Fracking ungeprüft abzulehnen. Jedoch ist klar zu konstatieren, dass die Gegebenheiten der USA nicht ohne weiteres auf Deutschland übertragbar sind. Die berechtigten Fragen von Bürgern bzw. Verbänden müssen geprüft und beantwortet werden (http://www.umweltbundesamt.de/themen/wasser/gewaesser/grundwasser/nutzung-belastungen/fracking). Trotz vieler Studien mit zahlreichen neuen Erkenntnissen besteht nach wie vor Unklarheit darüber, welche Langzeitfolgen mit Frackingtechnologien verbunden sind. Eine exakte Bewertung, ob die Vorteile oder Nachteile der Gewinnung unkonventioneller Erdgasvorkommen überwiegen, lässt sich nicht abschließend vornehmen. Bemerkenswert ist jedoch, dass die Frackingtechnologie in Deutschland nicht komplett neu ist und seit 1961 angewendet wird. Es handelte sich jedoch durchweg um konventionelle Lagerstätten, in welchen nicht der technische Aufwand betrieben werden musste, um den Aufstieg des Gases zu ermöglichen.

Eine Debatte ist politisch national und auf EU-Ebene im Gange. In Deutschland ist Fracking derzeit – noch – ein Randthema. Im Sommer 2016 wurde nach langem Streit in der Regierungskoalition ein Gesetz erlassen, welches die testweise Förderung von unterirdischem Gas mit Hilfe von Chemikalien unter strengen Auflagen erlaubt. Es handelt sich hierbei jedoch lediglich um Erprobungsmaßnahmen, für welche eine rechtliche Grundlage geschaffen wurde, ohne einen Freifahrtschein für die Frackingtechnologie zu geben.

Kernenergie

Kernenergie ist im Vergleich zur Kohle ein junger Energieträger. Im Gegensatz zu den anderen Energieerzeugungstechnologien hat sie ihre Wurzeln im militärischen Bereich. Der friedlichen ging die kriegerische Nutzung der Kernkraft mit dem Atombombenabwurf in Hiroshima und Nagasaki 1945 voraus.

Nicht zuletzt diese Wurzeln waren ein Grund dafür, diese Art der Energieerzeugung gesellschaftlich deutlich emotionaler zu diskutieren als die Nutzung anderer Energieformen.

Die friedliche Nutzung begann Anfang der Fünfzigerjahre in den USA. 1951 gelang es US-Forschern im Experimental Breeder in Idaho Falls zum ersten Mal durch eine Kernreaktion Strom zu produzieren. Im Laufe der Fünfziger- und Sechzigerjahre entwickelte sich eine regelrechte Atomeuphorie. Atomforscher träumten den Traum vom „Goldenen Atomzeitalter". In der Rückbetrachtung mutet diese Vision naiv an. Die Atomkraft sollte alle Energieprobleme der Welt lösen. So schätzten US-Atomforscher, dass innerhalb weniger Jahren die ersten PKW mit Atomantrieb auf den Straßen fahren würden. Mini-Reaktoren sollten in Fahrzeugen den Verbrennungsmotor und in Wohnhäusern die Heizung ersetzen. „Brave new world". Keine dieser Visionen wurde Wirklichkeit, wenn man von atomgetriebenen Unterseebooten und Schiffen absieht. Im Rückblick stellt man fest, dass diese Technikzuversicht auf einer Fehleinschätzung der Technik beruhte. Eine realistische Einschätzung der Risiken fand nicht statt.

In Deutschland erlebte die Kernenergie ihren Start ab Mitte der Sechzigerjahre. Doch bereits 1955 hatte Bundeskanzler Adenauer das „Ministerium für Atomfragen" ins Leben gerufen. Es war der Vorläufer des heutigen „Bundesministerium für Forschung und Bildung". Der spätere Bundeskanzler Ludwig Ehrhardt machte sich über die Gründung des Ministeriums lustig und forderte ein zusätzliches „Dampfkesselministerium". Erster Minister wurde Franz Josef Strauß. Die Worte einer seiner Antrittsreden muten heute fast zynisch an, sind jedoch nur im Kontext der damaligen Atomeuphorie richtig zu deuten:

> Es ist ohne Zweifel eine Tragik in der Geschichte der Menschheit, daß der Begriff Atom nicht als heilende und helfende Kraft, sondern zuerst als Faktor von unvorstellbarer Zerstörungswirkung zum Bewußtsein der Allgemeinheit gekommen ist.

Die Ölpreiskrise im Winter 1973/1974 führte der Gesellschaft erstmals die hohe Abhängigkeit vom Brennstoff Öl vor Augen und verschaffte der Kernkraft in Politik und Gesellschaft einen Ansehensschub. Über die Atomkraft erhoffte man sich Unabhängigkeit in der Strom- und Wärmeversorgung vom OPEC-Öl zu erreichen. Bestimmend war das Ziel Versorgungssicherheit. Die heute oftmals hergestellte Verknüpfung des Aufbaus einer Kernkraftflotte in Westeuropa mit der Ölpreiskrise ist jedoch ein historischer Mythos. Der Beschluss zur energietechnischen Nutzung der Kernkraft wurde in den Staaten Westeuropas deutlich früher getroffen als das Auftreten der ersten Ölpreiskrise. Das erste Kernkraftwerk ging bereits zu Beginn der

Sechzigerjahre ans Netz. Die Ölpreiskrisen bestätigten die politischen Eliten lediglich in ihrer Entscheidung zum Ausbau der Kernkraft. Je nach Sichtweise könnte man auch behaupten, sie gaben ihr die dankbare Rechtfertigung für den weiteren Ausbau.

Früh zeigten sich die wirtschaftlichen und technologischen Grenzen der Technologie. Die notwendigen Sicherheitsstandards ließen die Investitionskosten ständig in die Höhe schießen. Es war ein Indiz dafür, dass die Fachleute erst nach und nach die Sicherheitsrisiken der Technik richtig einordneten. Etablierte Stromkonzerne zeigten sich ursprünglich distanziert gegenüber der neuen Technologie und lehnten sie sogar offen ab. Der Grund: die hohen Investitionskosten sowie die Befürchtung den eigenen bereits bestehenden Kraftwerkspark (vornehmlich Kohlekraftwerke) zu entwerten. Deshalb war die Einführung der Kernenergie in Deutschland zunächst ein rein politisch getriebenes Projekt. Die Politik machte den Konzernen den Betrieb von Atommeilern über Steuervergünstigungen und die Übernahme bestimmter unternehmerischer Risiken durch die öffentliche Hand schmackhaft. Milliarden an Subventionen flossen in die Forschungsprogramme und Risikobeteiligungen. Ironie der Geschichte: Sowohl Start als auch Ende der Atomkraft waren ein rein politisch forcierter Prozess. Der Staat nahm die Schlüsselrolle bei beiden Entscheidungen ein. Beiden, dem Anfang und dem Ende, standen die Energieunternehmen aus wirtschaftlichen Gründen jeweils kritisch gegenüber. Zusätzlich bildete sich im Lauf der Siebzigerjahre eine Friedensbewegung und parallel eine Umweltbewegung. Beide lehnten die Atomkraft strikt ab. War diese Tendenz zu Beginn noch eine gesellschaftliche Randerscheinung, so sorgten spätestens die Reaktorunfälle im amerikanischen Harrisburg (1979) und vor allem in Tschernobyl (1986) dafür, dass die Kernenergie stark an gesellschaftlichem Rückhalt verlor. Zunehmend wurde sich die Öffentlichkeit der nicht beherrschbaren Technologierisiken bewusst. Nach der Reaktorkatastrophe von Fukushima im März 2011 verlor die Kernenergie in Deutschland die letzte gesellschaftliche und politische Akzeptanz. Dieser gesellschaftliche Wille manifestierte sich politisch in dem Ausstiegsbeschluss, welchen die schwarz-gelbe Bundesregierung ebenfalls im Frühjahr 2011 verabschiedete.

Zeitstrahl Kernenergienutzung Bundesrepublik Deutschland

1957:   Erster Kernreaktor der Bundesrepublik Deutschland als Forschungsreaktor der TU München

1959:   Atomgesetz als Rechtsgrundlage für Bau und Betrieb von Kernkraftwerken

1961:   Erster Deutscher Eigenbaureaktor im Karlsruher Kernforschungszentrum

1961:   Versuchsatomreaktor Kahl speist zum ersten Mal durch Kernenergie erzeugten Strom in das deutsche Verbundnetz ein

1974:   Der bis dahin weltweit größte Kernkraftblock (1200 MW) geht in Biblis ans Netz

1976:   Beginn der ersten schweren, teilweise gewalttätigen Anti-Atomkraft(Anti-AKW)-Demonstrationen

1990:   Durch den Beitritt der DDR zur BRD gilt das Atomgesetz auch in den neuen Bundesländern. Die Kernkraftwerke sowjetischer Bauart (Rheinsberg und Greifswald) werden stillgelegt

2000:   1. Deutscher Kernkraftausstieg durch einen Vertrag zwischen der rot-grünen Bundesregierung und den Kernkraftwerksbetreibern

2010:   Beschluss der schwarz-gelben Bundesregierung, die vereinbarten Restlaufzeiten der Kernkraftwerke um durchschnittlich zwölf Jahre zu verlängern

2011:   Beschluss der Bundesregierung, bis spätestens 2022 aus der Kernkraft auszusteigen

Den deutschen Atomausstieg als weltweit einmalig zu bezeichnen, entspricht nicht der Realität. Auch Länder wie Italien, Österreich, Belgien und die Schweiz haben sich entschieden aus der Atomkraft auszusteigen. Selbst Frankreich, welches mit seinen insgesamt 58 Kernkraftmeilern nahezu 75 Prozent seines Strombedarfes über Atomenergie deckt, hat sich in einer Art „Transition énergétique" dazu entschlossen den Anteil der Kernkraft bis 2025 auf 50 Prozent zu senken. 20 Atomkraftwerke sollen hierzu abgeschaltet werden. Die entstehende Stromerzeugungslücke soll primär durch Erneuerbare Energien gedeckt werden. Insgesamt waren in der EU Ende 2015 129 Kernkraftwerke in Betrieb. Weltweit betrachtet gibt es allerdings einen Trend hin zu einem Wachstum der Atomkraft. Länder wie China, Russland und Indien planen den Zubau neuer Kernkraftwerke in erheblichem

Ausmaß. Weltweit trägt die Kernkraft rund 13 Prozent zur globalen Stromproduktion bei. Die Regierung in Peking beabsichtigt ihre installierte Kernkraftleistung bis 2020 zu verachtfachen; Indien in derselben Zeit zu versechsfachen. Russland plant, pro Jahr zwei neue Kernkraftwerke in Betrieb zu nehmen. Nachdem es in den letzten zwei Jahrzehnten, global betrachtet, nur eine geringe Bautätigkeit neuer Kernkraftwerke gab, ändert sich dies gerade. Einer der Hauptgründe dafür ist, dass gerade die bevölkerungsreichen, stark wachsenden Volkswirtschaften der Schwellenländer vor der gewaltigen Herausforderung stehen, ihren Energiehunger zu stillen. Die amerikanische Energy Agency rechnet mit einer Verdopplung der globalen Stromnachfrage bis 2025. Doch es sind nicht nur die Schwellenländer, die auf die Kernkraft setzen. Auch in Europa spielt die Kernkraft in der Planung einiger Regierungen eine herausragende Rolle. So baut Großbritannien am Standort Hinkley Point zwei neue Reaktoren und bereitet weitere Bauprojekte vor. Gerade an diesem Bauvorhaben entzünden sich emotionale Diskussionen in der EU. Für das Bauvorhaben konnte nur ein Betreiber gefunden werden, weil die britische Regierung massive Subventionen und Preisgarantien übernommen hat. Das Kraftwerk soll ab 2023 an das öffentliche Netz gehen und für 60 Jahre Strom liefern. Die britische Regierung hat für die ersten 35 Jahre eine Strommindestpreisgarantie übernommen. Die Baukosten belaufen sich laut Schätzungen der europäischen Kommission, auf 31 Milliarden Euro. Schweden machte seinen 30 Jahre alten Kernkraftausstiegsbeschluss 2009 rückgängig und erlaubte den Ersatz alter Meiler durch neuere, leistungsfähigere,

Kernkraftwerke. Es ist deshalb zu konstatieren, dass die meisten Kernkraft nutzenden Länder im Gegensatz zu Deutschland weiterhin auf die Technologie setzen und teilweise in neue Kraftwerke investieren.

Oftmals wird der deutsche Kernkraftausstiegsbeschluss als der Beginn der Energiewende bezeichnet. Wahr ist, dass der Ausstieg lediglich ein Bestandteil des Großprojektes Energiewende ist. Viele ausländische Beobachter bezeichnen diesen Ausstiegsbeschluss als mutig. Viele betrachten die Kernkraft für die Stromversorgung eines großen Industrielandes wie der Bundesrepublik Deutschland aufgrund ihrer scheinbaren Kostengünstigkeit und klimaschonenden Produktionsweise als unerlässlich. Bill Gates wird folgender Kommentar zum deutschen Kernkraftausstieg zugeschrieben: „Das ist wahrlich ein Zeichen von Wohlstand" (Spiegel 15/2011).

Technische Funktionsweise des Kernkraftwerks

Bei Kernkraftwerken handelt es sich, ebenso wie bei Kohle- oder Gaskraftwerken, um Wärmekraftwerke. Wärmekraftwerke erzeugen Wärme und wandeln diese in mechanische Energie um, welche wiederum über einen Generator in elektrische Energie umgewandelt wird. Im Unterschied zu fossilen Kraftwerken erfolgt in Kernkraftwerken jedoch keine Wärmeerzeugung durch Verbrennung. Die Energieerzeugung erfolgt vielmehr durch Umwandlung von Masse in Energie (Kernspaltung). Genaugenommen ist der Ausdruck Brennstoff daher unzutreffend für Kernkraftwerke.

Die Kernreaktion ist sehr effizient. So kann man aus einem Kilogramm Natur-Uran umgerechnet etwa 24.000.000 Kilowattstunden Strom erzeugen. Mit einem Kilogramm Steinkohle sind es lediglich acht Kilowattstunden. Das ist auch der Hauptgrund, warum Physiker die Kernkraft in der frühen Phase als den Heilsbringer für die Energieversorgung sahen. Manche Wissenschaftler sahen schon ein Zeitalter unendlicher und günstiger Energie vor der Menschheit liegen. Der Leiter der amerikanischen Atomforschung bezeichnete die Brennstoffkosten der Kernenergie in den Fünfzigerjahren als „too cheap to meter". Zur Stromerzeugung benötigte die Kernkraft eine vergleichsweise nur sehr geringe Menge an Brennstoff. Dieser war günstig und reichlich vorhanden. Die eingesetzten Brennstäbe sind verglichen mit anderen Kraftwerkstypen vergleichsweise billig. Die Produktion einer Megawattstunde Strom kostet in einem Kernkraftwerk Experten zufolge etwa 15-20 Euro. In Kohle- oder Gaskraftwerken sind es dagegen 30-40 Euro. Ausgangsmaterial der Kernreaktion ist das in der Natur vorkommende Uran-235. Betrachtet man die weltweite Uranförderung und die globalen Reserven, so ergibt sich heute ein scheinbar widersprüchliches Bild. Zwar deckt die jährliche Uranförderung nicht den tatsächlichen weltweiten Bedarf, trotzdem geht das Bundesamt für Geowissenschaft und Rohstoffe davon aus, dass die bekannten Vorräte noch viele Jahrzehnte reichen. Auch die darüber hinaus benötigte Menge kann trotz der Lücke zwischen Förderung und Verbrauch gedeckt werden. Für die Versorgung zieht die Atomindustrie sogenannte Sekundärquellen heran. Dabei handelt es sich z. B. um militärische Bestände, welche als Brennstoff genutzt werden können. Diese Bestände sind zahlreich vorhanden. Auch geht man davon aus, dass die vorhandenen Ressourcen des Energieträgers Uran weit in die Zukunft reichen. Wie bei Kohle und Gas ist mit einer absehbaren Knappheit nicht zu rechnen. Auch nicht, wenn es weltweit tatsächlich zu einem Ausbau der Kernkraft kommen sollte. Die größten Produzentenländer von Uran sind Kasachstan (28 Prozent), Kanada (20 Prozent) und Australien (16 Prozent).

Für und Wider

Die Kernkraft lässt sich nicht einfach in eine Reihe mit anderen Energieträgern wie Kohle und Gas stellen. Die großen gesellschaftlichen Auseinandersetzungen, vor allem in Deutschland, sind ein Beleg, aber nicht die Ursache dafür. Sie ist eine Energieform, welche einzigartige Vorteile mit außergewöhnlichen, nicht vertretbaren Risiken verbindet. Beides gilt sowohl unter ethischen als auch, oftmals vernachlässigt, unter wirtschaftlichen Gesichtspunkten.

Ein Vorteil der Atomkraft ist, dass sie im Normalbetrieb eine absolut saubere und umweltschonende Technologie ist. Bei der Stromerzeugung durch Kernreaktion entsteht nahezu kein CO_2-Ausstoß. Weltweit würden Kernkraftwerke alternativ zum Einsatz fossiler Kraftwerke den Ausstoß von jährlich 2,5 Milliarden Tonnen CO_2 einsparen. Zum Vergleich: Der gesamte deutsche PKW-Bestand stößt jährlich „lediglich" 150 Millionen Tonnen aus. Dies ist der Grund, weshalb die Kernkraft unter überzeugten internationalen Umweltschützern durchaus Anhänger hat. Der Greenpeace-Gründer Patrick Moore rief die Deutschen zum „Ausstieg vom Ausstieg" auf, um die Umwelt zu retten (Wochenzeitung „Die Zeit" 22. September 2010). Der ehemalige sozialdemokratische Bundeskanzler Helmut Schmitt warnte davor, die Kernkraft als „Teufelszeug" zu sehen („Die Zeit" 16. Mai 2008). Manche Experten sehen die Atomkraft als einzigen Energieträger, welcher uns ermöglicht im industriellen Maßstab in Zeiten eines wachsenden globalen Energiebedarfes die CO_2-Emissionen einigermaßen stabil zu halten und uns vor dem Klimawandel zu schützen. Auch die internationale Energieagentur (IEA) schätzt, dass die globalen Klimaziele, sprich die Begrenzung der globalen Erwärmung auf höchstens zwei Grad gegenüber dem vorindustriellen Zeitalter, bei einem gleichzeitig um 30 Prozent wachsenden Energiebedarf bis 2040 nur mit einem Einsatz der Kernkraft erreicht werden kann. Es ist nicht von der Hand zu weisen, dass für viele Länder die Kernkraft ein Hoffnungsträger ist. Ein neuer Hoffnungsträger der umstrittenen Atomindustrie könnte eine neue Generation von Atomkraftwerken sein. Im Vergleich zu den bestehenden Megameilern handelt es sich hierbei um Mini-Meiler, welche dezentral und als eine Art „Baby-Reaktor" Strom erzeugen können. Bis 2030 soll dieser neue Typus von Kernkraftwerk entwickelt werden. Die kleinen Kraftwerke bieten laut Atomindustrie den Vorteil in deutlich kürzeren Bauzeiten gefertigt werden zu können. Das Kraftwerk könnte dann in kurzer Zeit in Modulen von LKWs angeliefert und am Standort zu einem Gesamtsystem zusammengebaut werden. Da es sich um kleinere Standorte handelt, könnten die Kraftwerksstandorte auch dezentraler gewählt werden. Die britische Regierung will bis 2030 erhebliche Summen

in Förderprogramme zur Entwicklung dieser Kraftwerks-
stypen investieren. Andere europäische Länder, wie Polen
oder Tschechien, haben ebenfalls das Auflegen von Förder-
programmen angekündigt. Ob sich diese neue Generation
von Kernkraftwerken sozusagen als Wiederaufleben der
Kernkrafteuphorie der Fünfzigerjahre durchsetzen kann
oder ob die ökonomischen und sicherheitstechnischen
Risiken überwiegen, muss das nächste Jahrzehnt erweisen.
Energiewirtschaftler bezweifeln, dass es jemals einen Weltmarkt für kleine Kernkraftwerke geben wird.

Weltweit setzen 31 Länder auf Kernkraft. Es gibt 441
Kernkraftwerke auf unserem Planeten. 65 befinden sich
derzeit im Bau. Auch für Deutschland übernimmt die
Kernkraft noch immer einen nicht unwesentlichen Teil der
Stromversorgung. Die Tendenz ist natürlich stark fallend.
Hatte sie im Jahr 2000 noch einen Anteil von 29 Prozent
an der Bruttostromerzeugung, waren dies im Jahr 2013
nur noch 15,4 Prozent. Dabei stellt die Kernkraft in etwa
die Hälfte der benötigten elektrischen Grundlast bereit.
Diese Lücke muss geschlossen werden. Noch können die
Erneuerbaren Energien, da nicht grundlastfähig, diese
Lücke nicht schließen. Vielmehr müssen, so die Befürchtung von Ausstiegskritikern, umweltschädliche Kohlekraftwerke mit entsprechend schlechten CO_2-Bilanzen
und negativen Effekten für die Umwelt einspringen. Die
Grundlastfähigkeit, zusammen mit den günstigen und in
ausreichendem Maße vorhandenen Brennstoffen, stellt
einen unbestreitbaren Vorteil der Kernkraft dar.

Diesen Vorteilen stehen jedoch schwerwiegende, ethische
und wirtschaftliche Nachteile gegenüber. So stellt sich auch
im Jahr 2016 die ungelöste Frage der Endlagerung – dies

trotz jahrzehntelanger Forschung und erheblichem Kosten-
aufwand. Allein für die Suche nach geeigneten Lagerstätten
fielen bisher Kosten von mehr als zwei Milliarden Euro an.
Wie bei Kohle und Gas fallen auch bei der Verstromung
von Kernenergie Abfallstoffe als Nebenprodukt an. Diese
sind radioaktiv und somit für Mensch und Umwelt in
höchstem Maße gefährlich. Sie können nicht einfach ver-
siegelt und vergraben werden. Ein sehr kostenaufwendiger
Prozess muss diese Stoffe zunächst stabilisieren und aufbe-
reiten. Danach müssen sie gelagert werden. Hierbei stellt
sich das Problem der Halbwertszeit. Es ist die Zeitspanne,
in der die Hälfte der Atome eines radioaktiven Stoffes zer-
fallen ist. Sie kann für bestimmte radioaktive Abfälle mehrere Millionen Jahre betragen, teilweise darüber hinaus.
Bis heute gibt es keine finale Lösung, an welchen Orten
es möglich ist, die Stoffe über einen solchen Zeitraum
sicher zu lagern. Betrachtet man diese Zeitspanne in historischen Dimensionen, stellt man fest, dass sie länger als
die Existenz unserer heutigen Zivilisation ist. In Deutschland wurde die Anforderung an ein Endlager auf eine Iso-
lationszeit von einer Millionen Jahre heraufgesetzt. Ein
unvorstellbarer Zeitraum, wenn man bedenkt, dass die bisherige Geschichte der Menschheit lediglich einige tausend
Jahre umfasst. Auch ist für diesen Zeitraum nur schwer zu
garantieren, dass sich geologische Strukturen nicht verändern. Allein die Landschaft Europas hat sich in den letzten
30.000 Jahren durch Eiszeiten vollkommen verändert.
Historiker, Umweltschützer, Wissenschaftler und Sozio-
logen haben daher Zweifel. Kann man über einen solchen Zeitraum solch hochgefährliche Stoffe absolut sicher
lagern?

Ein weiteres Problem ist die Frage der technischen Beherrschbarkeit der Risiken.

Die Konsequenzen eines schweren atomaren Unfalls übersteigen die Risiken jeglicher anderer potenzieller Industrieunfälle. Durch einen GAU (Größter anzunehmender Unfall) könnten durch Verstrahlung der Umwelt ganze Landstriche weiträumig für viele Generationen unbewohnbar werden. Die Gefahr übersteigt jegliche menschliche Vorstellungskraft. Sie ist aber real. Zwar wird das Risiko mit nahezu null bewertet; doch gab es in den letzten 40 Jahren drei schwere Reaktorunglücke (Exkurs „Kernkraftunfälle"). Bei der Berechnung des sogenannten Restrisikos stellt sich folgendes mathematisch nicht lösbares Problem. Die Darstellung ist stark vereinfacht, beschreibt aber die Problemstruktur:

Stellen Sie sich ein System (System A) vor, welches mit 99,9 Prozent Wahrscheinlichkeit immer funktioniert. Um dieses System A abzusichern, schaltet man ein Sicherungssystem B dahinter. Dieses System B hat ebenfalls eine 99,9-prozentige Wahrscheinlichkeit zu funktionieren. Um die Funktionsweise noch mal abzusichern, schalten Sie hinter System B nochmal ein System C, welches auch zu 99,9 Prozent funktioniert. Die Wahrscheinlichkeit, dass alle drei Systeme (A + B + C) gleichzeitig ausfallen, liegt nun bei nahezu null. Das ist das Restrisiko eines Totalausfalls aller drei Systeme (A + B + C).

Das Problem bleibt jedoch die Betrachtungsweise, die Systeme A–C unabhängig voneinander zu bewerten. Fällt z. B. System A aus, sind System B und C davon nicht betroffen. So die Betrachtungsweise.

In der Regel trifft dies auch zu. Ein simultaner Ausfall ist bei einem singulär, nur jedes einzelne System, betreffenden Vorfall somit fast ausgeschlossen. Das Problem entsteht jedoch in einem Vorfall, welcher alle drei Systeme gemeinsam betrifft, also A, B und C gleichzeitig. Genau dies ist in Fukushima passiert. Die Tsunami-Welle hat die komplette Anlage überspült und gleichzeitig auch die Notstromaggregate bzw. Notstrombatterien lahmgelegt. Infrage für ein solches gemeinsam auslösendes Ereignis kann ein Flugzeugabsturz, ein Terroranschlag oder eine Naturkatastrophe kommen. Die Wahrscheinlichkeit eines solchen Vorfalls ist deutlich schwerer zu berechnen. Daher verdeutlicht die Berechnung des Restrisikos lediglich scheinbar das tatsächliche Risiko.

So gering das Restrisiko auch ist; vor dem Hintergrund der existenziellen Konsequenzen für eine Gesellschaft ist es nicht vertretbar. Dies ist die Bewertung der Menschen in der Bundesrepublik Deutschland in ihrer überwiegenden Mehrheit.

Neben den ethischen Risikoabschätzungen gibt es auch wirtschaftliche Gründe, die gegen die Kernkraft sprechen. Oftmals blendet die Diskussion diese Gründe aus. Seit vielen Jahren führen immer höhere Sicherheitsstandards zu stetig steigenden Kosten für den Betrieb von Kernkraftwerken. Der Neubau von Anlagen oder die Aufrüstung der Altanlagen geriet immer teurer. Aktuelles Beispiel ist der finnische AKW-Neubau Olkiluoto. Das Werk befindet sich seit dem Sommer des Jahres 2005 im Bau. Inzwischen hinkt die Inbetriebnahmen der ursprünglichen Planung fünf Jahre hinterher. Das ist nicht nur ein Zeitplanungs- sondern auch ein Kostenproblem. Die ursprünglichen Kosten für den Neubau sollten drei Milliarden Euro betragen. Inzwischen liegen die Kosten bei knapp 8,5 Milliarden Euro, ohne dass ein Ende in Sicht ist. Andere Neubauvorhaben zeigen ähnliche Erfahrungen. So trat beispielsweise der Finanzvorstand des französischen EDF-Konzerns im Frühjahr 2016 zurück, weil er die finanziellen Risiken, die sein Konzern für den Bau und Betrieb des britischen AKW-Projektes Hinkley Point C, als nicht vertretbar ansah und die Investitionsrisiken nicht verantworten wollte. Die Erfahrungen der letzten Jahrzehnte zeigen, dass Investoren nur bereit waren diese Investitionsrisiken zu tragen, wenn sie im Gegenzug staatliche Unterstützung in Form von Zuschüssen, Übernahme von Versicherungsrisiken oder Preisgarantien für abgesetzte Strommengen erhielten. Die britische Regierung garantierte dem Betreiber des Kernkraftwerks übrigens für 25 Jahre je produzierte Megawattstunde einen Abnahmepreis von umgerechnet 109 Euro samt Inflationsausgleich. Zum Vergleich; zum Zeitpunkt der Entscheidung lag der Marktpreis für eine Megawattstunde bei nicht einmal der Hälfte. Das Deutsche Institut für Wirtschaftsforschung geht soweit, dass weltweit noch nie ein Atomkraftwerk wirtschaftlich betrieben werden konnte, wenn man die Risiken für Mensch, Umwelt, die Kosten für den späteren Rückbau und die Endlagerung sowie die notwendigen Ausgaben für Infrastruktur, Forschung und Entwicklung mit einbezieht.

Die Übernahme von unternehmerischen Risiken durch die öffentliche Hand ist in Zeiten hoher Staatsschulden und bei einer Risikotechnologie wie der Kernkraft nur schwer vertretbar. Andrea Carta, Rechtsexpertin bei

Greenpeace, bringt die Kritik auf den Punkt, wenn sie sagt: *Es gibt keine Rechtfertigung, weder juristisch, moralisch noch klimapolitisch, um Steuergelder umzuwandeln in sichere Profite für Anlagenbetreiber, die nur einen Haufen radioaktiven Müll produzieren.* Es gibt Berechnungen, dass ohne solche Staatsunterstützung Strom aus Kernkraft im Vergleich zu den anderen Erzeugungsarten nicht mehr wettbewerbsfähig wäre. Laut einer Studie des Forums Ökologisch-Soziale Marktwirtschaft sind zwischen 1950 und 2010 etwa 204 Milliarden Euro Subventionen in Form von Forschungsförderung, Finanzhilfen, Versicherungsgarantien, Endlagersuche, Steuervergünstigungen, Stilllegungen der ostdeutschen Atommeiler und den Regelungen über die Entsorgungsrückstellungen geflossen. Das gilt es zu beachten, wenn eine vermeintlich zu hohe Förderung der Erneuerbaren Energien im Zuge der Energiewende kritisiert wird.

Der deutsche Ausstieg aus der Kernkraft im Rahmen der Energiewende ist vertretbar. Diese Technologie kommt wirtschaftlich an ihre Grenzen und weist ethisch-technologische Risiken auf, welche wir als Gesellschaft nicht eingehen können. Die Lücke, welche die Kernkraft hinterlässt, ist weniger existenziell als die ethischen, technologischen aber auch wirtschaftlichen Risiken, die wir durch ihre Weiternutzung auf uns nehmen.

Exkurs: Reaktorunfälle – die drei Namen der Apokalypse – Harrisburg, Tschernobyl, Fukushima

Drei Ortsnamen stehen für die Risiken der Kernkraftnutzung. Diese Orte sind Beispiele für das dünne Eis, auf welches sich die Menschheit mit der Technologie begeben hat. Es sind die Namen Harrisburg, Tschernobyl und Fukushima.

Am 28. März 1979 kam es in einem Block des Kernkraftwerks in der amerikanischen Stadt Harrisburg zu einem schweren Störfall. Zwar verlief der Unfall glimpflich und die Behörden konnten die Lage bald technisch unter Kontrolle bringen, jedoch zeigte der Vorfall der Öffentlichkeit zum ersten Mal die hohen Risiken, welche mit dieser Technik verbunden waren. Es war der erste schwere Rückschlag für die optimistische Sichtweise der Kernkraft als Heilsbringer der Energieversorgung.

Der bisher schwerwiegendste Reaktorunfall ereignete sich am 26. April 1986 in Tschernobyl, einer ukrainischen Stadt etwa 100 Kilometer von Kiew entfernt. Es kam zu einer gewaltigen Explosion, durch welche radioaktiv-verseuchte Teile weit in die Umgebung und die Atmosphäre geschleudert wurden. Die Ironie der Katastrophe: Der Unfall ereignete sich im Zuge einer Übung, welche das Abschalten des Reaktors während eines totalen Stromausfalls simulieren sollte. Als Hauptgrund gelten schwerwiegende Sicherheitsverstöße der Übungsverantwortlichen. Der Nahbereich des Reaktors wurde komplett verstrahlt mit schweren Opfern unter den Helfern. Es drohte eine radioaktive Belastung weiter Teile Europas. Noch heute, 30 Jahre nach der Katastrophe, sind in Teilen Bayerns Pilze, Wildschweine und Waldbeeren mit erhöhten Strahlenwerten belastet. Ich selbst kann mich daran erinnern, dass meine Eltern meiner Schwester und mir im Sommer 1986 verboten haben zu lange in Sandkästen auf Kinderspielplätzen zu spielen. Heute weiß ich, dass es die Angst vor einem radioaktiven Niederschlag war, einem Fallout, welcher auch Deutschland in jenen Tagen bedrohte. Zwar ist die Bauart des sowjetischen Reaktortyps mit dem westlichen Typ nicht zu vergleichen und es stimmt auch, dass dieser Unfall in einem deutschen oder französischen

Kernkraftwerk so nicht hätte geschehen können. Jedoch waren auch die sowjetischen Ingenieure fest davon überzeugt, dass ihr Reaktor sicher ist. Durch den Vorfall verlor die Kernkraft in der deutschen Bevölkerung weiter rasant an Akzeptanz.

Am 11. März 2011 kam es östlich der japanischen Hauptinsel zu einem schweren See- und Erdbeben. Es löste einen schweren Tsunami aus, welcher auf die Küste zuraste und etwa eine Stunde später das direkt an der Küste gelegene Kernkraftwerk Fukushima Daiichi mit voller Wucht traf. Bereits das Erdbeben hatte die Stromversorgung unterbrochen. Das Kraftwerk fuhr automatisch die Produktion herunter und ging in die Notstromaggregat-Versorgung über. Die Monsterwelle des Tsunami durchschlug jedoch die zu niedrige Schutzmauer und legte die Notstromversorgung lahm. Die nachgeschaltete Kühlung über Notbatterien konnte die Kühlung nicht lange genug aufrechterhalten. In vier der insgesamt sechs Blöcken geriet die Lage außer Kontrolle und war nicht mehr beherrschbar. Es kam zu einer Wasserstoffexplosion, welche die Kuppel absprengte und das Gebäude zerstörte. Durch die Explosion geriet eine große Menge Radioaktivität in die Umgebung und verseuchtes Kühlwasser gelangte ins Meer. Menschen in einem Umkreis von 20 Kilometern um das havarierte Kraftwerk mussten notevakuiert werden. Die meisten Menschen erinnern sich ohne Zweifel an die ersten Fernsehbilder des explodierenden Kraftwerks. Die Welt hielt den Atem an, ob es zu einer Verstrahlung von Tokio, einer der größten Städte der Welt, kommen würde. 13 Millionen Menschen hätten in kurzer Zeit evakuiert werden müssen. Aus logistischen Gründen hätte diese Evakuierung in der Kürze der Zeit gar nicht durchgeführt werden können. Ohne zu übertreiben hätte es sich um die größte Einzelkatastrophe in der Geschichte der Menschheit gehandelt. Die politischen Konsequenzen in aller Welt waren sehr unterschiedlich. In vielen Ländern wurde darauf hingewiesen, dass sich eine solche Katastrophe unter den heimischen Gegebenheiten nicht wiederholen kann. Am konsequentesten handelte die Regierung der Bundesrepublik Deutschland im März 2011. Sie nahm den eigenen Beschluss zur Verlängerung der Kernkraftlaufzeiten aus dem Jahr 2010 zurück. Wenige Monate später beschloss sie den stufenweisen Ausstieg aus der Kernkraft bis 2022.

Die „Jungen Wilden": Solarkraft, Windkraft, Wasserkraft, Biomasse, Geothermie

Im Vergleich zu den arrivierten, konventionellen Energieträgern, vor allem der Kohle, ist der Ausdruck „Junge Wilde" oder „Newcomer" bei den Erneuerbaren Energien tatsächlich angebracht. Wobei diese Titulierungen mit Blick auf die Historie ambivalent sind. Teilweise handelt es sich eher um ein Comeback. Selbst seit der Industrialisierung ab Mitte des 19. Jahrhunderts ergibt sich kein ganz einheitliches Bild. Beim Blick zurück stellt man fest: Auch in den Reihen der Erneuerbaren Energien gibt es durchaus ein paar „Oldies", welche teilweise sogar die konventionellen Energieträger in den Schatten stellen. Auf den Punkt gebracht: Windkraft und Holz (Biomasse) waren die ersten Energieträger, welche der Mensch nutzte. In Form von Segeln oder durch die Holzverbrennung machte sich der Mensch schon vor tausenden von Jahren seine ersten Energiequellen nutzbar. Auch die Wasserkraft wurde in Kombination mit der Windkraft bereits früh, z. B. in Mühlen, zur Energiegewinnung verwendet.

Wo der Wind weht übers Land, da nutze seine Kraft.
Betrachte ihn als Pfand, der Mehl und Brot dir schafft.
(Historische Mühleninschrift)

Historisch ist es also falsch, die regenerativen Energien als jung zu bezeichnen. Über Zeiträume von Jahrmillionen betrachtet, könnte man sogar behaupten, auch Kohle, Gas und Öl seien regenerativ. Handelt es sich doch auch bei ihnen um eine Form von Biomasse, welche sich über Millionen von Jahren bildete und neu bilden. Beide Betrachtungsweisen sind zwar richtig, doch werden sie dem nicht gerecht, was wir heute als „Erneuerbare Energien" bezeichnen. Die „modernen" Erneuerbaren Energien bzw. die Technologien welche ihre Primärenergie nutzbar machen, stehen zum ersten Mal in der Geschichte vor der Aufgabe, ein großes Industrieland verlässlich mit Strom zu versorgen. Die heutigen Technologien sind im Vergleich zu den konventionellen Techniken tatsächlich noch jung. Ein moderner Windkraftpark hat nun mal mit einer mittelalterlichen Windmühle nicht mehr viel gemeinsam. Ebenso unterscheidet sich ein modernes Biomassekraftwerk von einem Lagerfeuer oder einem Ofen, welcher Wasser zum Kochen bringt. Diese jungen Technologien sind tatsächlich die Newcomer des letzten Jahrzehnts. Für die Primärenergieträger ist es möglicherweise ein Comeback, doch die Technologien machten sich erst im Lauf des letzten Jahrzehnts auf dem Spielfeld der Stromwirtschaft bemerkbar. Auch unterscheiden sie sich von den ebenfalls „Erneuerbaren" Gas, Kohle und Öl dahin gehend, dass sie nach menschlichem Ermessen eben nicht endliche Ressourcen unwiederbringlich verbrauchen. Das Adjektiv „wild" haben sie sich durch ihren Aufstieg während der letzten 15 Jahre verdient. Von null auf 1,35 Millionen in weniger als 20 Jahren. Heute produzieren 1,35 Millionen (!) Anlagen aller Größenordnungen in der Bundesrepublik Deutschland Strom aus erneuerbaren Energiequellen. Im Jahr 2000 trugen sie etwa 7 Prozent zur deutschen Stromproduktion bei. 2004 waren es 9,2 Prozent und 2015 stellten sie bereits 30 Prozent des deutschen Stromes her. 2050 sollen es 80 Prozent sein. Die Zahlen belegen, dass die Energiewende in vollem Gange ist. Die wirtschaftsphilosophische Begründung zur zunehmenden Nutzung der Erneuerbaren Energien in modernen Industriegesellschaften entwickelte sich in den Zeiten der Ölpreisschocks der Siebzigerjahre.

Damals entwickelte sich das Bewusstsein, dass moderne Volkswirtschaften zu stark von endlichen Energieträgern abhängig sind. Auch die Schriften des Club of Rome von 1972 über die „Grenzen des Wachstums" zur Zukunft der Weltwirtschaft, prangerten die Ausbeutung der Rohstoffreserven der Welt an und hatten Auswirkungen auf zukünftige Ansichten zur globalen Energieversorgung. Zwar veränderte sich zunächst nichts, doch das Bewusstsein bahnte sich langsam einen Weg und bereitete die geistige Grundlage für den Umbau unserer Energieversorgung. Die schwindende Akzeptanz der Kernkraft ließ dieses Bewusstsein wachsen. Nicht zuletzt hat in diesen Wurzeln die Energiewende ihren geistigen Ursprung. Die geistige Energiewende ging der realen um einige Jahrzehnte voraus. Doch zur Umsetzung bedurfte es erst der Entwicklung von Technologien, um die Vision real umsetzbar zu machen.

Dieses Kapitel stellt die einzelnen Arten der Erneuerbaren Energien mit ihren Charakteristika vor. Die Geschichte ihrer Förderung und deren Mechanismen beschreibt Kap. 4. Dort wird auch beschrieben, wie die Erneuerbaren Energien gegenüber den konventionellen Energieträgern langsam die Überhand im Kampf um die deutsche Stromerzeugung gewinnen. Diese Geschichte und die Mechanismen lassen sich nur mit der Kenntnis der Vor- und Nachteile der Erneuerbaren Energien verstehen.

Solarkraft

Von allen Erfolgsgeschichten der Erneuerbaren Energien in der Bundesrepublik Deutschland ist die der Solarkraft in Form der Photovoltaik (PV) sicher die beeindruckendste. In den letzten zehn Jahren kam es zu einer regelrechten Explosion installierter Photovoltaik-Leistung. Allein in den Jahren zwischen 2006 bis 2010 haben sich die Investitionen in Erneuerbare Energien mehr als verdoppelt. Ein Hauptreiber hierfür waren die Investitionen in Photovoltaikanlagen. Seit etwa 2005 wurde auf Freiflächen und Hausdächern in Deutschland eine Gesamtfläche von etwa 200 Quadratkilometern mit Photovoltaik-Anlagen bebaut. Die Investitionssumme, die 2006 bis 2014 in Photovoltaikanlagen floss, betrug 83 Milliarden Euro. Diese Zunahme der letzten Jahre steht am Ende einer langen Entwicklung, die vor über 60 Jahren begann. 1954 entwickelten Forscher der Bell Laboratories in den USA die ersten Silizium-Solarzellen. Die Wirkungsgrade lagen zwischen 6 Prozent bis 14 Prozent und waren damit noch sehr niedrig. Es folgten Jahrzehnte intensiver weltweiter Forschung, ohne dass es dabei zu bahnbrechenden Durchbrüchen gekommen wäre. Die Photovoltaik-Forschung blieb gemessen an ihrer heutigen Entwicklung ein Randgebiet der Stromproduktion. So wurden in Deutschland bis ins Jahr 2004 nur sehr wenige Photovoltaik-Anlagen installiert, die ihren Strom ins Netz einspeisten. Die Zellen der Anlagen waren zu teuer, um sie für viele Haus- oder Grundbesitzer wirtschaftlich zu machen. In dieser Zeit war es eher eine Angelegenheit für „nicht arme" Idealisten, die sich dieses teure Spielzeug zur Stromerzeugung durch Sonnenenergie gönnen wollten. Der Durchbruch kam erst mit dem rapiden Preisverfall für Photovoltaik-Module.

Grund für diesen dramatischen Verfall der Preise war ein entstehender internationaler Wettbewerb. Immer mehr Länder, allen voran China, wollten in die Forschung und Produktion der Zukunftstechnologie Solarkraft einsteigen. Die globalen Produktionskapazitäten weiteten sich erheblich aus. Solartechnik wurde in Rekordzeit von einer Hochtechnologie zu einer Massentechnologie. Die industrielle Lernkurve verlief ungemein schnell. Vor allem deutsche Produzenten leiden darunter und befinden sich in einer tiefen strukturellen Krise. Im Vergleich zu ihren chinesischen Wettbewerbern können sie nicht zu deren günstigen Kosten produzieren. Zusätzlich hat die chinesische Regierung das Feld der Solarenergie als ein strategisches Ziel definiert. Sie unterstützt ihre heimischen Firmen in Form von Bürgschaften und Krediterleichterungen. Das Ergebnis: 2016 sind unter den zehn größten Solarmodulherstellern fünf chinesische Anbieter. Weltweiter

Marktführer ist der chinesische Hersteller Trinar Green Energy, gefolgt vom ebenfalls chinesischen Anbieter Yingli Green Energy.

Deutsche Unternehmen, die einstigen Technologiepioniere, sind unter den zehn größten Solarunternehmen nicht mehr vertreten. In der Summe führte dieser Preiskampf zu einem massiven Preisverfall für Solarmodule. Betrugen die durchschnittlichen Modulkosten je Kilowatt im Jahr 2006 noch 4745 Euro, so waren es im Jahr 2014 nur noch durchschnittlich 1200 Euro. Ein Preisniveau auf dem viele deutsche Firmen nicht mehr profitabel arbeiten konnten. Viele einst als Hoffnungsträger gehandelte Unternehmen mussten Insolvenz anmelden. Prominentes Beispiel ist der Konkurs der Q-Cells Gruppe. Einst als Dax-Unternehmen im Gespräch, musste das Unternehmen im Frühjahr 2012 Insolvenz beantragen. In den Jahren von bis 2012 fiel der Weltmarktanteil deutscher Firmen an der globalen Solarzellenproduktion von 20 Prozent auf unter 7 Prozent. Im selben Zeitraum explodierte der Anteil chinesischer Firmen von 15 auf 60 Prozent. Dem Erfolg der Solarenergie in Deutschland tat dieser Preiskampf keinen Abbruch. Er befeuerte ihn erst noch. Auf der einen Seite stand der Preisverfall für die Module, auf der anderen Seite standen durch das EEG festgeschriebene Fördersätze für den mit Solaranlagen produzierten Strom. Zwar erreichten die Investitionen in PV-Anlagen bereits im Jahr 2010 mit 19,4 Milliarden Euro einen Höhepunkt, allerdings ging der Ausbau weiter. Die Investitionen fielen bereits zwei Jahre später auf 11, 2 Milliarden Euro, doch war dies lediglich den gefallenen Modulkosten geschuldet. Die ausgebaute Kapazität stieg weiter an. Je niedriger die Preise für Module, desto höher die Renditen der Gesamtinvestition. Am Ende wurde die Förderung zwar angepasst, doch fielen die Preise für die Anlagen noch schneller. Die staatlich garantierten Renditen waren verlockend für die Investoren. Anlagen finanzierten sich nahezu selbst. Dies ist der Grund, warum aus der Nischentechnik in Deutschland, einem zugegebenermaßen nicht sonderlich sonnigen Land, innerhalb kurzer Zeit ein gewaltiges Massengeschäft wurde. Erst in den Jahren seit 2013 kam es zu einer Verminderung des PV-Ausbaus, bedingt durch Kürzungen bei den Vergütungssätzen. Die genauen Fördermechanismen und ihre gravierenden Auswirkungen auf den Strommarkt beschreibt Kap. 4 im Detail. Betrachtet man die PV-Kapazität pro Kopf ist übrigens Liechtenstein PV-Weltmeister. Kein Land der Welt hat je Einwohner mehr PV-Kapazität installiert. Deutschland kommt bei diesem Ranking auf den zweiten Platz gefolgt von Italien.

Funktionsweise der Solarenergie

Prinzipiell ist die Technik der Photovoltaik eine Kopie der Natur. Grundlage ist die Fähigkeit bestimmter Materialien, Licht in Strom umzuwandeln. Wie bei der Photosynthese wird die elektromagnetische Strahlung der Sonne in Form von Photonen über Moleküle in Energie umgewandelt. Treffen Photonen auf eine photovoltaische Zelle, bringen sie Elektronen in Bewegung, welche in einer angeschlossenen Leitung einen Stromfluss generieren. Hierbei handelt es sich um Gleichstrom. Um den Strom als netzüblichen Wechselstrom für Haushaltsanwendungen nutzbar zu machen, wird der produzierte Gleichstrom mithilfe eines Wechselrichters in Wechselstrom umgewandelt.

Die Photovoltaik ist in Deutschland die bedeutendste Technologie zur Stromgewinnung aus Sonnenkraft. Doch gibt es noch andere Typen von Solarkraftwerken. Eine weitere Technologie ist die der solarthermischen Kraftwerke. Hier bündeln Spiegel Sonnenenergie, um Wasser zu erhitzen und zu verdampfen. Die Verdampfung treibt einen Generator an, welcher Strom erzeugt. Wie bei Kohle- oder Gaskraftwerken handelt es sich somit bei diesem Typ um ein thermisches Kraftwerk. Es wandelt Wärmeenergie in mechanische und elektrische Energie um. Diese Kraftwerke finden vor allem Anwendung in sehr sonnenreichen Ländern wie Spanien oder Italien. Im Vergleich zur kleinteiligen Photovoltaik handelt es sich um große Anlagen. Das weltgrößte Solarkraftwerk steht in den USA. In der Mojave-Wüste in der Nähe von Las Vegas versorgt das Sonnenwärmekraftwerk Ivanpah rund 140.000 Haushalte mit Strom. In dem Kraftwerk sind rund 300.000 drehbare Spiegel verbaut.

In Deutschland sind die meisten Solaranlagen in Bayern installiert, gefolgt von Baden-Württemberg und Nordrhein-Westfalen. Übrigens beträgt der Gesamtwert der Energie mit der die Sonne die Erde versorgt 1,5 Trillionen (!) Kilowattstunden pro Jahr. Dies entspricht in etwa dem 15.000-fachen des weltweiten jährlichen Primärenergieverbrauchs.

Für die Energiewende hat die Stromerzeugung durch Photovoltaik mehrere Vorteile. Ein Vorteil ist, dass sie

Strom lautlos produziert. Egal ob Kleinanlage auf dem Hausdach oder Großanlage auf dem Feld. Es gibt keine Lärmbelästigung von Mensch und Natur. Ein weiterer Vorteil ist wirtschaftlicher Natur. Die installierten Anlagen sind wartungsarm, da keine Verschleißtechniken zum Einsatz kommen. Sind die Anlagen einmal installiert, laufen sie meistens problemlos über Jahrzehnte. Die Unterhaltskosten für den Betreiber halten sich somit in engen Grenzen.

Die Betreiber sind in Deutschland primär keine klassischen Energieversorger, sondern mehrheitlich einzelne Private bzw. Zusammenschlüsse von Privaten, Landwirte oder Gewerbetreibende (zusammen 54 Prozent). Die großen Energieversorger besitzen lediglich knapp 0,5 Prozent (!) an der installierten PV-Kapazität. Die Technik der Photovoltaik hat damit ihren Teil zur „Demokratisierung der Stromerzeugung" beigetragen. Kap. 5 erläutert die Gründe hierfür und die Implikationen dieser Entwicklung. Gerade für Privatleute ist die geringe Wartungsintensität ein entscheidender Vorteil. Der Spruch „install it, produce it, and forget it" ist durchaus angebracht. Der bedeutendste Vorteil der Sonnenkraft ist jedoch, wie auch bei anderen regenerativen Energieträgern, ihre schadstofflose Stromproduktion. Die Sonnenkraft als Primärenergiequelle impliziert, dass die Photovoltaik keinerlei Brennstoff benötigt, welcher bei der Verbrennung CO_2 emittiert. Mit der Photovoltaik-Technologie steht uns eine Technologie zur Verfügung, welche bei der Stromproduktion das Klima schont und welche keine endlichen, fossilen Brennstoffe für die Produktion benötigt. Zwar verweisen Solarskeptiker oft noch auf den vermeintlich schadstoffintensiven

Produktionsprozess von Solarmodulen. Dieser Vorwurf stimmte in der Frühzeit der Solarmodulproduktion. Die Produktionsprozesse haben sich weiterentwickelt. Die Fertigung erfolgt inzwischen energiesparend und basiert auf umweltverträglichen Materialien.

Was sind die Schwächen der Solarkraft? Ihre Stromproduktion ist stark von der Sonneneinstrahlung abhängig. „Keine Sonne – keine Energie." Bei Dunkelheit, bei starkem Regen, bei Nebel oder Schneefall können die Anlagen kaum Strom erzeugen. Strom wird aber immer benötigt. Auch bei Dunkelheit, auch bei starkem Regen und auch bei Schneefall.

Die Solarkraft produziert nicht bedarfsgerecht was bei der Preisbildung für Strom zu paradoxen Ergebnissen führt (Kap. 4). Sie ist nicht grundlastfähig, was im Vergleich zur Kohle oder Kernkraft ein Nachteil ist, da Strom bisher nur eingeschränkt wirtschaftlich in Schwachlastzeiten für Hochlastzeiten gespeichert werden kann. Schwachlastzeiten sind Zeiten, in denen die Nachfrage nach Strom gering ist. In Hochlastzeiten, z. B. an Werktagen, ist die Stromnachfrage hoch. Die Photovoltaik produziert oftmals am Bedarf vorbei. In puncto Verlässlichkeit hat sie deshalb noch deutliche Nachteile gegenüber den konventionellen Energieträgern.

Ein weiterer Nachteil der Photovoltaik ist ihre Standortgebundenheit. Photovoltaik lässt sich tendenziell nur an sonnenreichen Standorten wirtschaftlich betreiben. An sonnenschwächeren Standorten müssen teure staatliche Förderungen (Kap. 4) die Wirtschaftlichkeit gewährleisten. Diese Förderung kann jedoch zu Fehlanreizen führen. Zur Sonnenkraft ist somit festzuhalten: Durch ihre schadstoffarme Produktionsweise und ihre nach menschlichem Ermessen unendliche Primärenergie hat sie große Vorteile für eine moderne Stromversorgung. Der Nachteil der unstetigen Produktionsweise steht dem entgegen. Technologische Fortschritte bei der Stromspeicherung können hier die Lösung bieten. Im Rahmen der Energiewende nimmt die Solarenergie vor allem in Form der Photovoltaik auf jeden Fall eine Schlüsselrolle im deutschen Strommix der Zukunft ein.

Exkurs: Wüstenstrom – Energie der Zukunft oder teure Fata Morgana?

Das Thema Sonnenenergie wird weltweit unterschiedlich diskutiert. Die unendliche Primärenergie, welche uns die Sonne zur Verfügung stellt, weckt die Fantasie von Forschern, Politikern und Unternehmen. Ein industrielles Mammutprojekt hat sich die sogenannte „Desertec-Stiftung" auf ihre Fahnen geschrieben. Es handelt sich um ein Industriekonsortium, welches eine zukünftige Stromversorgung Europas durch solare Großkraftwerke in Nordafrika prüft. Nordafrika besitzt als Region ideale Merkmale für die Produktion von Sonnenstrom. Es sind weite, menschenleere und vegetationsarme Flächen und ein Übermaß an Sonneneinstrahlung. Theoretisch reicht eine Fläche so groß wie das Saarland (etwa 2570 Quadratkilometer) aus, um ganz Europa mit Strom zu versorgen. Gigantische Solarthermie-Kraftwerke sollten eines Tages große Mengen an Strom produzieren, welche nachts in Form von Flüssigsalzen gespeichert und bei Bedarf freigegeben werden können. So plausibel die Idee hinter diesen Überlegungen auch ist, so weit ist die Umsetzung dieser Vision inzwischen entfernt. Die technischen und wirtschaftlichen Hürden sind groß. So besteht die technisch noch unbeantwortete Frage des Stromtransports von Nordafrika nach Europa. Über tausende von Kilometern wären

die Verlustraten enorm. Als Faustregel gilt, je 1000 Kilometer
Leitung gehen 3 Prozent des Stroms verloren. Die Leitungen
müssten jedoch mehrere 10.000 Kilometer lang sein. Selbst
die modernsten Stromnetze kommen hier an physikalische
Grenzen. Hinzu kommt der Kostenfaktor. Um Europa 2025
zu 15 Prozent mit Wüstenstrom zu versorgen, sind Investitionskosten von ca. 400 bis 500 Milliarden Euro zu finanzieren.
Eine unvorstellbar hohe Summe. Zum Vergleich: Der Bundes-
haushalt der Bundesrepublik Deutschland im Jahr 2016 beträgt
etwa 316 Milliarden Euro. Zu den technischen Unsicherheiten
des Projektes kommt die politische Instabilität der Region. Die
Wirren des Arabischen Frühlings, politische Umstürze, Bürger-
kriege und die allgegenwärtige Terrorgefahr schaffen ein äußerst
ungünstiges Klima für Investitionen. Inzwischen glauben offensichtlich selbst die Begründer der Desertec-Wüstenstrom Initiative nicht mehr an ihre Vision. Im Jahr 2014 haben die 17
Gesellschafter entschieden, die Desertec-Planungsgesellschaft in
ihrer bisherigen Form aufzulösen. Damit war die Idee in ihrer
ursprünglichen Konstellation nach fünf Jahren am Ende. Der
Entscheidung vorausgegangen war ein monatelanger Streit zwischen den beteiligten Firmen, darunter die Munich Re Rückver-
sicherung, die Deutsche Bank und der Energiekonzern RWE,
über ein tragfähiges Zukunftskonzept. Es soll jedoch ein kleiner
Teil der Planungsgesellschaft in Form einer Beratungsgesell-
schaft bestehen bleiben. Sie soll weitergeführt werden und auf
Basis des bisher aufgebauten Know-hows Länder im arabischen
und afrikanischen Raum beim Aufbau von regenerativen Ener-
giekonzepten beraten. Möglicherweis wird so aus der einst mit
großen Hoffnungen gestarteten Vision, eines Tages auf Basis der
Erneuerbaren Energien Europa und Afrika energietechnisch zu
verbinden, doch noch Realität. Ohne Zweifel wird dies jedoch
eine Entwicklung von Jahrzehnten sein, sofern sie denn überhaupt eintritt.

Windkraft

Im Grunde genommen handelt es sich auch bei der Windkraft um eine Form der Sonnenenergie. Wind entsteht durch die ungleichmäßige Erwärmung der Erdoberfläche. Auf diese Weise bildet sich in warmen Regionen aufsteigende Luft – es entstehen Tiefdruckgebiete –, während es in weniger warmen Gebieten zu Hochdruckgebieten kommt. Durch das Aufeinandertreffen dieser Gebiete entsteht ein Druckausgleich, woraus Wind entsteht. Die Kraft des Windes haben sich die Menschen bereits vor tausenden von Jahren in Form von Windmühlen und Segelschiffen zunutze gemacht. Später haben die stetig energieliefernden Kohlekessel bzw. Motoren dem unstetig blasenden Wind den Rang abgelaufen. In der Energiewende feierte der Energieträger Windkraft ein beeindruckendes Comeback. Diesmal in der Stromerzeugung.

In Deutschland generell ist der Wind wechselhaft. So gibt es zu jeder Jahreszeit Wetterphasen, in welchen der Wind wochenlang gar nicht oder nur schwach weht. Bundesweit produzieren über 25.000 Windkraftanlagen Strom.

Übersicht Windkraft nach Bundesländern 2014 in Leistung (MW)

1. Niedersachsen 7941
2. Brandenburg 5413
3. Schleswig Holstein 4890
4. Sachsen-Anhalt 4246
5. Nordrhein-Westfalen 3708

Der Wind weht im Durchschnitt stark in der Jahreszeit
von Herbst bis Frühjahr, während die Sonnenergie ihre
Hochzeit besonders stark in den Sommermonaten hat.
Wenn auch nicht ganz so explosionsartig wie die Photovoltaik, hat die Windkraft eine „wilde Zeit" hinter
sich. Innerhalb weniger Jahre vervielfachte sich die installierte Leistung von 6000 Megawatt im Jahr 2000 auf
über 40.000 Megawatt im Jahr 2015. Vor allem in Norddeutschland erlebte die Windkraft, ähnlich wie die Photovoltaik in Süddeutschland, durch die Einführung der
EEG-Fördermechanismen einen gewaltigen Zuwachs. Das
technische Prinzip von Windkraftanlagen ist leicht verständlich, wenn auch die technische Umsetzung komplexer ist als vermutet. Moderne Windkraftanlagen besitzen
einen schlanken Trägerturm, der auf einem massiven Fundament steht. An der Spitze des Turmes befindet sich eine
volldrehbare Gondel. An dieser befinden sich das Ach-
senlager für die Rotorblätter sowie die Rotornabe. In der
Gondel befinden sich das Getriebe, Messinstrumente und
der Generator als Herzstück der Windkraftanlage. Um
Ihnen einen Größenvergleich zu geben: Jede Gondel ist in
etwa so groß wie ein durchschnittliches Einfamilienhaus.
Ein elektronischer Motor unterhalb der Gondel kann
die Gondel am Wind ausrichten oder sie aus dem Wind
nehmen. Die an der Gondel befindlichen Rotorblätter
sind aus hochmodernen Werkstoffen aus der Luft- und
Raumfahrttechnik, um höchsten Belastungen standhal-
ten zu können. Die Flügel sind verdrehbar an der Nabe
zum Gondelturm montiert. Sie können sich den Windge-
schwindigkeiten im idealen Einstellungswinkel anpassen.
Die Rotorenflügel haben Längen von bis zu 60 Metern

und erreichen an der Spitze Geschwindigkeiten von über 300 Kilometern pro Stunde – vergleichbar der Geschwindigkeit eines Formel-1-Boliden oder der Abhebegeschwindigkeit eines Tornado-Kampfjets. Durch das Drehen der Rotoren wird über das Getriebe der Generator angetrieben, welcher Strom erzeugt. Der Strom wird über eine im Turm befindliche Netzleitung zu dem Netzanschluss am Fuß des Turmes transportiert und in das lokale Stromnetz eingespeist.

Die Stromproduktion ist erheblich von der Stärke des Windes abhängig. Physikalisch steigt die Bewegungsenergie des Windes mit der Potenz drei zur Windgeschwindigkeit. Doch zu starker Wind ist auch eine Gefahr für die Konstruktion der Anlage. Bei schweren Unwettern müssen die Anlagen abgeregelt und die Rotorblätter aus dem Wind gedreht, werden. Sensoren messen deshalb permanent die Windgeschwindigkeit. Übersteigt die Windgeschwindigkeit 90 Stundenkilometer werden die Rotorblätter automatisch aus dem Wind gedreht, um weniger Angriffsfläche zu bieten. Bei extrem starken Unwettern würde sonst die Gefahr von Schwingungen drohen, welche die Gesamtkonstruktion der Windkraftanlage gefährden. Es bestünde auch die Gefahr, dass die relativ elastischen Rotorblätter gegen den Turm stoßen könnten.

Wie die Solarenergie ist die Windkraft standortgebunden. Es muss sich um Orte handeln, welche günstige Windbedingungen bieten. In Deutschland sind es vornehmlich die norddeutschen Bundesländer, die als optimale Standorte infrage kommen. Da sich diese Orte jedoch weitab der unmittelbaren industriellen Bedarfszentren in

Süddeutschland oder dem Ruhrgebiet befinden, stellt sich die Frage nach dem Stromtransport sprich dem Netzausbau (Kap. 5).

In Deutschland nahm die erste Windkraftanlage Anfang der Achtzigerjahre des letzten Jahrhunderts in Schleswig-Holstein den Betrieb auf. Es handelte sich um die Forschungsanlage GROWIAN (kurz für „große Windkraftanlage"). Lange Zeit war GROWIAN die größte Windkraftanlage der Welt. Die Technik war zu dieser Zeit noch unausgereift und hatte mit den heutigen High-Tech-Anlagen kaum Gemeinsamkeiten. So stand die Anlage zwischen dem Probelauf 1983 und dem Betriebsende 1987 die meiste Zeit still. Manche Experten mutmaßen noch heute, dass GROWIAN nur gebaut wurde, um einen Beweis zu erbringen nämlich, dass die Windkraft technisch nicht funktioniert. Doch ermöglichte die Versuchsanlage erste Erfahrungen bei der technischen Nutzung der Windkraft, welche sich in den heutigen Anlagen widerspiegeln. Die höchste Windkraftanlage Deutschlands ist übrigens höher als der Kölner Dom (ca. 157 Meter). Die Anlage am Standort Feldheim in Brandenburg kommt inklusive der Flügelspannweite auf eine Gesamthöhe von 207 Metern. Die weltweit höchste Windkraftanlage steht allerdings nicht in Deutschland, sondern in Polen. Im Windpark Nowy Tomyśl stehen zwei Anlagen mit einer Gesamthöhe von 210 Metern. Windmühlen als „Sky-Scraper". Bei der installierten Windkraftleistung ist China Weltmeister, vor den USA und der Bundesrepublik Deutschland.

Onshore- und Offshore-Windkraft

Anhand des Standortes unterscheidet man bei der Windkraft in Onshore und Offshore. Onshore-Anlagen sind Anlagen, welche an Land installiert sind. Offshore-Anlagen stehen auf offener See. Während die Technik für die langestützten Systeme etabliert ist, muss die Offshore-Windkraft mit „Kinderkrankheiten" kämpfen. Das Problem ist, die Windparks liegen weit auf offener See. Aufgrund des restriktiven Naturschutzes in Deutschland dürfen deutsche Meereswindparks, im Gegensatz zu britischen oder skandinavischen, erst ab einem weiten Abstand zur Küste gebaut werden. Es gilt je tiefer das Gewässer, desto anspruchsvoller die Technik. Deutsche Offshore-Windparks haben eine Wassertiefe von bis zu 40 Metern. Zum Teil werden dabei Techniken aus der maritimen Öl- und Gasförderung übernommen. Neben dem Problem der Wassertiefe stellen die Witterungsbedingungen auf hoher See deutlich höhere Anforderungen an die Technik. Diese muss dem permanenten Salzwasser sowie dem raueren Seeklima widerstehen können und damit deutlich resistenter sein als die Onshore-Technologien. Auch haben Windkraftanlagen aufgrund der verwendeten Verschleißtechniken kürzere Wartungsintervalle als beispielsweise die Photovoltaik. Dies gilt grundsätzlich zwar auch für Onshore-Anlagen; deren Wartung ist jedoch logistisch einfacher abzuwickeln. Ersatzteile sind relativ leicht anzuliefern. Auf hoher See ist allerdings ein hoher logistischer Aufwand notwendig. Spezialschiffe oder Hubschrauber mit speziell ausgebildeten Besatzungen, welche auf eine

maritime Infrastruktur zurückgreifen können, müssen
vorhanden sein. Dies ist kostenintensiv. Zusätzlich stellte
sich in den vergangenen Jahren das Problem der Netzan-
schlüsse. Diese konnten im Unterschied zur Onshore-
Technik nicht einfach gewährleistet werden, da auch hier
technisches Neuland betreten werden musste. Viele Experten stellten die Offshore-Technologie vor dem Hintergrund dieser Herausforderungen infrage. Manche sagten
ihr sozusagen einen „Tod im Kindbett" voraus. Einige Ver-
fechter der Energiewende weisen auch darauf hin, dass es
sich bei der Offshore-Windkraft wieder um eine zentrale
Versorgungsstruktur handelt, welche die Energiewende
eigentlich durch dezentralere Strukturen ersetzen sollte.

Anfang 2015 speisten 241 Offshore-Windkraftanlagen
Strom in das deutsche Stromnetz ein. Tendenz steigend.
Auch deutet sich an, dass die Lernkurve für die Offshore-
Windkraft wohl doch schneller verläuft als erwartet. Neue
Schnellbauweisen, wie z. B. der Einsatz von verbesserten
Schiffstypen zur Installation der Anlagen, ermöglichen
eine Reduktion der Bauzeit um 23 Prozent. Windkraft-
experten versprechen sich für die Zukunft auch viel von
neuen Offshore-Technologien auf Basis schwimmender
Fundamente. 90 Prozent der Standorte, die weltweit für
die Offshore-Nutzung infrage kommen, weisen Wassertie-
fen von über 100 Metern auf. Diese Tiefen sind für her-
kömmliche Gründungsstrukturen schlichtweg zu tief und
unwirtschaftlich. Durch die Technik der schwimmenden
Offshore-Windparks erhoffen sich die Windexperten eine
drastische Kostensenkung für die Windkraftnutzung auf
hoher See. Diese Technik könnte Material- und Installa-
tionskosten sparen. Sie steht in der Entwicklung jedoch

noch ganz am Anfang. Mit einer Marktreife ist nicht vor
Mitte des kommenden Jahrzehnts zu rechnen.

Die Politik setzt weiter auf die Offshore-Technologie als einen Hoffnungsträger der Energiewende. Offshore-Windkraft hat einen Vorteil, welchen weder die
Onshore-Windkraft noch die Photovoltaik ohne effiziente Speichersysteme mitbringen. Es ist der Faktor der
Volllaststunden. Die Volllaststunden sind ein Indikator
für die Fähigkeit eines Kraftwerks, stetig Strom zu produzieren. Der Wert errechnet sich, in dem die jährlich
erzeugte Energiemenge (kWh) durch die maximale Leistung (kW) der Anlage dividiert wird. Je höher die Ziffer,
desto höher die Fähigkeit des Kraftwerks, verlässlich Strom
zu produzieren. Durch die Kennzahl der Jahresvolllast-
stunden können verschiedene Kraftwerkstypen auf Basis
unterschiedlicher Energiequellen bzw. Standorte in ihrer
Effektivität miteinander verglichen werden. Kernkraftwerke oder Braunkohlekraftwerke produzieren relativ
planbar und stetig Strom. Sie kommen auf eine theoretische Volllaststundenzahl von knapp 7000 bis 8000 Stunden im Jahr. Im Vergleich zu den 8760 Stunden (sofern
kein Schaltjahr) eines Jahres, ein Spitzenwert, da die Kraftwerke aufgrund von Wartungsarbeiten oder unternehmerischen Entscheidungen einige Zeit regelmäßig nicht am
Netz sind. Da Sonne und Wind eher unregelmäßig produzieren, kommen die entsprechenden Anlagen auf deutlich geringere Werte. Bei Windkraftanlagen an Land sind
es durchschnittlich lediglich 1590 Stunden im Jahr. Bei
der Offshore-Windkraft ist es jedoch aufgrund des ste-
tigen und hohen Windaufkommens auf See ein deutlich

höherer Wert. So kommen Offshore-Windkraftanlagen in der Nordsee auf einen durchschnittlichen Wert von 3416 Stunden im Jahr. In der Ostsee sind es sogar 4149 Stunden im Jahr.

Übersicht Durchschnittliche Volllaststunden pro Jahr exemplarischer Kraftwerkstypen

Kernenergie: ca. 6800 bis 8200
Photovoltaik: ca. 700 bis 1000
Wind-Onshore: ca. 1600 bis 2800
Wind-Offshore: ca. 3000 bis 4300
Wasserkraft: ca. 3800 bis 4800

Windkraft und Stromnetze

Die Windkraft hat einen großen Nachteil. Mehr noch als bei der Photovoltaik ist das Produktionsaufkommen der Windkraft sehr stochastisch. Das bedeutet, schwer zu prognostizieren und daher auch schwer zu steuern. Zwar lässt sich feststellen, dass die Windkraft in den Herbst- und Wintermonaten stärker produziert, während die Photovoltaik in den Sommermonaten einen höheren Beitrag leistet, doch bleibt das Windaufkommen deutlich schwerer prognostizierbar. Es gibt Tage, an denen der Wind komplett ausbleibt und kaum Stromproduktion erfolgt. Nur einige Tage später speisen die Windkraftanlagen wieder große Mengen an Windstrom in die Netze ein. Dieses Merkmal der Windkraft bedeutet in vielerlei Hinsicht Nachteile für das Stromversorgungssystem. Die Netztechnik ist eine hochsensible Technik. Ihre Spannungsfrequenz muss kontinuierlich im Gleichgewicht gehalten werden, um einen Zusammenbruch zu verhindern. Somit stellen die unterschiedlichen Einspeisemengen der Windkraftanlagen eine Herausforderung dar, denn die schwankende Wind-produktion ruft wiederum Netzschwankungen hervor. Diese muss flexibel ausgeglichen werden, was nur konventionelle Kraftwerke, vor allem Gaskraftwerke können, welche innerhalb von Minuten hoch- und heruntergeregelt werden können. Man braucht demnach hinter jeder größeren Anzahl an Windkraftanlagen konventionelle Kraftwerke, bzw. sonstige Back-Up-Kapazitäten, um im Schwankungsfalle stützend in das Netz einzugreifen. Diese Struktur ist teuer und lastet auf dem Ziel der Wirtschaftlichkeit. Die Stromverbraucher müssen die Mehrkosten dieser Doppelstruktur aufbringen.

Ein weiterer Nachteil der Windkraft ist ihre Standortgebundenheit. Am wirtschaftlichsten sind Anlagen in den windreichen Regionen Norddeutschlands. Die großen Verbrauchszentren befinden sich jedoch im Süden Deutschlands. Um den im Norden produzierten Strom nach Süddeutschland zu transportieren, braucht es somit einen erheblichen Netzausbau. Der ist nicht nur teuer, sondern geht auch mit Beeinträchtigungen von Mensch und Umwelt einher und ist damit höchst umstritten.

Exkurs: Unterschied installierte Leistungskapazität – Stromerzeugung

In der Diskussion um die Stromerzeugung aus Erneuerbaren Energien gibt es eine Reihe maßgeblicher Kenngrößen. Dies sind neben den Kostenfaktoren und der Verfügbarkeit, die Kennzahlen der installierten Leistung und der tatsächlich erzeugten Strommenge. Beide Begriffe werden in der öffentlichen Diskussion oftmals durcheinander geworfen, wodurch ein verzerrtes Bild entsteht. Die installierte elektrische Leistung ist klar abzugrenzen von der elektrischen Arbeit (Stromproduktion). Die installierte Leistung stellt das mögliche Potenzial einer Anlage dar. Diese ist jedoch vom tatsächlichen Output der Anlage, sprich der produzierten Strommenge, zu unterscheiden, welche tatsächlich in das Netz eingespeist wird und zur Stromversorgung beiträgt. Vergleichbar ist dies in Analogie zu einem Auto. Die PS-Zahl eines Motors entspricht der installierten Leistung. Die tatsächlich gefahrenen Kilometer entsprechen dagegen der erzeugten Strommenge. So muss eine hohe Leistung nicht zwangsläufig mit einer hohen Stromerzeugung einhergehen. Auch eine Anlage mit einer geringen Leistung kann, wenn sie stetig produziert, mehr Strom erzeugen als eine größere Anlage, die über das Jahr verteilt häufiger stillsteht oder nur selten ihre maximale Leistung erreicht. Diese Unterscheidung ist vor allem in der Bewertung der Nutzung regenerativer Energieträger, speziell der Windkraft und der Photovoltaik, für die Versorgungssicherheit von Bedeutung. PV-Anlagen erreichen nur bei starker Sonneneinstrahlung ihre maximale Leistung. Windkraftanlagen produzieren nur bei starkem Wind und nur phasenweise mit voller Leistungsstärke. Beide Erzeugungsarten sind in ihrer Produktionsweise von den Witterungsbedingungen abhängig. Ein Zahlenbeispiel verdeutlicht dies. Betrachtet man lediglich die installierte Leistung der Erneuerbaren Energien in Deutschland, so macht die Photovoltaik ca. 43 Prozent der installierten Leistung aus. Ihr tatsächlicher Erzeugungsanteil beträgt dagegen lediglich 24 Prozent. Biomasse und Wasserkraft machen bei Erneuerbaren Energien lediglich 13 Prozent der installierten Leistung aus. Aufgrund einer höheren Verfügbarkeit kommen sie jedoch auf einen Erzeugungsanteil von fast 40 Prozent. Bei den beiden Haupttreibern der

Erneuerbaren Energien, der Windkraft und der Photovoltaik, besteht ein ungünstiges Verhältnis aus installierter Leistung und tatsächlicher Stromerzeugung. Daran wird deutlich, dass ein Ausbau der installierten Wind- und PV-Kapazität nicht zwangsläufig im selben Verhältnis zu einer Erhöhung der Produktion aus diesen Anlagen führt. In der Winderzeugung kann der Ausbau der Offshore-Windkraft mit deutlich höheren Volllaststunden und das Re-Powering, also die technische Modernisierung bestehender Onshore-Windparks, zu einem verbesserten Verhältnis beitragen.

Ein emotional diskutiertes Merkmal der Windkraft ist ihr Erscheinungsbild, welches stark in das Landschaftsbild eingreift. Dieser Aspekt spaltet auch die Umweltschutzgemeinden. Im Gegensatz zur Photovoltaik sind Windkraftanlagen weithin sichtbar und nicht unbedingt geräuscharm. Aus touristischer Sicht und aus der Sicht von Naturliebhabern kann der Anblick von riesigen, sich im Wind drehenden Rädern auf „Spargeltürmen" als eine Belästigung empfunden werden. Kritiker sprechen oft von der „Verspargelung" der Landschaft. Die Argumente „Klimaschutz durch Atomausstieg" für die Windkraft gegen die Argumente „Beeinträchtigung von seltenen Arten und Umweltschutzgebieten" führten zu verhärteten Fronten in der Gemeinde der Umweltschützer. So kam es in den letzten Jahren zu einer Reihe von Ausgründungen des Naturschutzverbandes BUND, welche sich eindeutig gegen den Ausbau der Windkraft richten und damit eine deutlich kritischere Haltung gegenüber der Windkraft einnehmen als der BUND.

Windkraft und Energiewende

Den Nachteilen der Windkraft stehen allerdings erhebliche Vorteile gegenüber. Vorteile, die für die Energiewende von großer Bedeutung sind. So produzieren Windanlagen, wie auch die Photovoltaik, emissionslos und damit sauber, klima- und umweltschonend. Auch schätzen viele Energiewirtschaftler, dass die Onshore-Windkraft diejenige Erneuerbare Energie ist, welche am frühesten Netzparität mit den konventionellen Energien erreicht. Das heißt, dass diese Technik am ehesten dieselben Stromgestehungskosten wie die konventionelle Kraftwerksflotte vorweisen kann. Damit könnte sie auf absehbare Zeit auch ohne staatliche Förderung im Wettbewerb bestehen. Gleichzeitig gibt es bei ihr noch erhebliches Weiterentwicklungspotenzial. In puncto Leistungsfähigkeit entwickeln sich die Anlagen stetig weiter. Ein weiterer Vorteil der Windkraft im Vergleich zur Solarenergie ist, dass sie auch nachts oder an trüben Tagen produzieren kann. Bei der Offshore-Windkraft steht man noch am Anfang der industriellen Lernkurve mit entsprechendem Weiterentwicklungspotenzial. Die Offshore-Technologie ist ein Hoffnungsträger, da diese Windparks deutlich mehr Volllastnutzungsstunden erreichen und damit verlässlicher produzieren können.

Ähnlich der Photovoltaik trägt auch die Windkraft zur Demokratisierung der Stromerzeugung bei. Die meisten Windkraftanlagen befinden sich im Eigentum von Bürgergenossenschaften, privaten Investoren, aber auch von Fonds, Banken und Versicherungen. Die klassischen Energieunternehmen sind zwar stärker vertreten als bei der

Photovoltaik, allerdings nicht führend. In der Windkraft-
erzeugung spielen sie im Vergleich zu ihrem Gesamtanteil an der Stromerzeugung eine kleine Rolle. Doch setzt
bei ihnen ein Umdenken ein. Dies geht mit wachsenden
Investitionen in Windparks einher. Strategische Umstrukturierungen zeigen, dass auch bei den großen Energieversorgern das zukünftige Augenmerk auf den Ausbau der
Erneuerbaren Energien gerichtet wird (Kap. 5).

Die Windkraft hat unbestreitbar ihren Platz in der
Energiewende. Die vorhandenen Nachteile sind lösbar,
sofern es Durchbrüche bei Technologien zur Stromspeicherung gibt. Auch Weiterentwicklungen im Bereich
„Virtuelle Kraftwerke" (siehe Exkurs „Virtuelles Kraftwerk – Schwarmstrom") können helfen, die Schwächen zu
beheben.

Wasserkraft

Die Wasserkraft (Hydroenergie) wird oft als der „alte
Herr" der Erneuerbaren Energien bezeichnet. Sie bezeichnet die Strömungsenergie fließenden Wassers, welche in
technischen Anlagen zuerst in mechanische und dann in
elektrische Energie umgewandelt wird. Industrielle Volkswirtschaften moderner Prägung nutzten sie relativ früh,
um Elektrizität zu erzeugen. In Deutschland entstand
bereits im Jahr 1924 mit dem Walchenseekraftwerk das
erste Wasserkraftwerk zur großflächigen Stromversorgung.
Weltweit das erste Wasserkraftwerk wurde 1895 in den
USA gebaut. Es nutzte die Kraft der Niagarafälle als Primärenergie. Den Rekord für das größte Wasserkraftwerk

weltweit hält China mit dem Drei-Schluchten-Damm Kraftwerk. Der Stausee des Kraftwerks hat in etwa die doppelte Größe des Bodensees und erstreckt sich fast 600 (!) Kilometer von der Drei-Schluchten Region bis in die Region Chongqing. Mit dem Bau der Anlage waren große Umsiedlungsaktionen der örtlichen Bevölkerung verbunden. 13 Jahre dauerte der Bau.

Technisch unterscheidet man Wasserkraft in Laufwasser- (Flüsse), (Pump-) Speicherkraftwerke (Seen), Gezeitenkraftwerke und Meeresströmungskraftwerke. Fluss- und Laufwasserkraftwerke nutzen Flussströmungen, um Flusswasser über eine Turbine zur Stromerzeugung laufen zu lassen. Eine Speichermöglichkeit ist bei dieser Art von Wasserkraftwerken nicht möglich, wohl aber eine gute Turbinenauslastung bei gleichzeitig relativ geringen Betriebskosten. (Pump)- Speicherkraftwerke nutzen ein hohes Gefälle um die potenzielle Energie des Wassers nutzbar zu machen. Wasser wird in Stauseen gesammelt und kann über Rohrleitungen auf eine niedriger gelegene Turbine geleitet werden, die Strom erzeugt. Eine Spezialform der Speicherkraftwerke sind die Pumpspeicherkraftwerke. In diesen kann elektrische Energie durch Umwandlung in potenzielle Energie gespeichert werden. In Zeiten schwachen Strombedarfs (Schwachlastzeiten) kann Wasser aus einem Fluss oder See in ein höher liegendes Staubecken gepumpt werden. Wird der Strom in Spitzenlastphasen benötigt, kann die Lageenergie über eine Turbine wieder in Strom gewandelt werden. Gezeitenkraftwerke und Meeresströmungskraftwerke ziehen ihre Energie aus dem Meer. Gezeitenkraftwerke nutzen die Kraft von Ebbe und Flut. An Flussmündungen oder Meeresbuchten werden

Öffnungen mit Turbinen versehen in die bei Flut Wasser einlaufen und bei Ebbe wieder abfließen kann. So kann in beide Fließrichtungen Strom erzeugt werden. Die Anzahl der Orte an denen solche Einrichtungen gebaut werden können, ist sehr eingeschränkt. Experten schätzen, dass es weltweit lediglich 100 potenzielle Standorte für Gezeitenkraftwerke gibt. Keiner davon liegt in Deutschland. Höher wird das Potenzial von Meeresströmungskraftwerken eingeschätzt. Im Prinzip funktionieren Meeresströmungskraftwerke wie Windkraftanlagen unter Wasser. Die Rotoren die unter Wasser zum Einsatz kommen sind kleiner als bei Windkraftanlagen, dafür ist die Meeresströmung deutlich berechenbarer. In Deutschland gilt jedoch auch das Ausbaupotenzial für Meeresströmungskraftwerke aufgrund zu langsamer Strömungsverhältnisse als relativ gering. Global gesehen ist das Potenzial deutlich größer. Bisher gibt es von Meeresströmungskraftwerken nur Prototypen.

Die Wasserkraft als Energieträger ist in der Theorie besonders geeignet für die Energiewende in Deutschland. Im Vergleich zu allen anderen Erneuerbaren Energien hat die Wasserkraft, zumindest die etablierten Technologien, sehr geringe Stromgestehungskosten. Sie kann demnach zu niedrigen Kosten produzieren. Im Gegensatz zu den konventionellen Kraftwerken benötigt sie keinen Brennstoff. Zudem ist die Technik altgedient und bewährt. Im Prinzip produzieren Wasserkraftwerke heute mit derselben Technik wie vor 80 Jahren. Im Hinblick auf die Leistung können große Wasserkraftwerke mit konventionellen Kraftwerken mithalten. Ein Vorteil dieser Art von Wasserkraftwerken ist die Speicherfähigkeit von Strom. Sie können Strom in Form von Wasserlageenergie speichern und bei Bedarf wieder in Strom umwandeln. Gerade diese Fähigkeit benötigt unser Stromsystem zur Umstellung auf regenerative Energiequellen. Sonne und Wind können dies noch nicht leisten. Die Wasserkraft kann bzw. könnte es. Sie könnte der ideale Partner für die fluktuierenden Produzenten Wind und Sonne sein; sozusagen der ruhige, unaufgeregte, ausgleichende „ältere Herr" hinter den jungen, unsteten, emotionalen „Wilden". Selbstverständlich kann die Wasserkraft auch ihre emissionslose Produktionsweise als weiteren Vorteil ins Feld führen. Im Prinzip ist sie die ideale Technologie zur Gestaltung der Energiewende. Günstig, verlässlich, regelbar, umweltschonend und sicher. Das klingt gut; für die Bundesrepublik Deutschland leider zunächst nur in der Theorie.

Standortgebundenheit der Wasserkraft

Die Wasserkraft hat einen gewaltigen Nachteil; mehr noch als die Windkraft ist sie an topografische Gegebenheiten gebunden. Jedes Land kann seine individuellen Gegebenheiten nutzen. Länder wie Norwegen, Österreich oder die Schweiz können sich nahezu komplett oder zumindest zu einem großen Teil mit Wasserkraft versorgen. In Deutschland sind dem weiteren Ausbau der Wasserkraft natürliche Grenzen gesetzt, weshalb diese Energiequelle inzwischen als fast vollständig erschlossen gilt. Die besten Standorte sind bereits besetzt und das weitere Zubaupotenzial ist sehr begrenzt. Deutschland bleibt bei der Wasserkraft fast ausschließlich die Option, die

Leistungsfähigkeit bestehender Anlagen zu erhöhen (Re-Powering). Im Gegensatz zu Photovoltaik und der Wind-kraft hat die Wasserkraft in Deutschland also nicht das Wachstumspotenzial eine signifikante Rolle in der Ener-giewende zu spielen, als sie es aktuell bereits tut. Für die Energiewende wäre ihr Speicherpotenzial dringend not-wendig. Internationale Hilfe bzw. internationale Vernet-zung, könnte die Wasserkraft jedoch zu einem wichtigen Pfeiler der Energiewende machen. Das Arbeitsvolumen skandinavischer Speicherwasserkraftwerke ist in etwa 2300-mal größer als das deutsche. Das Speichervolumen der Alpenländer Österreich und Schweiz ist immer noch um ein Vielfaches höher als das der Speicherwasserkraft-werke in der Bundesrepublik. So wurde im Februar 2015 das Projekt „Nord-Link" gestartet, eines der bedeutends-ten Projekte in der europäischen Stromwirtschaft. Über ein knapp 500 Kilometer langes Seekabel, einem soge-nannten Interkonnektor, soll der deutsche und norwe-gische Strommarkt physisch miteinander verbunden werden. Über das Seekabel soll grüne Energie zwischen den Märkten ausgetauscht werden. Konkret, die deutsche Windkraft und die norwegische Wasserkraft. Somit könn-ten die Wasserkraftressourcen des skandinavischen Landes sowohl als Erzeugungskapazität als auch als Speicher für die deutsche bzw. die europäische Energiewende verfügbar gemacht werden. Die norwegischen Wasserspeicher könn-ten in Zeiten schwacher Windproduktion und schwa-cher Sonneneinstrahlung Strom in das deutsche System einspeisen und in Zeiten übermäßiger Produktion Strom speichern – eine ideale Lösung. Die deutschen Energie-speicher lägen dann zu einem gewissen Teil in Norwegen.

Das gesamte Investitionsvolumen des Vorhabens beträgt rund zwei Milliarden Euro. Die Inbetriebnahme des Interkonnektors soll bis Ende des Jahrzehntes erfolgen und könnte ein Meilenstein für die Energiewende werden.

Die Wasserkraft hat grundsätzlich einen weiteren Nachteil. Der Bau von Wasserkraftwerken ist im Vergleich zu anderen Erneuerbaren Energien mit erheblichen Eingriffen in die Natur verbunden. Zum Teil müssen Flussverläufe neu angelegt oder im Extremfall sogar Menschen umgesiedelt werden. Mögliche negative touristische Auswirkungen sind als Randerscheinung zu bewerten. Weltweit werden übrigens knapp eine Milliarde Menschen mit Strom aus Wasserkraftwerken versorgt. Global betrachtet ist sie damit aktuell die bedeutendste Form der Erneuerbaren Energien.

Exkurs: Virtuelles Kraftwerk – Schwarmstrom

Wie bereits erwähnt, haben die beiden Hoffnungsträger der Erneuerbaren Energien, die Photovoltaik und die Windkraft, den Nachteil, schwankend Strom zu erzeugen. Ein Stromversorgungssystem ist jedoch auf eine verlässliche Stromerzeugung angewiesen. In einem virtuellen Kraftwerk wird versucht, per Fernsteuerung dezentrale Windkraftanlagen und Photovoltaik-Anlagen, welche überregional verteilt sind, mit steuerbaren Biomasse- oder Wasserkraftanlagen zusammenzuschalten und in der Produktion zu vernetzen. Die Vernetzung vieler kleiner Anlagen erschafft ein virtuelles Kraftwerk, welches regelbar gesteuert werden kann. Plastisch lässt sich diese Zusammenschaltung von dezentralen EE-Anlagen als „Schwarmstrom" bezeichnen. Man spricht auch von einem regenerativen Kombikraftwerk. Diese Kombikraftwerke könnten gefahren werden wie konventionelle Kraftwerke, nur auf

Basis regenerativer Energiequellen. Auf diese Weise könnten die Erneuerbaren Energien regelbar Strom erzeugen und die Stromnetze stabilisieren. Die ersten Erfahrungen sind vielversprechend. Moderne Kommunikationstechnik ermöglicht es, dass jeder der integrierten Erzeugungsanlagen einer zentralen Schaltstelle die erzeugte Leistung mitteilt und die steuerbaren Anlagen über die Zentrale nach Bedarf geregelt werden können. Auf diese Weise tragen virtuelle Kraftwerke dazu bei, die unstetigen Erneuerbaren Energien Windkraft und PV in eine verlässliche Stromversorgung zu integrieren. Sie werden daher in der Energiewende ein wichtiger Baustein sein.

Biomasse

Die Biomasse als Primärenergieträger ist vermutlich der älteste Energieträger der Menschheit. Die Verbrennung von Holz oder Tierdung ist seit Jahrtausenden eine archaische Methode, um Energie zu gewinnen. Noch heute ist diese Art der Energiegewinnung in Dritte-Welt-Staaten eine übliche Methode, um Wärme zu erzeugen. Die moderne Technologie zur Stromgewinnung aus Biomasse ist dagegen eine vergleichsweise junge Stromerzeugungsart. Letztlich ist Biomasse auch eine Spielart der Sonnenenergie. Durch Photosynthese speichern Pflanzen Sonnenenergie. Biomassekraftwerke nutzen die gespeicherte Sonnenenergie thermisch durch Verbrennung. Als Inputstoffe kommen Holz, Stroh oder Energiepflanzen wie Mais bzw. Getreide infrage. Die Letzteren dienten bisher ausschließlich als Nahrungspflanzen. Bei der Verbrennung dieser Inputstoffe wird nur so viel CO_2 freigesetzt, wie zuvor in Form von Sonnenenergie gebunden wurde. Der Gesamtverwertungsprozess ist daher CO_2-neutral. Maßgeblich für die Stromerzeugung auf Basis von Biomasse ist Biogas, feste Biomasse und der biogene Anteil des Abfalls. Von besonderer Bedeutung innerhalb der Biomasse ist das Bio-Erdgas. Von Bio-Erdgas wird gesprochen, wenn Biogas nach einer Aufbereitung über dieselben Eigenschaften wie Erdgas verfügt und in das Erdgasnetz eingespeist werden kann. So kann es zu 100 Prozent oder in einem Mischungsverhältnis mit Erdgas zur Verstromung eingesetzt werden. Im Gegensatz zu Wind, Wasser und Solarkraft spielt die Biomasse auch in der Wärmeversorgung und im Verkehr eine Rolle als Kraftstoff.

Biomasse hat einen Vorteil innerhalb der Gruppe der Erneuerbaren Energien. Wie Wasserkraft kann Biomasse planbar und kontinuierlich Strom produzieren. Ihre Energie ist speicherbar und kann die fluktuierende Produktion von Windkraft und Photovoltaik flexibel ausgleichen. Als Back-Up-Kapazität kann sie hinter den volatil einspeisenden regenerativen Erzeugungsarten fungieren.

Konkurrenz zur Nahrungsmittelproduktion

Wie bei allen Energieträgern stehen diesem besonderen Vorteil Nachteile gegenüber. Die Fähigkeit, Strom mit Biomasse planbar zu produzieren, ist teuer erkauft. Die Energiegewinnung aus Biomasse steht in Konkurrenz zur Nahrungsmittelproduktion (Teller-Tank-Problematik). Ein Teil der Biomasse entsteht aus Nahrungspflanzen, der andere Teil benötigt ebenfalls Agrarflächen. Es stellt sich vor dem Hintergrund von Hungersnöten und Unterernährung in der dritten Welt die ethische Frage. So steht vor allem der zur Biogaserzeugung regional überproportional hohe Maisanbau in der Kritik. In Deutschland werden immerhin 18 Prozent der Agrarflächen für den Anbau von Energiepflanzen genutzt. Aufgrund seiner Energiehaltigkeit kommen häufig Mais oder Getreide als Inputstoff zum Einsatz.

Die Nutzungskonkurrenz in Deutschland ist nicht dramatisch, aber es gibt einen Zusammenhang. So warnten die großen Bierbrauer 2008 ernsthaft vor einer Gerstelücke. Durch den verstärkten Anbau von Mais zur Energiegewinnung wurde zu wenig Gerste angebaut. Um zwei Euro soll der Preis für einen Kasten Bier dadurch durchschnittlich gestiegen sein. Ob die von den Bierbrauern vorgebrachte Kausalität zutrifft, ist allerdings fraglich. Allgemein ließ in diesem Zeitraum eine durch Wetterkapriolen schlechte Erntelage die Preise für Agrarrohstoffe steigen. Neben der verständlichen Angst der deutschen Biertrinker gibt es ein zusätzliches Problem: die Gefahr von Monokulturen. So stieg in den Jahren 2009 bis 2014 der Maisanbau um rund 80 Prozent. Dieser einseitige Ausbau gefährdete eine abwechslungsreiche Ackergesellschaft mit unterschiedlichen Getreiden und Wurzelfrüchten. Zusätzlich droht eine Nährstoffverarmung im Boden durch den mehrjährigen Anbau von Mais. Mit diesen Monokulturen sind Eingriffe in die Umwelt verbunden; Eingriffe, die nicht zu unterschätzen sind, wie beispielsweise eine Beeinträchtigung der Artenvielfalt oder des Grundwassers. Die langfristigen Folgen dieser Monokulturen auf die Ökosysteme sind noch nicht abzusehen.

Im Vergleich zu Windkraft und Photovoltaik gibt es einen weiteren Nachteil der Biomasse. Sie benötigt Brennstoff. Der Preis dieses Brennstoffes schwankt und kann deshalb, wie bei Erdgas, die Energieproduktion schnell unwirtschaftlich machen. So verdoppelte sich beispielsweise der Maispreis zwischen Sommer 2007 und Sommer 2008. Viele Betreiber von Biomasseanlagen, oftmals Biogasproduzenten, konnten ihre Anlagen nicht mehr wirtschaftlich betreiben. Der steigende Preis der Inputstoffe machte die Produktion zu teuer. In Deutschland ist die Nutzung der Biomasse zur Verstromung regional relativ gleichmäßig verteilt da eine Verfügbarkeit von agrar- und forstwirtschaftlichen Flächen entscheidendes Kriterium ist. Die meisten Anlagen stehen in Bayern (3685) gefolgt von Niedersachsen (2719). Biomasse hat seit 2000, wie auch die Wind- und Solarkraft, ein explosionsartiges Wachstum hinter sich. Die produzierte Strommenge aus Biomasse hat sich zwischen 2000 und 2015 von 1,6 TWh (1,6 Milliarden Kilowattstunden) auf 44,2 TWh erhöht. Züchtungsfortschritte bei den reinen Energiepflanzen könnten der Biomasse möglicherweise zu neuem Schub verhelfen. Diese sind nämlich energiehaltiger und benötigen weniger Anbaufläche.

Exkurs: Kraft-Wärme-Kopplung (KWK)

Mit der Energiewende stellt sich die Frage, ob die bestehende Struktur von zentralen Großkraftwerken nicht überholt ist. Sie setzt eher auf kleinere, dezentrale Einheiten, die sich näher an den Verbrauchsorten befinden. Biomassenlagen sind Beispiele für diese Struktur. Diese dezentrale Art der Energieversorgung entspricht dem Wunsch der Menschen nach selbstbestimmter, autonomer Energieversorgung. Es bleibt die Frage, wie eine solche Struktur möglichst kostengünstig organisiert werden kann. Großkraftwerke haben noch erhebliche Größenvorteile (Skaleneffekte), die ihnen im Vergleich zu den kleineren Einheiten wirtschaftliche Vorteile sichern. Voraussetzung für einen wirtschaftlichen Betrieb kleinerer Anlagen ist ein hoher Wirkungsgrad. Ein Königsweg zu einem hohen Wirkungsgrad ist die Kraft-Wärme-Kopplung (KWK). Genau wie Kohle- oder Gaskraftwerke erzeugen unter anderem Biomasseanlagen neben der Produktion von Strom auch Wärme. Diese Wärme ist zunächst ein Abfallprodukt der Verbrennung. Das Abfallprodukt kann jedoch für die Wärmeversorgung genutzt werden. Damit können an die Anlagen angrenzende Wohn- oder Industriegebiete mit Wärme versorgt werden. Der Wirkungsgrad, also der Energie-Output je eingesetztem Energie-Input, steigt erheblich an. Wirkungsgrade von bis zu 80 Prozent sind möglich. Damit mindert die KWK den Primärenergieeinsatz und damit die Emissionsbelastung. Auch kann die dezentrale KWK-Technologie teure Netzausbaumaßnahmen einsparen. Der Strom wird an dem Ort verbraucht, an dem er produziert wird, was teure Netzausbaumaßnahmen über längere Strecken zum Stromtransport zu einem gewissen Grad überflüssig macht. Voraussetzung für diese Kopplung ist jedoch eine gleichmäßige und stetige Wärmeabnahme. Die Wärmeabnehmer müssen sich in räumlicher Nähe zur Kraftwärmeanlage befinden. Bei Produktionsbetrieben wie Chemieunternehmen treffen beide Voraussetzungen zu, für Wohnsiedlungen nicht immer. Es zeigt sich eine Grundproblematik der KWK. Strom- und Wärmebedarf fallen häufig nicht synchron an. Um eine Abstimmung zum möglichst optimalen Betrieb vorzunehmen, gibt es grundsätzlich zwei Möglichkeiten:

Stromgeführter Betrieb: Die Leistung der KWK-Anlage richtet sich nach der Stromnachfrage. Die dabei erzeugte Wärme wird soweit als möglich genutzt, teilweise jedoch auch in die Umwelt abgegeben.

Wärmegeführter Betrieb: Die Leistung der KWK-Anlage richtet sich nach dem nachgefragten Wärmebedarf. Die dabei erzeugte Elektrizität wird in das Stromnetz eingespeist, was dazu führt, dass die Stromerzeugung oftmals dann erfolgt, wenn sie im Stromnetz nicht benötigt wird.

Für die Energiewende ist der Ausbau der Kraft-Wärme-Kopplung in jedem Fall ein wertvolles Instrument. Sie leistet einen Beitrag zur Ressourcenschonung, Versorgungssicherheit und dem Klimaschutz. 2014 erzeugten alle KWK-Anlagen in Deutschland bereits 94,9 Milliarden Kilowattstunden Strom. Dies entsprach einem Anteil von 16,2 Prozent des Nettostromverbrauchs. Um die KWK zu fördern, lässt die Bundesregierung sie durch eine eigene Abgabe auf den Stromverbrauch, der KWK-Umlage, durch die Stromverbraucher subventionieren. Gemäß dem EEG hat Strom, der aus KWK-Anlagen erzeugt wird, genauso Vorrang bei der Einspeisung in das öffentliche Stromnetz wie Anlagen Erneuerbarer Energien.

Geothermie

Tief unter der Erdoberfläche brodelt eine Hölle mit unglaublich heißen Temperaturen. Geologen sprechen von einer zweiten „kleinen Sonne". Je tiefer man ins Erdinnere bohrt, desto heißer werden die Temperaturen. Diese Quellen nutzten schon die Römer als Wärmelieferant. Heute deckt ein Land wie Island mehr als die Hälfte seines kompletten Energiebedarfs durch Erdwärme ab. Forscher schätzen, dass das theoretische Potenzial der Erdwärme groß genug wäre, um die gesamte Menschheit 100.000 Jahre mit Energie versorgen zu können. Die Nutzung dieser heißen Wasserquellen zur Strom- oder Wärmeerzeugung, bzw. mit der Kraft-Wärme-Kopplung zur Strom- und Wärmeproduktion, nennt man Geothermie. Im norditalienischen Ort Laderello steht seit 1904 das weltweit erste Geothermiekraftwerk zur Stromproduktion. Der gesamte Ort gehört übrigens dem italienischen Energiekonzern ENEL. Die Überlegung hinter der Technologie ist einfach. Es werden Wärmequellen unter der Erdoberfläche angebohrt. Diese Quellen werden z. B. von Magmabewegungen an den Schnittstellen tektonischer Platten gespeist. Je weniger tief gebohrt werden muss, desto leichter ist das Primärenergiepotenzial zu heben und desto wirtschaftlicher ist das Projekt, da die Kosten geringer bleiben. Schon wenige Meter mehr an Tiefenbohrung treiben die Bohrkosten in die Höhe. Daneben besteht wie in der konventionellen Erdöl- bzw. Erdgasförderung das Fündigkeitsrisiko. Es kann sich bei einer Bohrung zeigen, dass die Erdwärme nicht für den vorgesehenen Zweck ausreichend ist. Der Vorteil der Geothermie ist ihre stetige Produktionsweise, sie ist darin der Wasserkraft sehr ähnlich. Zusätzlich ist sie, wie die Wasserkraft, bei der Stromproduktion emissionsfrei. Von allen regenerativen Energien steht jedoch hinter der Geothermie das größte Fragezeichen. Ob sie innerhalb der Energiewende eine bedeutende Rolle einnehmen kann, ist fraglich. Das erste Problem ist ihre Abhängigkeit von topografischen Gegebenheiten. Für einen wirtschaftlichen Betrieb müssen die Wärmequellen gut zugänglich sein, was nicht überall der Fall ist.

Die Lage vor Ort schränkt das Potenzial somit ein. Daneben gibt es eine Reihe von ungeklärten technischen Fragen, welche die Geothermie in die Nähe des umstrittenen Fracking stellen. Da zum Teil relativ tief gebohrt werden muss, besteht die Gefahr, dass beim Bohrprozess Verunreinigungen in das Grundwasser gelangen. Die Geothermie steht außerdem im Verdacht, tektonische Verschiebungen hervorzurufen, welche Erdbeben auslösen können. Diese können durch die tiefen Bohrungen und Wasserentnahmen entstehen. Der Ort Staufen im Breisgau muss dafür als ein unrühmliches Beispiel herhalten. Nach einer größeren Geothermiebohrung kam es hier durch Geländehebungen zu schweren Schäden an zahlreichen Häusern (http://www.welt.de/vermischtes/article4377356/Warum-die-Erde-unter-Staufen-aufquillt-wie-Hefeteig.html).

Ob die Bohrungen tatsächlich die entscheidenden Ursachen hierfür waren, ist umstritten, gilt aber unter Geologen als sehr wahrscheinlich. Um diese Probleme zu lösen, bedarf es noch weitreichender Forschung und technologischer Entwicklung. Von allen Erneuerbaren Energien wird die Geothermie in Deutschland im Rahmen der Energiewende jedoch die kleinste Rolle spielen. Viele Bürger in Staufen wünschen, man hätte sie niemals genutzt.

Die Geschichte der Energieträger in diesem Kapitel sollte eines deutlich machen: Im Spiel der Stromwirtschaft gibt es einen permanenten technischen Wandel und überraschende Entwicklungen. Der irisch-britische Schriftsteller Bernard Shaw (1856–1950) schrieb einst sehr treffend, indem er empfahl: „Niemals ist ein langes Wort, deshalb sag niemals nie."

Heute haben die verschiedenen Formen der Erneuerbaren Energien im Vergleich zu den konventionellen Energieträgern noch zusätzliche Nachteile. Sie sind in ihrer Produktionsweise entweder schwer regelbar, zu saisonal oder zu sehr an topografische Gegebenheiten gebunden. Die Versorgung einer großen Industrienation wie der Bundespublik Deutschland ist jedoch von einer jederzeit zuverlässigen Stromversorgung abhängig. Ungünstige Witterungsbedingungen dürfen keine Unterbrechung des Stromflusses begründen. Deshalb legen Forschung und Politik zunehmend einen Schwerpunkt auf einen Bereich, welcher ein echter „Game Changer" für die Energiewende werden kann. Eine Entwicklung, ein Durchbruch, welcher die Regeln des Spiels komplett auf den Kopf stellen könnte. Eine disruptive Technologie, welche bestehende Technologien bzw. Marktteilnehmer vollständig aus dem Markt verdrängen könnte. Es handelt sich um Speichertechnologien für Strom.

Die Game Changer: Speichertechnologien

Strom zu speichern ist technisch und physikalisch schwierig und stellt eine Herausforderung für das Gelingen der Energiewende dar. Die größten Hoffnungsträger der Erneuerbaren Energien, bzw. die mit dem meisten Ausbaupotenzial, Photovoltaik und Windkraft, haben ein Manko. Aufgrund ihrer wetterbedingten Schwankungen können sie bisher keine verlässliche Stromproduktion gewährleisten. So kann es beispielsweise bei Photovoltaikanlagen innerhalb von Sekunden zu Leistungsschwankungen von bis zu 70 Prozent kommen. Es gibt Tage, an welchen Windkraft- und PV große Mengen von Überschussstrom produzieren. An anderen Tagen herrscht ein Mangel. Man spricht oft von der „dunklen Flaute", um die Tage zu beschreiben, an denen weder Wind noch Sonne eine ausreichende Stromproduktion zulassen. Dieses fluktuierende Angebot stellt für den Betrieb der Stromnetze eine zunehmende Herausforderung dar. Massenhafter Zubau von Wind- und Photovoltaik-Anlagen löst dieses Problem nicht. Das Grundproblem der schwankenden Produktion bleibt ungelöst. Stromverbrauch und Stromproduktion passen immer seltener zusammen. Die Lösung wäre eine Methode, um wirtschaftlich und in ausreichendem Maße die Speicherung von Strom zu ermöglichen. Damit kann in Zeiten des Überflusses Strom gespeichert und an Tagen mit Strommangel ausgespeist werden. Dazu muss ein Stromspeicher Strom aufnehmen und zu einem späteren Zeitpunkt ohne große Verluste wieder abgeben. Der Prozess läuft dabei in drei Schritten, dem Laden, dem eigentlichen Speichern und dem Entladen ab. Nach dem Entladen kann der Stromspeicher wieder erneut Strom aufnehmen. Aktuell gibt es noch bedeutende physikalische und technische Herausforderungen bei der Entwicklung von marktreifen, sprich wirtschaftlichen Stromspeichersystemen. Gegenwärtig fließt ein hoher Forschungsaufwand in die Bewältigung dieser Herausforderungen. Dieses ist eine der Voraussetzungen für die erfolgreiche Umsetzung der Energiewende. Ohne einen Durchbruch bei der Stromspeicherung können die regenerativen Energien die Kernkraft und später die fossilen Energieträger nicht ersetzen. Entweder müssten fossile Energieträger die wegbrechende Kernkraft ersetzen, mit negativen Folgen für das Klima. In Zeiten des Klimawandels ist das kein verantwortbares Szenario. Alternativ müsste die Politik den Beschluss zum Ausstieg aus der Kernkraft rückgängig machen. Aufgrund der existenziellen Risiken dieser Technologie sowie ihrer breiten gesellschaftlichen Ablehnung ist das gleichfalls weder vertretbar noch durchsetzbar. Das derzeit wahrscheinlichste Szenario: Sofern es bei der Speicherung nicht zu Durchbrüchen kommt, gleichen die fossilen Kraftwerke als Back-up die schwankenden Erneuerbaren Energien aus. Diese Lösung ist auf Dauer jedoch volkswirtschaftlich teuer, wahrscheinlich auf Dauer sogar zu teuer, da es zweier Kraftwerksparks bedarf. Einen erneuerbaren und einen konventionellen. Diese Doppelstruktur ist volkswirtschaftlich nicht sinnvoll, da sie sowohl Industrie als auch Haushalte mit erheblichen Mehrkosten für die Stromversorgung belastet. Die Frage der wirtschaftlichen Stromspeicherung ist folglich ein Wettlauf gegen die Zeit. Derzeit kann die Bundesrepublik Deutschland an einem trüben, windstillen Wintertag den Strombedarf nicht einen einzigen Tag aus den vorhandenen Speichern decken. Doch zeichnen sich technische Lösungen ab, welche den Durchbruch zumindest erhoffen lassen. Ebenfalls deutet sich an: Eine große industrielle Volkswirtschaft benötigt nicht nur einen diversifizierten Strommix, sondern auch einen diversifizierten Speichermix. Es wird nicht die eine technische Lösung sein, welche die Speicherung von Strom in ausreichendem Maße ermöglicht. Verschiedene Speichertechnologien werden die Energiewende zum Erfolg führen. Einige der aussichtsreichsten Technologien sollen im Folgenden vorgestellt werden. Möglicherweise liegt hier auch der Schlüssel für die weltweite Energieversorgung der Zukunft (Kap. 5). Grundsätzlich wird unterschieden in Großspeicher auf Systemebene und dezentralen Speichern auf Endkundenebene. Beide Technologien stehen zu einen gewissen Grad in einem Wettbewerbsverhältnis zueinander. Der Anwendungsbedarf für Stromspeicher ist dabei äußerst vielfältig. Für die Sicherstellung der Frequenzhaltung im Stromnetz ist die Be- und Entladung innerhalb von Millisekunden erforderlich. Zur Überbrückung von Wind- und Sonnenflauten ist die Bereitstellung von größeren Strommengen notwendig. Für Privatleute steht die möglichst autonome Hausstromversorgung im Vordergrund. Die unterschiedlichen Anwendungsgebiete spiegeln sich in den verschiedenen Typen der Stromspeicherung wider und legen die Anforderungen (Energieform, Ein- und Ausspeicherleistung, Speicherkapazität, Reaktionszeit) fest. Ebenso determiniert das ökonomische Umfeld, wie Preiserwartungen oder Benutzungsstunden, die anwendbare Technologie.

Pumpspeicher

Die wohl einfachste und effizienteste Methode, um Strom in großen Mengen zu speichern, sind sogenannte Pumpspeicherkraftwerke. Sie gelten als die Lastesel der Stromspeicherung. Ihre Methode: Pumpspeicher wandeln elektrische Energie in mechanische Energie um und bei Bedarf wieder in elektrische Energie. In Zeiten von

hohem Stromangebot und niedrigen Strompreisen beför-
dern Pumpen Wasser aus einem Unterbecken durch Rohr-
leitungen auf einen höher gelegenen Speichersee. Dieser
Speichersee speichert die Energie als Lageenergie. Kommt
es zu einer Mangelsituation bzw. zu Preisspitzen, lässt der
Stausee Wasser ab. Turbinen bzw. Generatoren erzeugen
Strom. Pumpspeicherkraftwerke sind somit Speicher und
Kraftwerke in einem. Dieser Vorgang ist schnell, flexibel und sehr gut steuerbar. Das Wasser schießt mit einer
Geschwindigkeit von sechs Metern pro Sekunde durch die
Leitungen. Wie bereits bei der Darstellung der Wasserkraft aufgezeigt, ist das Ausbaupotenzial in Deutschland
für diese Pumpspeicher sehr umstritten. Neuere Studien
ergaben allein in den Bundesländern Baden-Württemberg
und Thüringen potenzielle 23 neue Standorte. Die Frage
ist jedoch, ob der Ausbau dieser Standorte politisch gegen
den Willen der Bevölkerung durchsetzbar ist. Der Ausbau wäre mit einem nicht unerheblichen Eingriff in die
Natur verbunden, was nicht ohne starke Widerstände in
der Region durchsetzbar wäre. Damit ergibt sich eine fak-
tische Potenzialbegrenzung. Es gibt derzeit nur rund 36
Pumpspeicherkraftwerke in der Bundesrepublik. Weltweit
stellen Pumpspeicherkraftwerke 99 Prozent der installierten Stromspeicherleistung. Als bedeutender Bestandteil
des Speichermixes im Rahmen der Energiewende können
Pumpspeicher für einen Ausgleich zwischen Erzeugung
und Verbrauch im Stromsystem sorgen. Ob sie eine wachsende Rolle spielen, hängt wohl davon ab, ob eine engere
Vernetzung mit Ländern, die über geeignetere topografische Gegebenheiten verfügen, erfolgt. Mit Norwegen
laufen erste Projekte. Ebenfalls besitzen Österreich und

die Schweiz bedeutende Pumpspeicherkapazitäten, welche auch dem deutschen Netz zur Verfügung stehen.

Lithium-Ionen-Batterien

Der Klassiker unter den Stromspeichermedien ist die Lithium-Ionen-Batterie, landläufig auch als „Akku" bekannt. Damit kann bereits erzeugter Strom gespeichert werden, um diesen zu einem späteren Zeitpunkt zu verwenden. Ein großer Akku auf Lithium-Ionen-Basis kann einen durchschnittlichen Privathaushalt (Jahresverbrauch 3500 kWh) für etwa drei Tage mit Strom versorgen. Eine Photovoltaik-Anlage auf dem Dach könnte den Akku neben der Eigenversorgung aufladen und nachts die Stromversorgung gewährleisten. Die Batterie kann somit als Pufferspeicher für Erneuerbare Energien zum Einsatz kommen. Sie ist jedoch auch im Notstrombereich oder zur Stabilisierung der Stromnetze (Primärregelenergie) nutzbar. Die Technologie findet sowohl stationär als auch mobil (z. B. Laptop) oder im Verkehr (E-Mobilität) und der Luft- und Raumfahrt bereits heute praktische Verwendung. Mit großem Aufwand wird an der Leistungsfähigkeit der Technik geforscht, um die Aufnahmefähigkeit der Akkus zu erhöhen. Der Vorteil ist ihre Skalierbarkeit, sowohl in den Anwendungsmöglichkeiten als auch in der Produktion. Aktuell wird intensiv an Aspekten wie Systemoptimierung, Effizienzsteigerungen, Steuerungsintelligenz und optimierten Fertigungsverfahren gearbeitet. Bis der entscheidende technische Durchbruch erzielt wird, kann vermutlich noch einige Zeit vergehen. Jedoch ist schon heute ein massiver Zubau von Eigenheimspeichern zu beobachten. Parallel wird auch an Alternativtechnologien, wie Lithium-Luft-Akkus geforscht, die allerdings noch keinen Weg in breite Anwendungsgebiete gefunden haben. Auch könnten sogenannte Schwarmspeicher zukünftig einen bedeutenden Beitrag zur Energiewende leisten. Dazu werden viele kleine Stromspeicher über moderne Kommunikationstechnologien miteinander verbunden und über eine Software gesteuert. In der Summe kommen die vielen kleinen Speicher als Schwarm auf höhere Kapazitäten und können flexibel auf schwankende Einspeisungen der Erneuerbaren Energien reagieren. Damit könnten sie helfen die Netze zu stabilisieren und die Kosten des Netzausbaus zu senken. Eine Schlüsselrolle bei der Weiterentwicklung verschiedener Akku-Typen wird der Elektromobilität zu kommen. Ohne sie wäre die bisherige Entwicklung von stationären und mobilen Speicheranwendungen deutlich langsamer verlaufen. Die Entwicklungsfortschritte gehen eindeutig von der Automobilindustrie in die Energiewirtschaft, da sie durch Skaleneffekte deutliche Kostendegressionen erreicht.

Exkurs: E-Mobility

Eine Schlüsselrolle für die technische und wirtschaftliche Marktreife von Batterietechnologien wird der Elektromobilität beigemessen. Elektromobilität bzw. E-Mobility ist das Schlagwort, wenn Visionen über den Verkehr der Zukunft diskutiert werden. Verglichen mit konventionellen Antriebstechnologien ist das Fahren mit Elektroautos leise, sauber und zumindest so die optimistische Hoffnung, eines Tages günstiger. Nach den Plänen der Bundesregierung sollen bis 2020 eine Million

Elektroautos auf deutschen Straßen fahren. Ohne Zweifel ein ambitioniertes Ziel, welchem die Bundesregierung seit seiner Verkündung deutlich hinterher hinkt. Noch immer sind Elektroautos eine absolute Ausnahme im Straßenverkehr. Dabei liegen die Vorteile von Elektroautos auf der Hand. Angetrieben mit Strom aus regenerativen Anlagen stoßen die E-Autos keine klimaschädlichen Emissionen aus. Vor allem für große Ballungsgebiete, die unter permanenter Feinstaub oder Smog-Belastung leiden, wäre dies eine massive Umweltentlastung. Ausgehend von dem Leitbild, dass Elektroautos Ökostrom als Energiequelle nutzen, verbrauchen sie keine endlichen Ressourcen. Ist das Auto erstmal angeschafft, fallen im Vergleich zu herkömmlichen Benzinern oder Dieselmodellen nur vergleichsweise geringe Tankkosten an, da man auf günstige Stromtarife zurückgreifen kann. Im Vergleich zu konventionellen Fahrzeugen sind Elektroautos mit wesentlich weniger Verschleißteilen konstruiert. Teile wie Kupplung, Getriebe oder aufwendige Motorensteuerung werden nicht benötigt. Entsprechend günstig sind die Wartungskosten. All dies sind Gründe die ohne Zweifel für die E-Mobilität sprechen. Warum hat sie sich dennoch noch nicht durchgesetzt?

Drei große Schwachstellen verhindern bisher den Durchbruch der Elektromobilität. Die erste Herausforderung ist der Aufbau einer flächendeckenden Ladeinfrastruktur. Zwar gibt es vor allem in größeren Ballungsgebieten bereits ein wachsendes Netz an Ladesäulen, jedoch ist dies außerhalb dieser Metropolregionen weitaus weniger ausgebaut. Spontane Ausflüge aufs Land können sich somit durchaus schwierig gestalten und schränken die Attraktivität eines Elektroautos ein. Auch gibt es noch keine „durchnormierte" Ladeinfrastruktur. Die Ladestecker sind zum Teil unterschiedlich und ein einheitliches Abrechnungsmodell existiert nicht. Zwar wächst die Ladeinfrastruktur aktuell in Deutschland, doch ist im Vergleich zum regulären

Tankstellennetz noch kein vergleichbarer „Ease of Use" abzu-sehen. Ein zweiter Nachteil von Elektroautos sind deren ver-gleichsweise hohen Anschaffungskosten. Bedingt durch die geringe Verbreitung im Massenmarkt sind Elektroautos heute, verglichen mit konventionellen Modellen, noch deutlich teurer. Mit dem Wachstum des Marktes werden die Preise zwar fallen, doch besteht nach wie vor eine Preislücke. So hat sich beispiels-weise Volkswagen auf die Fahne geschrieben, bis 2018 Markt-führer für Elektroautos zu werden und angekündigt, hierzu 40 Modelle auf den Markt zu bringen. Die Bundesregierung will mit einer aufgelegten Förderprämie von bis zu 4000 Euro für den Kauf eines reinen Elektroautos die Entwicklung des Mark-tes ankurbeln. Die Kosten für das insgesamt 1,2 Milliarden schwere Subventionsprogramm tragen Bundesregierung und Automobilbranche jeweils zur Hälfte.

Den dritten und größten Schwachpunkt der Elektromo-bilität stellt jedoch die Batterie dar. Trotz Fortschritte in der Technologieentwicklung sind die zum Einsatz kommenden Bat-terien immer noch zu schwer, teuer und verfügen nur über eine geringe Speicherkapazität. Bei bestimmten Außentemperaturen können manche Akkumodelle nur Teile ihrer Leistung abrufen. Durch die unausgereiften Akkuspeicher ist die Reichweite deut-lich eingeschränkt. Wenige Modelle erreichen heute mehr als 300 Kilometer, was die Attraktivität gegenüber konventionellen Modellen massiv einschränkt. Doch bauen die Automobilher-steller ihre Entwicklung und Produktion in diesem Bereich mas-siv aus, was auf leistungsfähigere Akkus und höhere Reichweiten hoffen lässt. So ist Daimler bereits über eine Tochtergesellschaft in die Speicherproduktion eingestiegen. Volkswagen liebäu-gelt mit dem Aufbau einer eigenen Batteriezellenproduktion. Aufgrund der großskaligen Volumen der Automobilindustrie könnte die gesamte Speichertechnologie von diesen Fortschrit-ten profitieren und es dadurch ebenfalls bei den stationären

Speichersystemen zu Durchbrüchen kommen. Würde der Markt für stationäre Anwendungen doch einen zusätzlichen Absatzkanal für die entwickelten Lithium-Ionen Speicherlösungen darstellen. Hiervon kann auch die Energiewende profitieren. Zum einen durch wirtschaftlich ausgereifte Speichertechnologien, zum anderen durch Sektorenkopplung zwischen Strom- und Verkehrsmarkt. Zwei Teilmärkte der Energieversorgung, welche bisher relativ getrennt voneinander existierten. Im Rahmen dieser zunehmenden Kopplung könnte die Stromwende sich weiter zu einer Verkehrswende entwickeln und auch hier zu einer Übernahme der Leitfunktion durch Erneuerbare Energien, weg von den fossilen Energieträgern, führen. Es ist offensichtlich, dass sich ohne die Elektromobilität die stationären Speicher im Haushaltsbereich wie auch Großspeichertechnologien deutlich langsamer entwickelt hätten. Das Know-how kommt eindeutig aus der Automobilindustrie. Nur sie bringt das Potenzial für Skaleneffekte, welche ausreichende Kostendegressionen ermöglichen.

Power-to-Gas

Die wohl größte Hoffnung auf einen Durchbruch in der Stromspeichertechnologie stellt die sogenannte Power-to-Gas-Technik dar. Forscher und Konzerne erwarten sich von der Weiterentwicklung der Technologie nichts weniger, als eine Rettung der Energiewende. Dabei handelt es sich um einen vollkommen anderen Ansatz der Stromspeicherung. Diese Speichertechnik geht den umgekehrten Weg der Stromerzeugung. Der bisherige Weg: Aus einem Primärenergieträger, wie z. B. Gas, erzeugt man den Sekundärenergieträger Strom. Über den Power-to-Gas-Ansatz wird versucht, aus Strom wieder einen Primärenergieträger zu erzeugen, der speicherbar ist. Der Strom wird zur Elektrolyse bzw. Wasseraufspaltung verwendet. Elektrolyse ist die Aufspaltung einer chemischen Verbindung durch Elektrizität. Dabei entsteht gasförmiger Wasserstoff. Dieser Wasserstoff kann in einem nächsten Schritt mit CO_2 zu Methan weiterverarbeitet werden, welches dem konventionellen Erdgas beigemischt werden kann. Das speicherbare Gasgemisch ist als Brennstoff für die Verstromung nutzbar. Die Vorstellung hört sich großartig an. Aus überflüssigem Strom produzieren wir speicherbares Gas, um im Bedarfsfall schnelle, flexible Gaskraftwerke zu befeuern. Diese sind ohnehin die idealen technischen Partner der regenerativen Energien. Einige Energieexperten sehen diese Technologie langfristig als unverzichtbar, um die Energiewende zu einem Erfolg zu machen. Das deutsche Erdgasnetz würde indirekt als Speicherkapazität der deutschen Grünstromproduktion fungieren. In der Theorie stünde die gesamte deutsche Gasinfrastruktur mit einem Leitungsnetz von knapp 530.000 Kilometern und die vorhandenen Gasspeicher zur Verfügung. Laut Berechnungen des Gasfachverbandes DVGW könnten theoretisch die Gasspeicher den deutschen Strombedarf auf diese Weise für knapp drei Monate, in Gasform gespeichert, abdecken. Im Gegensatz zu den Lithium-Ionen-Batterien, die eher zum Überbrücken kurzfristiger, tageweiser Schwankungen fungieren, könnte die Power-to-Gas Technologie auch längerfristig Strom speichern. Das Ziel, eines Tages Wind- und Solarstrom wirtschaftlich aus dem Sommer für den Winter zu speichern, wäre erreichbar.

Trotz aller Euphorie darf man dabei nicht vergessen, dass es sich um höchstkomplexe Prozesse und eine komplizierte Technik handelt. Die Technik steckt in den Kinderschuhen und ist noch weit von der Marktreife entfernt. Die heutigen Gesamtwirkungsgrade sind noch viel zu niedrig. So ist nach der Rückverstromung in etwa die Hälfte der Energie verloren. Experten schätzen, dass die Technik erst um das Jahr 2030 Marktreife erreicht, also wirtschaftlich betrieben werden kann. Im Grundsatz birgt die Möglichkeit, Überschussstrom zur Erzeugung von Wasserstoff zu nutzen und diesen Wasserstoff dem Brennstoff Erdgas beizumischen, das Potenzial eine Schlüsseltechnologie der Energiewende zu werden. Es bleibt abzuwarten, ob die technischen Durchbrüche auch tatsächlich in absehbarer Zeit erzielt werden können.

Die vorgestellten Technologien zeigen nur einen Ausschnitt des heutigen Stands der Stromspeichertechniken. Vielleicht wird keine der dargestellten Technologien eine Lösung für die Energiewende bieten. Möglicherweise kennen wir die Technik noch gar nicht, welche eines Tages die wirtschaftliche Speicherung von Strom ermöglicht. Momentan fließen große Summen in die Forschungstätigkeit. Bis dieser Durchbruch tatsächlich in der Praxis ankommt, ist eine auf den tatsächlichen Bedarf angepasste Stromproduktion elementar. So gibt es auch Stimmen die sagen, dass Speichertechnologien überhaupt nicht die entscheidende Rolle im Rahmen der Energiewende spielen werden. Bei dem Ausgleich von Stromerzeugung und Stromnachfrage stehen Speichertechnologien im Wettbewerb zu anderen Ausgleichsmechanismen. Es stellt sich in der Tat die Frage, ob der Ausbau des Stromnetzes oder die gezielte Steuerung von Flexibilitätsoptionen nicht die wirtschaftlich sinnvollere Lösung des Ausgleichproblems darstellen. Dies gilt zumindest kurz- bis mittelfristig. Langfristig, mit entsprechenden Erfolgen in Forschung und Entwicklung, können Stromspeicher einen wachsenden Beitrag zur Energiewende leisten. Es gilt das Grundproblem zu meistern. In der vergangenen Struktur der Stromversorgung hat sich die Stromerzeugung an der Stromnachfrage orientiert. In der neuen Welt der Energiewende muss sich die Stromnachfrage an der Stromerzeugung orientieren. Die Auswirkungen von stark schwankenden Diskrepanzen aus Erzeugung und Verbrauch zeigen sich im Stromnetz. Die Funktionsweise dieser Netze sowie die Auswirkungen der Energiewende beschreibt der folgende Teil.

Von dummen Elektronen und intelligenten Autobahnen: das deutsche Stromnetz

Aufbau – Funktion – Betrieb – Schlüsselfunktion für die Energiewende

Energiesysteme sind wie Öltanker – sie lassen sich nur langsam wenden.

(Human Development Report 2007/08)

Die verlässliche Versorgung mit Strom ist für das Leben in einer modernen Volkswirtschaft ein ebenso selbstverständlicher wie unverzichtbarer Bestandteil. Die Stromversorgung ist Voraussetzung für unsere Lebensweise und damit eine Grundlage des Wohlstandes unserer Gesellschaft. Die amerikanische Akademie der Ingenieure wählte den Aufbau der flächendeckenden Elektrizitätsversorgung zur größten technischen Errungenschaft des 20. Jahrhunderts.

Da die Stromversorgung für die bisherigen Generationen so selbstverständlich geworden ist, übersehen wir oft das komplexe Stromtransportsystem hinter dem Weg des Stroms vom Kraftwerk bis zur Steckdose. Es handelt sich um ein hochkomplexes System, welches technisch und wirtschaftlich seit mehr als 100 Jahren in die heutige Struktur gewachsen ist. Wie Venen und Adern unseren Körper durchziehen und die lebenswichtigen Organe mit Blut versorgen, so durchzieht das Stromnetz die Bundesrepublik Deutschland. Es gilt als eines der verlässlichsten Netze der Welt. Mit einer Länge von ca. 1,7 Millionen Kilometern ist es deutlich länger als unser Straßennetz. Dieses erreicht „lediglich" 640.000 Kilometer. Unser Netzsystem ist ausgelegt auf die zentrale Versorgung durch Großkraftwerke. Mit der Energiewende und dem Umbau auf eine dezentrale Versorgung durch Erneuerbare Energien steht dieses System vor einem gewaltigen Umbauprozess mit enormen technischen Herausforderungen. Diese Herausforderungen müssen gemeistert werden, um die Energiewende zu einem Erfolg zu machen. Jedem Eingriff durch die Energiewende in vorgelagerte (Erzeugung / Handel) oder nachgelagerte (Vertrieb / Belieferung) Wertschöpfungsstufen werden positive oder negative

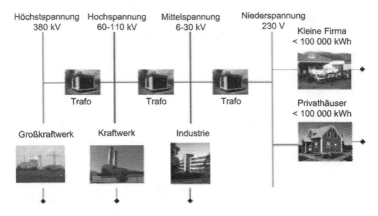

Abb. 3.1   Struktur Stromnetz

Auswirkungen im Netz folgen. Das Stromnetz ist der „Ort der Wahrheit" für die Energiewende (Abb. 3.1).

Funktionsweise Stromnetz

In der Aufbaustruktur ist das deutsche Stromnetz mit dem deutschen Straßensystem vergleichbar. Es ist vierstufig aufgebaut. Die Netzebenen entsprechen dabei der jeweils vorherrschenden Spannungsebene. Auf der untersten Ebene steht die Niederspannung mit einer Spannung von 230 Volt. Einzelne Wohnhäuser bzw. einzelne Abnahmestellen sind an diese Netzebene angeschlossen. Es ist die Spannungsebene, die beispielsweise an Steckdosen, direkt nutzbar ist. Diese Spannungsebene wurde daher früher auch als „Lichtspannung" bezeichnet. Sie stellt die Feinverteilung des Stromnetzes dar. Verkehrstechnisch ist sie den Landstraßen vergleichbar, welche durch unsere

Städte und Dörfer führen. Auf der nächsten Stufe kommt die Mittelspannung mit einer Spannungsebene von sechs bis 30 Kilovolt. An sie sind größere Industriebetriebe und ganze Ortschaften angeschlossen. Sie entspricht den Landstraßen, welche sich zwischen verschiedenen Ortschaften hinziehen. Die Niederspannungsebene und die Mittelspannungsebene werden auch als Verteilnetz bezeichnet. Auf die Mittelspannung folgt die Hochspannung (60 bis 110 Kilovolt). Kraftwerke und Städte sind an die Hochspannungsebene angeschlossen. Es sind die überregionalen Bundesstraßen des Stromnetzes. Die höchste Spannungsebene ist die Höchstspannungsebene mit bis zu 380 Kilovolt. Großkraftwerke, auch Offshore-Windparks, sind an sie angeschlossen. Auf dieser höchsten Spannungsebene erfolgt der Großraumtransport, die Grobverteilung von Strom über weite Distanzen. Diese Netze sind die großen Autobahnen der Stromwirtschaft, nicht umsonst ist der Begriff der „Stromautobahn" in der Stromwirtschaft so geläufig. Dieser Teil des Stromnetzes wird auch als Übertragungs- oder Transportnetz bezeichnet. Der Transport läuft dabei so, dass die Netzspannungsebenen durch Transformatoren miteinander verbunden sind. Die Transformatoren setzen die Spannung jeweils hoch oder runter. Vereinfacht spricht man von einem Transport- und einem Verteilnetz. Die Stromnetze werden von sogenannten Netzbetreibern betrieben. Auf der Ebene Höchstspannung sind es die Übertragungsnetzbetreiber. Dies sind in Deutschland vier: Amprion, Tennet, Transnet BW und 50 Hertz. Das Verteilnetz gehört Energieversorgern oder unmittelbar den Kommunen. Aufgabe der Netzbetreiber ist es, den technischen und kaufmännischen Betrieb der

Netze zu gewährleisten. Für den Betrieb der Infrastruktur erhalten sie Netznutzungsentgelte. Diese Netznutzungsentgelte machen rund ein Viertel der Gesamtstrombezugskosten der Stromverbraucher aus.

Europäisches Verbundnetz und Netzgleichgewicht

Innerhalb von Europa existiert ein europäisches Verbundnetz. Über dieses Verbundnetz sind die einzelnen Teilmärkte und damit die Kraftwerke und Übertragungsnetze miteinander verbunden und bilden ein zusammenhängendes Netz aus den Stromnetzen der europäischen Staaten. Hier findet sich auch die europäische Dimension in der Struktur des deutschen Stromversorgungssystems. Über dieses Verbundnetz kann im Zweifelsfall nachbarschaftliche Hilfe geleistet werden, wenn es in einzelnen Ländern zu Engpässen, Ausfällen oder Überlastungen kommt. Auch der Handel findet über dieses Verbundnetz statt. So werden durch die Schweiz hindurch größere Strommengen aus Frankreich und Deutschland nach Italien geleitet. Der Ausbau der Erneuerbaren Energien führt dazu, dass es zu einem Anstieg der grenzüberschreitenden Stromflüsse kommt. Den Übergang von Strom über die europäischen Ländergrenzen steuern die Grenzkuppelstellen. Sie sind die Grenzübergänge für die Ware Strom im europäischen Binnenmarkt. Durch sie fließt Strom vom Netz eines Landes in das Netz eines Nachbarlandes. Um einen wirtschaftlichen, europaweiten Markt für Strom zu schaffen, steht der Ausbau dieser Kuppelstellen auf der Zielagenda der

EU. Dies soll den europaweiten Wettbewerb fördern und somit die Preise für Industrie und Haushalte senken.

Das europäische Verbundnetz und das deutsche Stromnetz als sein Bestandteil müssen Tag für Tag einen gewaltigen Drahtseilakt bestehen. Strom kann im Stromnetz nicht gespeichert werden. Die Erzeugung muss zeitgleich mit dem Verbrauch stattfinden, Produktion und Nachfrage müssen just-in-time aufeinander abgestimmt sein. Technisch spiegelt sich die exakte Abstimmung im Wert 50 Hertz wieder. Das Stromnetz in Europa muss exakt die Frequenz 50 Hertz aufweisen, um stabil zu sein. Bei dieser Frequenz befinden sich Produktion und Bedarf im Gleichgewicht. Wird zu viel Strom produziert, steigt die Netzfrequenz an, wird zu wenig produziert, fällt die Frequenz ab. Würde die Netzfrequenz innerhalb geringer Toleranzgrenzen nicht eingehalten, brächen das Netz und damit die Stromversorgung zusammen. In Zeiten, in denen gut regelbare konventionelle Kraftwerke die uneingeschränkte Leitfunktion im Stromsystem hatten, war die Problemstellung einfach zu lösen. Die Produktion passte sich gut steuerbar dem Bedarf an. Mit der Energiewende drängen jedoch mehr und mehr die Erneuerbaren Energien in den Markt. Diese führen zu bisher ungekannten Frequenzschwankungen im Netz, da sich ihre Stromerzeugung – wie bereits am Beispiel der Windkraft gezeigt – nicht flexibel dem Bedarf anpassen lässt. Um diese Situation bildhaft zu verdeutlichen, hilft das Bild eines Sees. Der See muss kontinuierlich denselben Wasserstand halten. Auf der einen Seite fließen Rohre in den See, welche Wasser einspeisen (Kraftwerke). Auf der anderen Seite fließt aus anderen Rohren wieder Wasser ab (Stromabnehmer).

Fließt aus den Ausgangsrohren mehr Wasser ab, müssen die Eingangsrohre mehr Wasser einspeisen. Verantwortlich für den Wasserstand sind bestimmte Instanzen, welche Abfluss und Zufluss im Blick behalten und für einen Ausgleich sorgen. In der Stromwirtschaft sind dies die Übertragungsnetzbetreiber als die verantwortlichen „Dispatch Centers". Sie stellen sicher, dass der Strom immer dorthin fließt, wo er gerade gebraucht wird. Dies erfolgt durch sogenannte Dispatch- und Re-Dispatch-Maßnahmen. Unter Dispatch-Maßnahmen versteht man die Kraftwerkeinsatzplanung. Dazu müssen die Kraftwerksbetreiber einen Fahrplan mit von ihnen am Folgetag produzierten Strommengen an den Übertragungsnetzbetreiber, in dessen Netzgebiet sich ihre Kraftwerke befinden, einreichen. Die Summe aller Kraftwerksfahrpläne bildet den gesamtdeutschen Kraftwerks-Dispatch. Für die fluktuierenden Erneuerbaren Energien wie Windkraft und PV ergibt sich der Fahrplan für den Folgetag aufgrund von Wetterprognosen und Anlageverfügbarkeiten. Re-Dispatch bedeutet das Eingreifen der Übertragungsnetzbetreiber in die Fahrweise der Kraftwerke, um die Netzstabilität zu gewährleisten. Sie drosseln die Produktion oder fahren sie hoch. Hierzu verfahren sie folgendermaßen: Sobald sie alle Fahrpläne der Kraftwerksbetreiber erhalten haben, erstellen sie eine sogenannte Lastflussberechnung. Diese gibt eine Übersicht über alle Ein- und Ausspeisungen in den jeweiligen Netzgebieten. Daraus kann abgeleitet werden, welche Netzteile besonders belastet werden. Je nach Belastungssituation können Kraftwerksbetreiber angewiesen werden ihre, geplante Stromproduktion zu verschieben um Netzengpässe zu vermeiden. Dieser Re-Dispatch wird durch „Kraftwerkspärchen" durchgeführt. Das heißt, dass ein Kraftwerk welches sich vor dem Netzengpass befindet, angewiesen wird weniger Strom zu produzieren. Ein Kraftwerk hinter dem erwarteten Engpass erhält die Anweisung mehr zu produzieren. So kann die Einspeisung konstant bleiben. Nur die örtliche Verteilung der Stromerzeugung verändert sich.

Die Aufgabe des Netzausgleiches wird zunehmend komplexer, da die Stromproduktion der Erneuerbaren Energien nicht steuerbar ist. Immer häufiger führt dieses Problem dazu, dass die Netze an den Rand des Zusammenbruchs gelangen. Um solche Zusammenbrüche zu verhindern, greifen die verantwortlichen Netzbetreiber in die Fahrweise von Kraftwerken ein. Die Kosten dieser Maßnahmen werden auf die Netzentgelte umgelegt und erhöhen diese. Im Jahr 2014 lagen die Kosten für die entsprechenden Maßnahmen bei 436 Millionen Euro. 2015 verdoppelten sich die Kosten auf nahezu eine Milliarde Euro. 2011 betrugen sie lediglich 180 Millionen Euro. Die Häufigkeit der systemstabilisierenden Maßnahmen hat in den letzten Jahren stark zugenommen und wird mit dem weiteren Ausbau der Erneuerbaren Energien weiter zunehmen, was mit einer steigenden Kostenbelastung einhergeht. Szenarien der Übertragungsnetzbetreiber prophezeien einen Anstieg der Kosten bis 2020 auf bis zu vier Milliarden Euro. Besonders häufig waren diese Maßnahmen in Bundesländern mit einem hohen Anteil Erneuerbarer Energien.

Stromnetz und Energiewende

In der „guten alten Zeit" vor der Energiewende war das Ausgleichen von Produktion und Bedarf für die Netzverantwortlichen deutlich einfacher. Zwar gab und gibt es auch heute noch bei den konventionellen Kraftwerken Ausfallzeiten durch Wartungsarbeiten oder technische Defekte. Diese sind jedoch gut planbar und andere Kraftwerke konnten durch eine höhere Produktion den Ausfall kompensieren. Die Windenergie liefert in Zeiten mit starkem Wind große Mengen an Strom, während es in Zeiten der Flaute zu keiner Einspeisung kommt. Zwar gibt es Wetterprognose-Modelle, doch ist die Planung der Stromproduktion aufgrund von Wetterprognosen deutlich schwieriger. Um auf diese Schwankungen reagieren zu können, greifen die zuständigen Netzbetreiber auf eine Art „Reservemannschaft" bei den Kraftwerken zurück. Hierbei muss es sich um Kraftwerkstypen handeln, die schnell hochgefahren werden können um flexibel auf Schwankungen bei den volatilen Erneuerbaren Energien zu reagieren. Mit dem Ausbau der Erneuerbaren Energien im Rahmen der Energiewende und der damit einhergehenden Notwendigkeit an „Back-up"-Kapazitäten, wird der Bedarf an diesen Schattenkraftwerken erheblich zunehmen. Das Problem dabei: Diese Kraftwerke laufen nur in Teillast, was einen niedrigeren Wirkungsgrad zur Folge hat. Das macht den Betrieb nicht nur wirtschaftlich unattraktiver, sondern belastet die Umwelt auch unnötig. Auch stellt sich die Frage wie sich diese Kraftwerke finanzieren können, wenn sie nur gelegentlich genutzt werden. Dies erhöht die Kosten des Gesamtsystems Stromversorgung. Für das energiewirtschaftliche Zieldreieck und besonders für das Ziel der Wirtschaftlichkeit ist dies problematisch. Das bisherige Stromnetz ist auf das Konzept zugeschnitten, dass relativ wenige Großkraftwerke zentral Strom in das Übertragungsnetz einspeisen, welcher über das Netzsystem an eine Vielzahl von Verbrauchern transportiert wird. Dieses Konzept entspricht bei einem Anteil von 30 Prozent der Erneuerbaren Energien an der Stromerzeugung immer weniger der Realität. In Zukunft werden viele kleine Kraftwerke mit schwankender Leistung kaum steuerbar Strom erzeugen und in das Verteilnetz einspeisen. Erschwerend kommt hinzu, dass die etablierte Netztechnik zunehmend veraltet ist und technisch erneuert werden muss, um auf dem neusten Stand der Technik zu bleiben.

Eine Antwort auf diese Problemstellung ist die Entwicklung von intelligenten Stromnetzen. Diskutiert werden diese intelligenten Netze oft unter dem Schlagwort „Smart Grids". Merkmal der Smart Grids ist, dass es nicht nur zu einem Ausbau bzw. einer Verstärkung der bereits bestehenden Netzinfrastruktur kommt, um diese betriebsfähig zu halten. Vielmehr sollen zusätzlich durch moderne Telekommunikation-, Datenverarbeitungs- und Lastflussmanagementtechnologien Stromproduzenten und Strom verbraucher miteinander verknüpft werden. Die Absicht ist es, eine intelligente Feinsteuerung von Stromverbrauch und Stromerzeugung zu ermöglichen. Hatte sich früher die Produktion am Bedarf orientiert, so stellt sich in diesen Netzen der Bedarf auf die Produktion ein. Der Grundgedanke ist, dass die Stromwelt deutlich dezentraler wird. Viele kleine Photovoltaik- und Windanlagen speisen in

das System ein. Der Strombedarf kann zum Teil flexibel
in Zeiten verschoben werden, in welchen viel Strom eingespeist wird. So können z. B. Wärmepumpen, Mobi-
litätsspeicher, Waschmaschinen oder Kühlschränke ihr
Verbrauchsverhalten anpassen. Der Verbraucher bekommt
von diesem Prozess nichts mit, denn die Zusammenschaltung erfolgt automatisiert über intelligente Telekommuni-
kationstechniken. Man spricht in diesem Zusammenhang
oft vom „Internet der Stromversorgung", in welchem
Produzenten und Verbraucher automatisiert miteinander kommunizieren. Die Möglichkeiten von Big-Data
Auswertungen sollen helfen diesen Prozess IT-technisch
effizient zu steuern. Die Aufgabe der Netzbetreiber wird
es nicht mehr nur sein den Strom vom Kraftwerk zum
Verbraucher zu transportieren. Die Aufgabe wird mul-
tidimensionaler. Netzbetreiber müssen die Erzeuger, die
Abnehmer und den Markt koordinieren. Die Verantwortung der Verteilnetzbetreiber wird wachsen, da ein
Großteil der volatilen Erneuerbaren Energien auf der Ver-
teilnetzebene einspeist. Gab es in der alten Welt einen uni-
direktionalen Stromfluss von der höheren auf die niedrige
Spannungsebene, so wird es in Zukunft zunehmend zu
Stromrückflüssen auf höhere Spannungsebenen kommen,
was einen bidirektionalen Stromfluss zur Folge hat. Die
Stromnetze werden in beide Flussrichtungen dynamisch.
So gibt es bereits heute Netzgebiete, die zeitweise zu 100
Prozent mit regenerativ erzeugtem Strom ausgelastet sind.
Das stellt die Verteilnetzbetreiber mit Blick auf Messungs-,
Sensorik-, Steuerungs- und Automatisierungstechnik vor
ganz neue Herausforderungen. Nur wenn diese Herausfor-
derung technisch und regulatorisch gelöst wird, kann der

wachsende Anteil Erneuerbarer Energien in das Gesamtsystem integriert werden. Auf EU-Ebene und in Deutschland laufen viele Pilotprojekte zum Themenbereich Smart Grids. Die bisherigen Ergebnisse sind vielversprechend. Ein Paradigmenwechsel in den Stromnetzen, bedingt durch die Energiewende, scheint möglich. Die Schätzungen über den Investitionsbedarf in intelligente Stromnetze gehen unter Netzexperten weit auseinander. Sie liegen zwischen sieben Milliarden und 15 Milliarden Euro bis 2030. Jedoch darf nicht übersehen werden, dass das Konzept von Smart Grids erst noch in der Entstehung begriffen ist und noch viele Unschärfen bestehen. Für viele technische Komponenten ist heute noch nicht abzusehen wie und in welchem Ausmaß sie eine Rolle bei der Entwicklung spielen werden.

Unabhängig davon, ob in den bestehenden oder zukünftig in intelligenten Stromnetzen – es werden weiterhin die physikalischen Gesetze gelten. Deshalb bleibt eine Eigenschaft des Stroms bestehen. Wenn Netze zukünftig intelligent werden, so bleiben Elektronen immer „dumm". Auf ihrem Weg durch die Stromnetze richten sie sich nach einem simplen Navigationsgerät. Der Strom fließt in den Netzen immer in die Richtung des geringsten Widerstandes bzw. des kürzesten Weges (Kirchhoffsches Gesetz). Vergleichbar ist diese Situation mit dem Straßenverkehr. Ist eine Autobahn gesperrt oder durch einen Stau überlastet, passen informierte Autofahrer ihren Weg an und nutzen Umgehungsstraßen. Hierdurch kommt es zu einem erhöhten Verkehrsaufkommen auf den Umgehungsstraßen, was auch dort zu Staus führen kann.

So ergibt sich durch die europäische Vernetzung folgende widersinnige, aber reale Situation: Wenn in Norddeutschland der Wind stark weht, fließt der Strom nicht etwa nach Süddeutschland, wo er dringend benötigt wird. Vielmehr drückt er sich über die Grenzkuppelstellen in die Netze der Nachbarländer Niederlande, Belgien oder Polen. Der Grund dafür ist, dass trotz des politischen und gesellschaftlichen Entschlusses zur Energiewende, der notwendige Netzausbau für den innerdeutschen Transport der produzierten Ökostrommengen kaum vorangekommen ist. Dies stellt die große Achillesferse der Energiewende dar. Die Elektronen folgen nicht dem politischen Willen, sondern der Physik der Naturgesetze. Sind die deutschen Stromtrassen verstopft, nimmt der Strom den Umweg über Polen, die Niederlande oder Tschechien, um von dort über Österreich wieder nach Süddeutschland in die industriellen Produktionszentren per Umweg zu gelangen. Es handelt sich um das Phänomen der Ringflüsse, welches die Stabilität des europäischen Verbundnetzes belastet.

Die Nachbarländer müssen ihre Netze jedoch ebenfalls stabil halten. Oft müssen die dortigen konventionellen Kraftwerke runtergefahren werden, um Netzschwankungen auszugleichen. Der bestehende Kraftwerkspark wird somit unwirtschaftlicher. Ganz offen wird inzwischen der deutsche Ökostromausbau kritisiert, der in den Nachbarländern zu einer deutschen Windstrominvasion führt. Die Bundesrepublik greift mit der Energiewende nicht nur in den eigenen deutschen Strommarkt ein, sondern indirekt auch in die Märkte unserer Nachbarn. Eine Skurrilität der deutschen Energiewende. Die Diskussion um die negativen Auswirkungen auf die Nachbarländer wird auf europäischer Ebene mit zunehmender Vehemenz geführt (Kap. 5). Die EU fordert von Deutschland sich bei der Umstrukturierung des eigenen Versorgungssystems besser mit den europäischen Partnern abzustimmen.

Netzbetrieb als natürliches Monopol

Dem Stromnetz kommt die Bedeutung eines „natürlichen Monopols" zu. Volkswirtschaftlich ist es sinnvoller Stromnetze im Monopol zu betreiben, als verschiedene Netzanbieter in einen Wettbewerb treten zu lassen. Der Aufbau eines Stromnetzes und seine Unterhaltung sind ein so kostenintensiver Investitionsaufwand, dass es sich für Wettbewerber nicht lohnen würde, eine parallele Netzstruktur aufzubauen und in Konkurrenz mit dem bestehenden Netz zu treten. Volkswirtschaftlich ist es effizienter, wenn nur ein Unternehmen die Dienstleistung „Stromtransport" anbietet. Dem Netzbetrieb kommt somit eine wirtschaftliche und technische Ausnahmestellung zu.

In Deutschland gibt es rund 930 Gesellschaften, welche nicht konkurrierende Netze betreiben. Oftmals befinden sich diese in kommunaler Trägerschaft. Damit der Monopolist seine Marktstellung nicht zum Nachteil des an ihn gebundenen Kunden ausnutzt, überwacht ihn die Bundesnetzagentur. Die von den Netzbetreibern in Rechnung gestellten Netznutzungsentgelte müssen der Bundesnetzagentur vorgelegt und von dieser freigegeben werden.

Die zweite Dimension, um den Wettbewerb und damit den Verbrauchernutzen zu fördern, ist die gesetzliche Verpflichtung zum „Unbundling" (Entflechtung).

Diese Verpflichtung ist Bestandteil der Liberalisierungs-
beschlüsse. Unbundling meint die gesellschaftsrechtliche
oder organisatorische Trennung von Netzbetrieb, Stromerzeugung und Handel. Ausnahmen gibt es nur für sehr
kleine Energieversorger. Kein Stromerzeuger oder Stromhändler darf gleichzeitig das Stromnetz betreiben. Die
Gefahr, die eigenen Kraftwerke bzw. den eigenen Handel
gegenüber Wettbewerbern zu bevorzugen, erscheint dem
Gesetzgeber zu groß. Viele integrierte Stromversorger
mussten ihr Netzgeschäft aufgrund dieser Vorschrift verkaufen oder in autonome Geschäftseinheiten ausgliedern.
Diese Geschäftseinheiten müssen bilanziell und administrativ getrennt von der Stromerzeugung oder dem Handel
sein. Die Transparenz dieser Trennung überprüft die Bundesnetzagentur, sofern es den Verdacht auf Verstöße gegen
das Unbundling gibt. Verstöße werden mit hohen Strafen
geahndet. Der Stromtransport unterliegt im Gegensatz
zu der Stromerzeugung und dem Stromhandel nicht dem
Wettbewerb, sondern der Regulierung durch den Gesetzgeber. Die von der Bundesnetzagentur freigegebenen
Netzentgelte werden den Stromabnehmern in Rechnung
gestellt und bilden einen Kernbestandteil der Gesamt-
stromkosten.

Bis 2030 schätzen Experten den Investitionsbedarf zur
Modernisierung der Netze auf insgesamt bis zu 35 Milliarden Euro. Diese Kosten werden sich in höheren Netzentgelten widerspiegeln. Die Bandbreite der Netzentgelthöhe
schwankt in Abhängigkeit von der Region, in der die
Netze stehen. Die höchsten Netzentgelte werden in den
Bundesländern Mecklenburg-Vorpommern, Brandenburg
und Sachsen-Anhalt in Rechnung gestellt. Dies hängt

vornehmlich mit ihrer Besiedelungsdichte und der Anzahl an Freileitungen zusammen. Zum einen tragen in Regionen mit dünner Besiedelungsdichte weniger Endabnehmer die Gesamtkosten, zum anderen sind in Regionen mit größeren Städten aus Platzgründen weniger Freileitungen installiert. Diese sind eher in ländlichen Regionen zu finden.

Exkurs: Anreizregulierung

Seit 2009 richtet sich die Bundesnetzagentur zur Festlegung der Netznutzungsentgelte nach der Methode der sogenannten „Anreizregulierung", mit dem Ziel sinkende Energiepreise für die Verbraucher zu erreichen. Es handelt sich um eine komplexe Methode, welche für außenstehende Beobachter nur schwer zu verstehen und daher sehr umstritten ist. Vereinfacht dargestellt: Die Bundesnetzagentur betrachtet in diesem Verfahren die Kosten aller Netzbetreiber. Diese setzen sich aus Kapital- und Betriebskosten zusammen. Anhand festgelegter Kriterien wie Besiedelungsdichte, topografischen Voraussetzungen, kurzen oder langen Leitungen, werden die Gegebenheiten eines jeden Netzgebietes identifiziert, die nicht beeinflussbar sind. Man versucht, die Netzbetreiber vergleichbar zu machen. Anhand der Kostenstrukturen werden Kostenführer mit den niedrigsten Kosten ermittelt. Diese gelten als Benchmark für die anderen Netzbetreiber. Sie erhalten nun eine Erlösobergrenze, die eine Gewinnmarge des Netzbetreibers beinhaltet. Die Ermittlung dieser Obergrenze richtet sich nach einem hoch komplizierten Verfahren, welches einem Wirtschaftsprüfungsverfahren ähnelt. Die festgestellten Obergrenzen gelten je Regulierungsrunde für fünf Jahre. Für Netzbetreiber besteht nun der Anreiz, die eigenen Kosten stärker zu senken, als es die Erlösobergrenze vorgibt. Den entstehenden Zusatzgewinn dürfen sie behalten. Zwar gibt es Sonderregeln, welche die Größe der Netzbetreiber berücksichtigen, doch ist dies die grundsätzliche Methode, um die Netzentgelte in Deutschland zu ermitteln. Der Vorteil des Systems liegt darin, die an ihre Monopolstellung gewohnten, oftmals schwerfälligen Netzbetreiber auf Effizienz zu trimmen. Diese Effizienzeffekte sollen sich in Form von sinkenden Netzentgelten niederschlagen und dadurch die Gesamtkosten für Stromverbraucher senken. Die Gefahr dabei: Unter dem Kosteneinsparungsdruck kann die Investitionsbereitschaft der Betreiber leiden. Dadurch könnten notwendige Investitionen ausbleiben und die Qualität des deutschen Stromnetzes leiden.

4

Der „designte" Markt: Marktstruktur der Stromwirtschaft

Wenn der Wind des Wandels weht, bauen die einen Mauern und die anderen Windmühlen.

(chinesisches Sprichwort)

Volkswirtschaftlich ist ein Markt der Ort, an welchem Verkäufer auf Käufer treffen und die Komponenten Menge und Preis eines Gutes aushandeln. In der menschlichen Geschichte gab es bereits sehr früh die ersten Märkte. Es galt schon immer die bekannte Marktregel: Angebot und Nachfrage bestimmen den Preis. Diese Regel gilt für Güter und Dienstleistungen aller Art. Unter besonderer öffentlicher Beobachtung stehen die Preise für lebensnotwendige Güter und Dienstleistungen. Da die Stromversorgung in modernen Industriegesellschaften zur Daseinsfürsorge zählt, steht ihre Preisbildung im öffentlichen Fokus – und zwar des Staates, der Wirtschaft und der Bevölkerung.

© Springer Fachmedien Wiesbaden GmbH 2017
P. Würfel, *Unter Strom*,
DOI 10.1007/978-3-658-15164-5_4

Doch ist die „marktwirtschaftliche Ordnung" im Strommarkt nicht die von Anfang an festgelegte Struktur; es ist
sogar eine relativ junge Marktstruktur. Noch vor nicht
allzu langer Zeit, das heißt vor der Liberalisierung des
Strommarktes 1998, war die Struktur eines Gebietsmo-
nopols für Stromversorger in Deutschland und anderen
Ländern die vorherrschende Marktordnung. In manchen
Ländern, z. B. Frankreich und Belgien, lag die Strom-
versorgung des kompletten Landes in der Hand eines
Konzerns. In Deutschland belieferten bis zum Ende der
Neunzigerjahre die Energieversorger in ihren Netzgebie-
ten als Monopolisten, die in ihrem Netzgebiet beheimatete
Industrie und Haushalte. Der Preis richtete sich dabei nach
Tarifen, welche behördlich reglementiert waren. Ob ein
Kunde nun wollte oder nicht, er konnte nur vom örtlichen
Energieversorger Strom beziehen. Lediglich Industrieun-
ternehmen hatten die Option, sich durch den Bau von
Eigenerzeugungsanlagen diesem Monopol zu entziehen.
Mit Eigenerzeugungsanlagen kann ein Unternehmen Teile
seines Strombedarfs selbst erzeugen, um sich von Strom-
versorgern unabhängiger zu machen. So plante in den
Siebzigerjahren des letzten Jahrhunderts die Ludwigshafe-
ner BASF, als einer der bundesweit größten Stromverbraucher, auf dem Werksgelände ein eigenes Kernkraftwerk zu
bauen. Nach genauerer Analyse verwarf man die Absicht.
Zu dieser Zeit legte die Energiepolitik ihren Schwerpunkt
auf den Aspekt der Versorgungssicherheit. Durch die
Marktstruktur der Konsortialgebiete dachte sie, diese am
besten zu gewährleisten. Nicht zuletzt verdienten die Kommunen über ihre kommunalen Beteiligungen an den üppi-
gen Margen der Stromversorgungsunternehmen mit.

Liberalisierung und Wettbewerb

Durch Initiativen auf EU-Ebene seit etwa Mitte der Neunzigerjahre verschob sich der Fokus der Politik hin zur kostengünstigen Energieversorgung und damit zum Wettbewerb. Monopolistische Marktstrukturen unterbinden Wettbewerb und führen zu ineffizienten Strukturen. Diese wiederum führen zu überteuerten Preisen für Verbraucher. Um diese Situation zu ändern, wurde auch die Stromwirtschaft mit der Liberalisierung marktwirtschaftlichen Regeln unterworfen. In dieser marktwirtschaftlichen, wettbewerbsorientierten Ordnung kann jedes Energieversorgungsunternehmen bzw. jeder Stromhändler jeden Kunden bundesweit mit Strom beliefern. Umgekehrt kann jeder Stromkunde seinen Lieferanten frei wählen. Gleichzeitig wurde auch die Stromproduktion in eine wettbewerbliche Ordnung gebracht. Man schuf Großhandelsmärkte für Strom. An diesen kann jeder Stromlieferant Strom von jedem Stromproduzenten kaufen.

Nur der Netzbetrieb (Kap. 3) blieb als natürliches Monopol in der Marktstruktur des Monopols. Diesen unterzog der Gesetzgeber einer regulatorischen Aufsicht, man spricht in diesem Zusammenhang vom Marktdesign des Strommarktes. Design impliziert dabei, dass es sich um etwas künstlich Geschaffenes handelt. Für bestimmte Zwecke oder bestimmte Zeiten, was aber jederzeit geändert werden kann. Die Struktur des Strommarktes ist daher eine künstliche, rechtliche Struktur, die politisch gewollt ist. Darin tätige Unternehmen haben sich diesem Marktrahmen angepasst. Eine Einführung der marktwirtschaftlichen Ordnung (Liberalisierung) in den Strommarkt galt in der Branche als bedeutender Paradigmenwechsel. Die Energiewende steht dieser Umwälzung in nichts nach. Auch wenn sie bisher das bestehende Marktdesign nicht antastete, bringt sie doch erhebliche wirtschaftliche Verwerfungen innerhalb des Systems mit sich. Letztlich führen diese Verwerfungen zur Frage, ob das aktuelle Marktdesign noch das zeitgemäße Design für die Energiewende ist oder ob es nicht an der Zeit für eine neue Marktstruktur ist, welche die Entwicklungen der Energiewende berücksichtigt. Die Verwerfungen, welche die Energiewende mit sich bringt, sind dramatisch. Marktbeobachter, Vertreter der Forschung, Lobbyverbände und Politik diskutieren diese Frage derzeit, zum Teil recht emotional. Marktteilnehmer scheinen in dieser Diskussion in ihren „Schützengräben" verschanzt zu sein und sie nur schwer wieder verlassen zu können. Die Politik scheint an einem Punkt angekommen zu sein, an dem sie von den Entwicklungen getrieben wird ohne diese selbst noch so zu steuern wie es im Sinne einer ganzheitlichen Energiepolitik wünschenswert wäre. Der Handlungsdruck, um das System funktionsfähig zu erhalten, steigt.

Das folgende Kapitel beschreibt zwei Kernbestandteile des aktuellen deutschen Strommarktdesigns. Zuerst werden die Preisbildung an den Großhandelsmärkten sowie die Auswirkung der Energiewende auf diese beschrieben, danach folgt die Darstellung des Förderregimes der Erneuerbaren Energien. Beide Komponenten bilden die Grundlage der Marktstruktur und stehen in enger Wechselwirkung.

Das Spielfeld: Preisbildung und Stromhandel

Großhandelsmarkt für Strom (EEX/OTC) – Merit Order – Energy Only Market – Marktverwerfungen der Energiewende – Kapazitätsmarkt – Energy Only Market 2.0

Alles ist einfacher, als man denken kann, zugleich verschränkter, als zu begreifen ist.

(Johann Wolfgang von Goethe)

Das Spielfeld für den Stromhandel und der Ort, an welchem die Preisbildung stattfindet, ist der Großhandelsmarkt. Wie auch auf anderen Großhandelsmärkten, z. B. für Lebensmittel, decken sich am Energiegroßhandelsmarkt Wiederverkäufer, Weiterverteiler oder Großverbraucher mit den gehandelten Gütern z. B. Strom ein.

Der Großhandel mit Strom findet auf zwei Ebenen statt. Es gibt den sogenannten Over-the-Counter-Handel (OTC) und den Handel über eine Strombörse. Europaweit gibt es verschiedene Energiebörsen. In Deutschland ist es die European Energy Exchange (EEX) in Leipzig. Die Bildung und Entwicklung von liquiden Großhandelsmärkten war zentrale Voraussetzung für die Einführung von Wettbewerb am Strommarkt. In den Zeiten vor der Liberalisierung gab es keine Notwendigkeit für einen ausgeprägten Stromhandel. Der Energieversorger im jeweiligen Netzgebiet war von der Erzeugung bzw. der Beschaffung über den Transport bis hin zur Lieferung zuständig. Er versorgte die Endabnehmer ganzheitlich mit

Strom vom Kraftwerk bis zum Zählpunkt. Die Notwendigkeit eines zentralen Marktes, um Strom einzukaufen, gab es für Energieversorger nicht. Hatte ein Energieversorger nicht ausreichend eigene Erzeugungskapazitäten, um den Bedarf in seinem Konsortialgebiet zu decken, schloss er bilateral langfristige Lieferverträge mit einem Stromproduzenten ab.

Der Großhandelsmarkt wird oft als der Motor des Wettbewerbs im Strommarkt bezeichnet. Auf diesem Markt treffen Angebot und Nachfrage für Strom aufeinander. Sie bilden den aktuellen Marktpreis für Strom. Aber ein solcher Markt kann nur funktionieren, wenn es ein hohes Maß an Transparenz über die fundamentalen Daten, z. B. zur Kraftwerksverfügbarkeit oder der Netzauslastungen etc., gibt. Nur dann kann sich ein Preis bilden, welcher den tatsächlichen Marktgegebenheiten entspricht. Dieser Preis ist für unser Stromversorgungssystem von entscheidender Bedeutung. In einer marktwirtschaftlichen Ordnung ist es der Preis, welcher Lenkungswirkung entfaltet. Stromerzeuger entscheiden anhand des Preises und Preisprognosen ob, wie und wann sie in Erzeugungskapazitäten investieren. Der Preis hat also Lenkungswirkung für den Kraftwerkspark. Steigt ein Preis an, deutet er auf Knappheit bzw. Engpässe hin und setzt somit für Stromproduzenten den Anreiz neue Kapazitäten aufzubauen. Wichtig ist ein rationaler Preis. Doch wann ist ein Preis rational? Zwei Komponenten sind ein Indiz dafür, dass die Preisbildung an einem Markt rational ist:

* die Anzahl der Handelsteilnehmer
* die Liquidität

Je mehr Handelsteilnehmer an einem Markt mitwirken, desto höher ist die Wahrscheinlichkeit, dass der gebildete Preis der fundamentalen Lage entspricht und desto höher der Wettbewerb. Das Preissignal wird aussagekräftiger. In aller Regel geht eine steigende Zahl von Handelsteilnehmern mit einer steigenden Liquidität einher. Liquidität meint die Anzahl der Transaktionen auf einem Markt und die gehandelten Mengen. Beide Aspekte entwickeln sich erst mit der Zeit, da potenzielle Marktteilnehmer erst Vertrauen in einen Markt fassen müssen.

Der Großhandelsmarkt ist auch ein zentrales Instrument, um den europäischen Binnenmarkt für Energie zu realisieren. So wachsen die europäischen Teilmärkte immer stärker zusammen. Es bildet sich ein einheitlicher europäischer Markt. Neben dem Ausbau der Grenzkuppelstellen und dem offenen Netzzugang ist die zunehmende Verflechtung des europäischen Großhandelsmarktes der entscheidende Faktor, um einen europäischen Strommarkt zu schaffen. Dies ist der Beitrag der Energiewirtschaft zur europäischen Einigung. Weltweit gibt es verschiedene Beispiele für liquide Energiebörsen. Die bekanntesten sind die New York Mercantile Exchange (NYMEX), New York und International Petroleum Exchange (IPE), London. Bedeutende europäische Handelsplätze sind die APX (Niederlande), die Powernext (Frankreich) und GME (Italien). Aufgrund seiner Größe und zentralen geografischen Lage hat sich der deutsche Großhandelsmarkt als Referenzmarkt für Strom in Europa etabliert. Typisch für die meisten Großhandelsmärkte ist, dass nicht nur ein Commodity (Rohstoff) gehandelt wird. Oftmals werden international noch Erdgas, Rohöl und Kohle gehandelt. Auch an der deutschen EEX können neben Strom auch Kohlederivate, Gas und CO_2-Emissionsberechtigungen gehandelt werden. Dies ist sinnvoll, da zwischen den einzelnen Energierohstoffen Konvergenz besteht.

Exkurs: Konvergenz der Energiemärkte

Konvergenz im Energiehandel bedeutet, dass Preisbewegungen unterschiedlicher Energierohstoffe ähnlich verlaufen. Da für die Erzeugung von Strom Primärenergieträger wie Kohle oder Gas als Inputstoff genutzt werden, gibt es eine Preiskorrelation zwischen den Preisen für Brennstoffe (Kohle, Gas, Emissionsberechtigungen) und dem Preis für Strom. Diese kann unterschiedlich ausfallen. Ein Beispiel ist die Konvergenz zwischen dem Steinkohle- und dem Strompreis auf dem deutschen Strommarkt. Hintergrund ist, dass die Steinkohle in Deutschland aufgrund der Erzeugungsstruktur preissetzend ist und somit Rückkopplungseffekte auf den Strompreis hat. Der italienische Strompreis ist stärker abhängig von der Entwicklung des Ölpreises. Zwar wird kaum noch Öl als Brennstoff für die Stromerzeugung verwendet, jedoch gibt es viele Gaskraftwerke in Italien. Über den Bezug der Gaslieferungen an die Kraftwerke wurden Verträge mit Ölpreisbindung geschlossen. Der Ölpreis beeinflusste somit den Gaspreis und dieser den Strompreis. So kann also auch eine Konvergenz zwischen dem Preis für Strom und Öl entstehen, obwohl Öl als Brennstoff für die Stromerzeugung nur noch eine untergeordnete Rolle spielt. In Deutschland besteht eine vergleichbare Wechselwirkung zwischen Öl- und Strompreis nicht. Rückkopplung kann es eher aus marktpsychologischen Gründen geben. So orientieren sich die Preise für Energierohstoffe oftmals an der Entwicklung der Ölpreise, da Öl aufgrund seiner überragenden Bedeutung für die globale Energiewirtschaft innerhalb des Energierohstoffkomplexes immer noch als Leitwährung gilt. Auftretende

Konvergenzen sind in der Regel nicht statisch. Sie treten temporär auf. Durch Preissignale oder Verschiebungen im Kraftwerkspark können sich alte Konvergenzen auflösen und neue bilden.
Der Zubau der wetterabhängigen Erneuerbaren Energien wird
die Konvergenz zwischen Strompreis und Brennstoffpreisen im
kurzfristigen Handel tendenziell abnehmen lassen. Die Wetter-
abhängigkeit des Preises nimmt dafür deutlich zu.

Over-the-Counter-Handel (OTC)

Unter dem Over-the-Counter-Handel („Über-den-Tresen–
Handel") versteht man den Handel mit Strom, der nicht
über die Strombörse stattfindet. Der Handel erfolgt in aller
Regel bilateral zwischen zwei Handelspartnern. Historisch
betrachtet geht der außerbörsliche Handel dem Börsenhandel immer voraus. Zu Beginn des wettbewerblichen
Stromhandels nach der Liberalisierung wurden die ersten
Geschäfte per Telefon zwischen den Tradern der Handelspartner bilateral ausgehandelt. Mit der Zeit und dem steigenden Handelsvolumen stiegen vermehrt Broker in den
Handel ein. Sie etablierten elektronische Plattformen, auf
welchen durch elektronische Vermittlung gehandelt werden
kann. Es bestehen verschiedene Handelsplattformen parallel nebeneinander und sichern durch Wettbewerb möglichst
geringe Handelsgebühren. Noch heute wird der größte Teil
des deutschen Stromhandels über den OTC-Markt durchgeführt. Derzeit wickeln die Handelsteilnehmer knapp zwei
Drittel aller Handelsaktivitäten über diesen Freiverkehr ab.
Zwar hat sich über die Jahre mehr Volumen auf die Börse
verschoben, doch ist davon auszugehen, dass es auf absehbare
Zeit keine mehrheitliche Verschiebung geben wird.

Begründung: An einer Börse werden lediglich Standard-
produkte gehandelt. Dies ist der Sinn der Börse. Die Pro-
duktpalette an den OTC-Märkten ist dagegen breiter und
flexibler. Im Zweifel kann man mit dem Geschäftspartner
bilateral verhandeln. An der Börse ist der Handelspartner
anonym. So können Energieversorgungsunternehmen spezifische Bedarfsprofile (Lastprofile) über den OTC-Markt
einkaufen. Über die Börse ist das nicht möglich. Ein Last-
profil ist die individuell benötigte, strukturierte Strommenge innerhalb eines zeitlichen Verlaufs eines bestimmten
Stromabnehmers bzw. einer Gruppe von Stromabnehmern.
Für den Handel mit Strom im Freiverkehr verwenden die
Handelspartner hauptsächlich standardisierte EFET-Rah-
menverträge. Die European Federation of Energy Traders
(EFET) ist der Interessenverband der europäischen Energiehändler. Um einheitliche Vertragsgrundlagen zu schaffen
und langwierige Vertragsverhandlungen zu vermeiden, welche im schnellen Trading-Geschäft hinderlich wären, hat
der Verband diesen Standardvertrag entwickelt. Der Vertrag kann zwischen den Handelspartnern für das jeweilige
Geschäft angepasst werden.

European Energy Exchange (EEX)

Mit der Entwicklung eines liquiden OTC-Marktes für
Strom im Zuge der Liberalisierung seit 1998 stellte sich
die Frage nach der Schaffung einer Strombörse als zentra-
lem Marktplatz für den Kauf und Verkauf von Strommengen. Im Jahr 2000 startete in Leipzig die Leipzig Power
Exchange (LPX) als erste deutsche Strombörse ihren

Betrieb. Parallel dazu nahm 2001 in Frankfurt die European Energy Exchange (EEX) ihren Betrieb auf. Um Synergieeffekte zu nutzen, schlossen sich beide Börsen 2002 zur heutigen EEX mit Sitz in Leipzig zusammen. 2008 kam es zur Fusion mit der französischen Strombörse Powernext. Bestimmte Marktsegmente wie der Spotmarkt sind in Paris, andere wie der Terminmarkt blieben in Leipzig. Das gehandelte Volumen steigt seitdem. Die EEX entwickelte sich zum größten Handelsplatz in Kontinentaleuropa und nahm sukzessive weitere Energierohstoffe in die Handelspalette auf. Heute können neben Strom auch Erdgas, Kohlederivate und CO_2-Zertifikate über die innereuropäischen Grenzen hinweg gehandelt werden. Zwar läuft nach wie vor noch die Mehrzahl des deutschen Stromhandelsvolumens über den OTC-Freiverkehr, doch haben die an der Börse gebildeten Preise eine Referenzfunktion für den OTC-Markt. Zusätzlich bietet die EEX an, die am OTC-Markt getätigten Handelsgeschäfte administrativ abzuwickeln (Clearing). Die Börse dient hier als neutrale Instanz. Neben dem Handel mit Energierohstoffen bietet die EEX inzwischen auch den Handel mit Agrarrohstoffen und Industriemetallen an. Ziel ist es, sich von einer reinen Energiebörse hin zu einer Rohstoffbörse zu entwickeln, wobei der Schwerpunkt auch zukünftig auf dem Bereich der Energierohstoffe liegen wird.

Im Börsenhandel, wie auch im OTC-Handel, unterscheidet man in Termin- und Spotmarkt. Beide Marktsegmente unterscheiden sich in der Fristigkeit der abgeschlossenen Geschäfte. Am Spotmarkt kann der Käufer Strom sehr kurzfristig beschaffen, beispielsweise für den Folgetag oder für den nächsten Werktag. Am Terminmarkt kann er sich dagegen längerfristige Lieferungen für Monate, Quartale oder Jahre absichern. Der Vorteil des Terminmarktes besteht darin, dass der Käufer sich weiter in der Zukunft liegende Lieferungen preislich absichern kann. Der Verkäufer dagegen weiß bereits bei Abschluss des Geschäftes, wie viele Einnahmen er aus zukünftigen Stromlieferungen erzielen wird. Beide Seiten erhalten Planungssicherheit. Am Spotmarkt können die Handelspartner dagegen kurzfristig Überschussmengen oder Unterdeckungen glattstellen. Er dient der Flexibilität der Marktteilnehmer.

Einflussfaktoren des Strompreises

Wie an anderen Märkten, bildet sich der Stromhandelspreis durch Angebot und Nachfrage. Die entscheidenden kurz- bis mittelfristigen Einflussfaktoren in Deutschland und im Wesentlichen auch im übrigen Kontinentaleuropa sind die Wetterbedingungen, die Rohstoffpreise sowie der Preis für Emissionsberechtigungen. Die Preisverläufe an den kontinentaleuropäischen Stromhandelsmärkten weisen sehr ähnliche Verläufe auf. Ein Beleg für das Zusammenwachsen der europäischen Teilmärkte. Zu den skandinavischen Märkten gibt es dagegen noch größere Differenzen. Der dortige Strommix basiert überwiegend auf Wasserkraft, während im übrigen Europa der Strommix aus Kernkraft, Kohle, Gas, Windkraft und Photovoltaik besteht. Werden diese Märkte zukünftig durch Stromleitungen stärker physisch verbunden, ist davon auszugehen, dass es auch zwischen dem skandinavischen und kontinentaleuropäischen Markt zu deutlicheren Preiskorrelationen kommt.

Langfristig kommen weitere Einflussfaktoren auf den Strompreis hinzu. So wirkt sich die konjunkturelle Entwicklung auf die Nachfrage nach Strom und damit auf den Strompreis aus. Geringere wirtschaftliche Dynamik geht mit einem reduzierten Bedarf an Strom einher. Ein weiterer bedeutender und langfristiger Einflussfaktor sind politische Entscheidungen über die Rahmenbedingungen für den Zu- bzw. Abbau von Kraftwerkskapazitäten. Dies betrifft die Angebotsseite. Da der Kraftwerksbau eine jahrelange Vorlaufzeit benötigt, wirken sich diese Entscheidungen langfristig aus. Die Einflussfaktoren auf den Strompreis sind zahlreich. An dieser Komplexität erkennt man, wie grundlegend der Strommarkt mit der politischen und wirtschaftlichen Entwicklung einer Volkswirtschaft verbunden ist (Abb. 4.1).

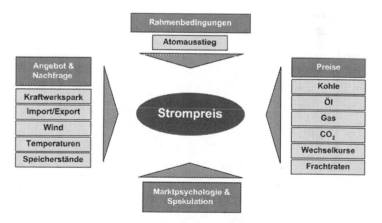

Abb. 4.1   Einflussfaktoren Strompreis

Die Preise, die sich für Strom an den Großhandels-
märkten bilden, sind hochvolatil. Im Jahr 2008 betrug der
Preis für eine Megawattstunde Baseload-Lieferung Strom
noch über 65 Euro. 2009 waren es zwischenzeitlich knapp
38 Euro. 2016 waren es zeitweise nur noch 23 Euro. Eine
Baseload-Lieferung deckt die elektrische Tagesgrundlast (0
Uhr bis 24 Uhr) ab. Ein weiteres gehandeltes Produkt sind
Peakload-Blöcke. Sie umfassen die Lieferung von Strom
in den Hochlastzeiten 8 Uhr bis 20 Uhr von Montag bis
Freitag (auch an Feiertagen). Dies sind die wesentlichen
an der EEX gehandelten Produkte. Die unterschiedlichen
Produkte sind notwendig, da sich die Stromnachfrage
nach einem zeitlich differenzierten Verbrauchsverhalten
richtet. Aus diesem Grund unterscheiden sich die unterschiedlichen Produkte vor allem anhand der zeitlichen
Länge ihrer Lieferung.

Da Strom nur sehr beschränkt speicherbar ist, können die Strompreise innerhalb eines Tages sehr stark
schwanken. Hohe Windkrafteinspeisungen wirken ange-
botssteigernd und dämpfen den Strompreis. Sehr hohe
Temperaturen haben dagegen zur Folge, dass verstärkt Kli-
maanlagen laufen. Dies erhöht die Nachfrage und sorgt
für steigende Preise. Doch gleichzeitig gehen hohe Temperaturen häufig mit einer hohen Sonneneinstrahlung
einher, die wiederum die Photovoltaik-Produktion und
damit das Angebot an Strom erhöht. Dieser überlagernde
Effekt wirkt wiederum preisdämpfend. Sofern Kraftwerke
aufgrund technischer Störfälle unerwartet ihre Produktion
aussetzen müssen, wirkt dies ebenfalls preissteigernd. Alle
Effekte zeigen die komplexen, sich überlagernden Wirk-
mechanismen auf den Strompreis. Oftmals sind es bereits

Gerüchte, welche Preissprünge an den Großhandelsmärkten hervorrufen. So kam es im Mai 2015 zu einem drastischen Preisanstieg am Stromgroßhandelsmarkt, als das Gerücht die Runde machte, die französische Regierung möchte vorzeitig aus der Kernkraft aussteigen. Obwohl eine solche Maßnahme nur langfristig fundamentale Auswirkungen auf die Angebotssituation gehabt hätte, stiegen auch die Preise für kurzfristige Stromlieferungen. An diesem Beispiel wird deutlich, dass sich psychologisch ausgelöste Marktbewegungen deutlich von der fundamentalen Situation entfernen können.

Weiterhin muss man den Großhandelspreis vom Verbraucherpreis für Strom unterscheiden. Der Großhandelspreis weist den Preis aus, zu dem sich Energieversorgungsunternehmen bzw. Energiehändler mit Strom eindecken können. Dieser ist nicht identisch mit dem Preis, welchen Industrie-, Gewerbe- und Haushaltskunden für Strom je Kilowattstunde bezahlen. Der Endkundenpreis liegt deutlich über dem Großhandelspreis. Im Endkundenpreis sind noch die Komponenten Netzentgelte (inklusive Messdienstleistungen), Marge des Energieversorgers sowie die gesetzlichen Steuern und Abgaben enthalten. Steuern und Abgaben nehmen einen immer größeren Anteil am Endkundenpreis ein. Der Anteil der staatlichen Belastungen auf der Stromrechnung für einen Privathaushalt macht inzwischen ca. 52 Prozent der Gesamtkosten aus. 1998 waren es noch 25 Prozent. Diese Steigerung hat ihre Ursachen zum großen Teil in den Mechanismen der Energiewende. Für den Laien sind diese Zusammenhänge nur noch schwer zu verstehen.

Exkurs: Strompreis für Haushaltskunden

Der Großhandelspreis ist nicht der Preis, welchen Haushaltskunden für Strom bezahlen. Es handelt sich vielmehr nur um den Preis, zu dem sich Großverbraucher, Weiterverkäufer und Weiterverteiler mit Strom eindecken können. Der Haushaltskundenpreis beinhaltet eine Reihe weiterer Preiskomponenten und liegt deutlich über dem Großhandelspreisniveau. Grob gesagt, setzt sich der Strompreis für Haushaltskunden aus dem Block Erzeugung, Transport, Vertrieb und dem Block Steuern, Abgaben und Umlagen zusammen. Im Jahr 2015 zahlte ein durchschnittlicher deutscher Haushalt mit einer Verbrauchsmenge von ca. 3500 Kilowattstunden pro Jahr monatlich 85 Euro für Strom. Der reine Strompreis, also ohne staatliche festgelegte Steuern, Abgaben und Umlagen betrug dabei lediglich 40 Euro. Dieser Anteil liegt lediglich 6 Prozent über dem Wert von 1998. Der Anteil der Steuern und Abgaben hat sich in derselben Zeit vervielfacht.

Wie setzt sich dieser Steuer-Abgabenblock zusammen? Aktuell gibt es folgende Steuern, Abgaben und Umlagen: EEG-Umlage, KWK-Aufschlag, § 19 StromNEV-Umlage, Offshore-Haftungsumlage, Umlage für abschaltbare Lasten, Stromsteuer, Konzessionsabgabe, Mehrwertsteuer. Vor allem die EEG-Umlage verteuerte die Endkundenrechnung erheblich (Kap. 4). Dies erklärt die scheinbare Paradoxie, dass die Großhandelspreise für Strom inflationsbereinigt sehr günstig sind, der Verbraucherpreis jedoch immer teurer wird. Zum großen Teil liegen die Gründe für das Explodieren des Kostenblocks „Steuern, Umlagen und Abgaben" im Förderregime des EEG (Kap. 4). Inklusive dieses Kostenblocks müssen deutsche Haushalte in Europa die zweithöchsten Strompreise bezahlen. Eine Kennzahl, mit welcher sich die Politik auseinandersetzen muss, um den Rückhalt zur Energiewende in der Bevölkerung nicht erodieren zu lassen.

Die Großhandelspreise sind seit der Liberalisierung stark schwankend. Zu Beginn der Großhandelsmärkte für Strom starteten die Preise auf einem relativ niedrigen Niveau. Aufgrund der niedrigen Preise lohnten sich keine Investitionen in neue Kraftwerke. Ab 2003 setzte ein starker Aufwärtstrend ein, welcher primär von der Rohstoffhausse, hervorgerufen durch die anziehende Weltwirtschaft, und die Knappheit an Förderkapazitäten angetrieben wurde. Hinzu kam ab 2005 die politisch gewollte Wirkung der CO_2-Zertifikate, welche von den Kraftwerksbetreibern sozusagen als weiterer Brennstoff in den Preis eingepreist werden. Der Preisanstieg hielt an und erreichte 2008 kurz vor dem Platzen der Immobilienblase in den USA und der Rezession der Weltwirtschaft ihren historischen Höhepunkt. Der Preis für eine Baseload-Lieferung erreichte in der Spitze um die 90 Euro/MWh; ein Jahr später fiel der Preis auf knapp die Hälfte. Seitdem sind die Großhandelspreise in einem Abwärtstrend, welcher inzwischen dramatische Folgen für das deutsche Stromversorgungssystem mit sich bringt. Selbst der Beschluss, aus der Kernkraft auszusteigen und damit sofort Erzeugungskapazität aus dem Markt zu nehmen, konnte die Preise nur kurzfristig stützen. Der Preisverfall ging weiter und verstärkte sich bis heute auf etwa 25 Euro je Megawattstunde Baseload für die Lieferung im Frontjahr. Diese Entwicklung ist problematisch und gefährdet die Energiewende. Die Gründe hierfür sollen im Folgenden beschrieben werden.

Merit Order

Um die Preisbildung für Strom sowie die Konsequenzen der Energiewende zu verstehen, ist der Begriff „Merit Order" wichtig. Nicht alle Kraftwerke können zum selben Zeitpunkt ihren Strom ins Netz einspeisen. Die Entscheidung, in welcher Reihenfolge Kraftwerke einspeisen dürfen, richtet sich nach den Grenzkosten der jeweiligen Kraftwerke. Im Falle von Kraftwerken sind Grenzkosten die zusätzlichen Kosten, welche entstehen um eine zusätzliche Einheit elektrischer Energie zu produzieren. Für konventionelle Kraftwerke sind dies im Wesentlichen die variablen Brennstoffkosten. Die Kraftwerke werden nun entsprechend der Grenzkosten aufgereiht. Das Kraftwerk mit den niedrigsten Grenzkosten kommt als Erstes zum Einsatz und entsprechend setzt sich die Reihenfolge fort. Die Strompreisfindung erfolgt entlang dieser Kraftwerksreihenfolge. Anhand der Summe des von allen in- und ausländischen Kunden nachgefragten Strombedarfes werden nun entlang der Reihenfolge alle Kraftwerke zugeschaltet, bis die nachgefragte Menge bedient werden kann. An einem Punkt schneidet sich der nachgefragte Bedarf mit der von den Kraftwerken zur Verfügung gestellten Produktionsmenge. Das letzte Kraftwerk, welches noch benötigt wird, um den Bedarf zu decken, wird preissetzend für den Strompreis. Diesen Preis erhalten alle anderen zugeschalteten Kraftwerke ebenfalls. Die Ausnahme in diesem Preisfindungsregime sind die Betreiber von Erneuerbaren-Energien-Anlagen. Hierzu jedoch im Abschnitt zu den Erneuerbaren Energien mehr.

Bei den konventionellen Kraftwerken haben Kernkraftwerke die niedrigsten Grenzkosten, gefolgt von Braunkohlemeilern. Danach folgen die Steinkohlekraftwerke und am Ende stehen die teuren Gaskraftwerke. In Zeiten niedrigen Bedarfs reichen gegebenenfalls der Betrieb von Kernkraftwerken und bestimmten günstigen Braunkohlekraftwerken sowie die Erzeugung der Erneuerbaren Energien aus. Bei höherem Bedarf müssen noch die teuren Gaskraftwerke angeworfen werden und der Preis ist entsprechend teurer. Die Reihenfolge ist nicht statisch, sondern kann sich je nach Entwicklung der Brennstoffpreise und dem Preis für CO_2-Zertifikate verschieben. Fällt der Gaspreis im Verhältnis zum Steinkohlepreis, sinken die Grenzkosten von Gaskraftwerken im Verhältnis zu Steinkohlekraftwerken. Hinzu kommt, dass Steinkohlekraftwerke mehr CO_2-Zertifikate in ihre Grenzkosten einpreisen müssen als die emisssionsärmeren Gaskraftwerke. Steigt der Preis für diese Zertifikate können Steinkohlekraftwerke bei den Grenzkosten in der Reihenfolge von Gaskraftwerken verdrängt werden. Den höheren Preis erhalten dann auch Kernkraftwerke und Braunkohlekraftwerke, welche zu deutlich niedrigeren Grenzkosten produzieren. Grundsätzlich ist das System der Merit Order ein gutes Instrument, um den Wettbewerb auf dem Erzeugungsmarkt anzukurbeln. Das System schafft den Anreiz, alte ineffiziente Kraftwerke durch moderne effiziente zu ersetzen. Auf dieses sinnvolle System trifft jetzt die Energiewende mit dem Ausbau der regenerativen Energien. Der starke Zubau der Erneuerbaren Energien stellt das ganze Preisbildungssystem auf den Kopf und setzt ein großes Fragezeichen hinter dessen Signalwirkung für die Investition in Kraftwerkskapazitäten.

Merit Order und die Energiewende

Wie mehrfach erwähnt ist der Ausbau der Erneuerbaren
Energien ein elementarer Bestandteil der Energiewende.
Mit Blick auf die Merit Order und damit auf die Preisbildung des Stroms ergeben sich zwiespältige Auswirkungen.
Bezüglich der Grenzkosten unterscheiden sich die Erneuerbaren Energien wesentlich von den konventionellen Strom-
kraftwerken. Da sie, bis auf die Biomasse, keine Brennstoffe
benötigen, tendieren die Grenzkosten gegen null Euro.
Die in der öffentlichen Diskussion oftmals vorgebrachte
Aussage Erneuerbare Energien, also primär Photovoltaik
und Windkraft, haben generell Grenzkosten von null Euro
trifft jedoch nicht zu. So hat die Windkraft im Gegensatz
zur Photovoltaik durchaus laufende Kosten, beispielsweise
durch Wartungsaufwand und Verschleißteileersatz. Damit
solche Anlagen ohne staatliche Förderung wirtschaftlich
betrieben werden können, bedarf es eines gewissen Strom-
preisniveaus. Sonst lohnen sich weder Investitionen in die
Instandhaltung noch in den Weiterbetrieb der alten Wind-
propeller. Beim aktuell niedrigen Strompreisniveau ist es
fraglich, ob sich die Windkraftanlagen der ersten Stunde,
die nach 20 Jahren nun aus der staatlichen Fördervergü-
tung fallen, wirtschaftlich weiterbetreiben lassen. Die niedrigeren Grenzkosten der Erneuerbaren Energien bedeuten
nicht, dass diese günstiger produzieren als die konventionellen Erzeugungstechnologien bzw. kostenlos produzieren.
Nimmt man die Gesamtkosten, also auch die Investitions-
und Wartungskosten, so folgt, dass die Erneuerbaren Energien je erzeugte Einheit elektrischer Energie aktuell teurer

sind als die konventionellen Kraftwerke. Die Kosten für die
Erneuerbaren stecken in einem spezifisch höheren Investi-
tionskostenblock. Diese Kosten sind für die Preisbildung
der Merit Order jedoch nicht von Belang. Die Anlagen
der Erneuerbaren Energien ordnen sich analog der dargestellten grenzkostenabhängigen Kraftwerksreihenfolge ganz
vorne ein. Sie drücken damit den konventionellen Kraftwerkspark in der Merit Order nach hinten und drängen die
teuren Kraftwerke zuerst aus dem Markt. Die Orientierung
an den Grenzkosten ist damit gewissermaßen eine Verzer-
rung der Preisbildung zugunsten der Erneuerbaren Energien. Hinzu kommt ein gesetzlich vorgeschriebener (EEG)
Einspeisevorrang für die Erneuerbaren Energien. Die Netzbetreiber sind vom Gesetzgeber verpflichtet, den aus Erneuerbaren-Energien-Anlagen produzierten Strom vorrangig,
vor dem konventionellen Strom, abzunehmen. Konventionelle Kraftwerke kommen dadurch auf immer weniger
Einsatzstunden, in denen sie ihre Vollkosten erwirtschaften
können.

Die Kombination aus

1. Zubau
2. niedrigen Grenzkosten
3. Einspeisevorrang

hat direkte Auswirkungen. Die Erneuerbaren Energien
erhöhen das Stromangebot und verzerren den Merit-Order-
Prozess.

Dies wirkt preissenkend. Diese Preissenkung der Großhandelspreise ist jedoch ein Trugschluss da sich die tatsächliche Vergütung über ein Umlagesystem bildet, welches

bei der Ermittlung der Stromverbraucherpreise wieder hinzugerechnet wird. Gleichzeitig drücken die Erneuerbaren Energien fossile Kraftwerke, häufig die vergleichsweise teuren Gaskraftwerke, aus dem Markt. Eine Konsequenz die grundsätzlich beabsichtigt ist. Geht es bei der Energiewende im Grundsatz doch darum, den Erneuerbaren Energien die Leitfunktion in unserer Energieversorgung zu übertragen. Jedoch ergeben sich für die Strommärkte gravierende, ja dramatische Folgen. Sie führen das gesamte System an den Rand des Zusammenbruchs.

Für die konventionellen Kraftwerke ergeben sich direkte Konsequenzen. Sie erhalten nun für immer weniger Einsatzstunden einen immer niedrigeren Preis. Ihr Betrieb wird zunehmend unwirtschaftlich.

Zusätzlich haben die Erneuerbaren Energien noch einen entscheidenden Nachteil. Ihre produzierte Strommenge ist höchst fluktuierend und nicht steuerbar. An sehr wind- und sonnenreichen Tagen kann es vorkommen, dass die Erneuerbaren Energien große Teile des deutschen Strombedarfs decken. An anderen Tagen mit Windstille und Bewölkung produzieren die Erneuerbaren dagegen fast überhaupt keinen Strom. An diesen Tagen müssen die fossil-nuklearen Kraftwerke den Bedarf fast komplett abdecken. Daraus resultieren zwei Folgerungen. Solange Strom nicht speicherbar ist, bedarf es eines konventionellen Kraftwerkparks, um die Schwankungen der Erneuerbaren Energien auszugleichen und die sogenannte Residuallast zu decken. Dies ist volkswirtschaftlich sehr teuer, da im Prinzip zwei Kraftwerkstrukturen zu finanzieren sind. Zum anderen ergibt sich im aktuellen Marktdesign ein weiteres Problem. Der Betrieb von konventionellen Kraftwerken wird zunehmend unrentabel und ein Zuschussgeschäft für die Betreiber. Für sie lohnt es sich nicht mehr, in neue Erzeugungskapazitäten zu investieren oder einzelne Bestandskraftwerke weiter zu betreiben. Gleichzeitig werden ab ca. 2020 neue flexible Kraftwerkskapazitäten benötigt, um die weiter wachsende fluktuierende Produktion der Erneuerbaren Energien auszugleichen. Es ist ein Teufelskreis. Der Ausbau der Erneuerbaren Energien senkt nicht nur den Großhandelspreis, sondern sorgt auch dafür, dass die konventionellen Kraftwerke immer weniger Stunden tatsächlich produzieren. Das früher verlässliche und lukrative Geschäft der Kraftwerksbetreiber wird zunehmend defizitär. Auch das oft genutzte Argument, dass die Kraftwerksbetreiber in der Vergangenheit sehr hohe Renditen erzielten, ändert nichts an dieser Problematik. Ihre Kraftwerke sind notwendig für die Umsetzung der Energiewende. Ohne sie würden die Netze zusammenbrechen, da die schwankende Produktion der Erneuerbaren Energien nicht ausgeglichen werden kann. Speichertechnologien stehen noch nicht ausreichend zur Verfügung.

Gerade die modernen Gaskraftwerke leiden unter dieser Entwicklung, obwohl sie als idealer Partner der regenerativen Energien gelten. Sie sind in der Lage, ihre Leistung schnell hoch und runter zu regeln. Außerdem sind sie im Vergleich zur Kohle emissionsarm und damit für die Reduzierung der Treibhausgasbelastung besonders geeignet. Wegen ihrer teuren Brennstoffkosten haben sie jedoch hohe Grenzkosten und ordnen sich in der Merit-Order-Reihenfolge weit hinten ein. Sie sind die ersten Kraftwerke, welche von den Erneuerbaren Energien aus dem Markt, „aus dem Geld" gedrängt werden. Seit 2010 hat sich die wirtschaftliche Situation von Gaskraftwerken in der Stromerzeugung in Deutschland massiv verschlechtert. Alte in den Betreiberbilanzen abgeschriebene umweltschädliche Braunkohlekraftwerke haben niedrige Brennstoffpreise und arbeiten mit vergleichsweise niedrigen Grenzkosten. Sie laufen weiter und erwirtschaften weiter Gewinne. Eine Paradoxie der Energiewende und ein Ergebnis unseres Marktdesigns. Die Erneuerbaren Energien kanibalisieren ihr eigenes Back-up. Sie gefährden damit ihren eigenen Erfolg.

Für das Gesamtsystem ist dieser Zusammenhang dramatisch. Die Kraftwerksbetreiber hinterfragen ihre Kraftwerksinvestitionen und überlegen ihre Bestandskraftwerke stillzulegen. Bei den niedrigen Großhandelspreisen und den wenigen Betriebsstunden können die Kraftwerke nicht ausreichend Geld verdienen, um ihre Kosten zu decken. 43 Prozent aller bis 2020 geplanten Kraftwerksneubauten stehen nach Umfragen des Bundesverbands der Energie- und Wasserwirtschaft e. V. (BDEW) auf dem Prüfstand. Dabei ist es einem Kraftwerksbetreiber nicht ohne Weiteres möglich, ein Kraftwerk abzuschalten. Er muss der Bundesnetzagentur den Stilllegungswunsch anzeigen. Diese prüft, ob das Kraftwerk systemrelevant ist. Systemrelevanz bedeutet, dass ein Weiterbetrieb für die Aufrechterhaltung des Netzbetriebes notwendig ist. Vor allem in süddeutschen Verbrauchszentren stehen viele systemrelevante Kraftwerke. Ist das Ergebnis der Prüfung negativ, darf der Betreiber stilllegen. Ergibt die Prüfung, dass das Kraftwerk systemrelevant ist, muss das Kraftwerk weiterlaufen. Für den Weiterbetrieb erhält der Betreiber eine Entschädigung in Höhe seiner operativen Kosten. Die Kosten werden auf die Stromverbraucher umgelegt und erhöhen zusätzlich die Kosten des Stromversorgungssystems.

Diese Praxis ist aus mehreren Gründen umstritten. Aus Sicht des Kraftwerksbetreibers ist es betriebswirtschaftlich nachteilig. Er erhält nicht seine vollen Kosten ersetzt. Der Staat greift in seine unternehmerische Freiheit ein, was ordnungspolitisch problematisch ist. Es häufen sich daher die Klagen gegen diese Regelung. Aus Sicht des Gesamtsystems ist kritisch zu sehen, dass die Gesamtkosten des Stromversorgungssystems weiter ansteigen.

Es ist nicht die einzige Paradoxie, welche durch den Zubau der Erneuerbaren Energien im derzeitigen Marktdesign entsteht. Weitere nicht minder gravierende Probleme werden im Kapitel zum EEG dargestellt. All diese Entwicklungen haben auch bei den konventionellen Kraftwerksbetreibern zu einem radikalen Umdenken geführt. Bei diesen Entwicklungen handelt es sich um keine temporären oder zyklischen Marktentwicklungen, welche sich in absehbarer Zeit wieder ändern werden. Es sind vielmehr tief gehende strukturelle Veränderungen im Stromerzeugungssystem, welche auch mittel- bis langfristig den Erzeugungsmarkt prägen werden. Die in dem aktuellen Marktdesign zu erzielenden Deckungsbeiträge für Betreiber konventioneller Kraftwerkskapazitäten werden deutlich unter einem Niveau liegen, welches eine Vollkostendeckung ermöglicht. Investitionsentscheidungen die aufgrund langer Planungszeit bereits in den Jahren bis 2008 in einer anderen energiewirtschaftlichen Welt getroffen, wurden drohen als „Stranded Investments" zu

enden. Vor allem die vier Großkonzerne der deutschen
Energiewirtschaft sind von dieser Entwicklung am härtesten betroffen, da sie knapp 80 Prozent der konventionellen Stromerzeugungskapazität betreiben. Zum ersten Mal
in ihrer Geschichte rutschten die Konzerne in den Jahren
2015/2016 mit dem Betrieb ihrer früher hochprofitabalen Kraftwerke tief in die Verlustzone. Nach einer scheinbaren Schockstarre von einigen Jahren sind sie nun dabei
konsequent, ja radikal, zu reagieren. E.ON hat im Herbst
2015 den Anfang gemacht. Wie dramatisch die Lage für
den Konzern war, zeigt eine Zahl. Das Eigenkapital des
Konzerns betrug im Jahr 2007 noch 55 Milliarden Euro.
Inzwischen sind davon nur noch knapp 20 Milliarden
Euro übrig. Um auf die dramatische Marktlage zu reagieren hat der Konzern angekündigt sich im Jahr 2016 aufzuspalten und das zunehmend defizitäre Kerngeschäft des
Betriebs von konventionellen Kraftwerken in eine eigene
Gesellschaft, Uniper, auszulagern. E.ON wird in Zukunft
keine konventionellen fossilen Kraftwerke mehr betreiben sondern sich auf den Netzbetrieb, das Geschäft mit
Erneuerbaren Energien und den Verkauf von Dienstleistungen konzentrieren. Aus haftungsrechtlichen Gründen
wird das Geschäft mit den sukzessive vom Netz gehenden Kernkraftwerken jedoch bei der E.ON verbleiben.
Das Geschäft mit Wasserkraftwerken wird dagegen ebenfalls an die neue Gesellschaft ausgelagert. Vermutlich will
man dem neuen Konzern nicht nur die problembehafteten Altlasten aufbürden und ihn für Investoren attraktiver strukturieren. Die Aufspaltung und Trennung vom
ursprünglichen Kerngeschäft war ein Paukenschlag dem
nur wenige Monate später eine ähnliche Ankündigung

des Energiekonzerns RWE folgte. Vattenfall entschloss sich die Kohlestromerzeugung aufzugeben und nur noch in zukunftsfähige Energien zu investieren, zu denen Kohle nicht mehr gehört. Deshalb trennt sich Vattenfall von den Braunkohlebeteiligungen in den Kohlerevieren der Lausitz. Die Konzerne werden nicht mehr viel mit den alten Energiekonzernen zu tun haben. Ob sie sich in der neuen Struktur durchsetzen können, wird der Wettbewerb entscheiden.

Energy-Only-Markt, Kapazitätsmarkt, Energy-Only-Markt 2.0

Die Problematik der notwendigen, aber unrentablen Kraftwerke tritt deshalb auf, weil das derzeitige Marktdesign ein sogenannter Energy-Only-Markt ist. Das bedeutet: Kraftwerke können ausschließlich mit dem Verkauf von Strom (Energie) Geld verdienen. Die produzierte und abgesetzte Kilowattstunde ist die Ware, welche vergütet wird. Nun ist es so, dass ein solcher Markt durch die Energiewende an seine Grenzen stößt. Kraftwerke werden benötigt, können sich jedoch durch die alleinige Vergütung der verkauften Strommenge nicht ausreichend finanzieren. Die Ware „Versorgungssicherheit", also das Bereitstellen von gesicherter Kapazität, um im Bedarfsfall Nachfragespitzen bedienen zu können, bleibt unberücksichtigt.

Ein Alternative zu diesem Energy-Only-Markt ist der sogenannte „Kapazitätsmarkt" bzw. eine Ergänzung des bestehenden Marktsystems mit einem Kapazitätsmechanismus.

Ein solcher Kapazitätsmechanismus berücksichtigt, dass konventionelle Kraftwerke nicht nur produzierten Strom als Ware anbieten, sondern auch die Dienstleistung einer sicheren und regelbaren Stromerzeugung, also das Gut „Versorgungssicherheit". Diese Eigenschaft muss nach der Auffassung der Befürworter von Kapazitätsmechanismen in einem Strommarktdesign vergütet werden, da diese Kapazitäten ebenfalls für das Funktionieren des Systems notwendig sind. Vergütet würde in diesem Fall nicht nur die produzierte Strommenge, sondern auch die Bereitstellung von Kapazität. Über einen Kapazitätsmarkt könnte diese Bereitstellung von „Versorgungssicherheit" ausgeschrieben und bepreist werden. Als Beispiel dient oft der Vergleich der Feuerwehr. Auch sie wird bezahlt für ihre Leistungsvorhaltung und nicht nur für jedes gelöschte Feuer. Politik, Wirtschaft und Forschung diskutieren seit Jahren die Einführung von Kapazitätsmechanismen als Ergänzung zum Energy-Only-Markt. Doch wie so oft sind auch solche Kapazitätsinstrumente mit Nachteilen verbunden. Es gibt eine große Unsicherheit bezüglich der effizienten Ausgestaltung im Falle einer Marktetablierung. So gibt es keine einheitliche Definition des Begriffes „Kapazitätsmarkt". Dies obwohl der Begriff seit Jahren mit großer Selbstverständlichkeit durch die fachlichen Diskussionen geistert. Mit Kapazitätsmechanismen würde der Gesetzgeber die Parallelstruktur von zwei Kraftwerksparks (erneuerbar/konventionell) zementieren. Viele Ökonomen und Energiewirtschaftler vertreten die Auffassung, dass sich unsere Volkswirtschaft mit diesen Kosten übernimmt. Auch gibt es unterschiedliche Auffassungen ob es möglich ist, einen solchen Kapazitätsmarkt effizient zu gestalten.

So kommt das Bundeswirtschaftsministerium in seinem Weißbuch zum Strommarktdesign zu der Einschätzung, dass Kapazitätsmärkte anfällig sind für Regulierungsfehler und die Transformation des Energieversorgungssystems erschweren. Bei der Einführung eines Kapazitätsmarktes gibt es viele komplexe Fragen zu beantworten, deren Antworten, tief gehende Rückkopplungseffekte auf andere Bereiche der Energieversorgung hätten. Welche Kraftwerke dürften in einem solchen Kapazitätsmarkt anbieten? Nur moderne Gaskraftwerke oder auch umweltschädliche Kohlekraftwerke? Wie sichert man ab, dass Energieversorger nicht nur alte Kohlemeiler anbieten, welche sie ohnehin stillgelegt hätten und damit noch einen Zusatzgewinn, einen sogenannten „Windfall Profit", erzielen können? Welche Instanz legt fest, wie viel Kapazität vorgehalten werden muss? Wird die Nachfrage nach Kapazitäten zentral, z. B. von der Bundesnetzagentur, von den Netzbetreibern oder sogar dezentral von den Kunden gesteuert? Dürfen auch flexible Stromverbraucher in einem solchen Markt anbieten? Es bleiben viele Fragen, wie ein Kapazitätsmarkt gestaltet sein muss, um die Energiewende zu unterstützen und gleichzeitig bezahlbar zu bleiben. Tatsache ist, dass Politik, Wirtschaft und Wissenschaft seit Jahren die Implementierung dieses neuen Marktelementes diskutieren und kein Konsens über die finale Bewertung besteht. Selbst unter Energieversorgern gibt es keine einheitliche Position zu Kapazitätsmärkten. Die Entwicklung bleibt abzuwarten.

Politisch hat die Bundesregierung der Einführung eines Kapazitätsmarktes aktuell eine klare Absage erteilt. Die Bundesregierung vertritt die Auffassung, dass ein Kapazitätsmarkt

nicht erforderlich ist. Sie will das aktuelle Strommarktdesign soweit reformieren, dass es auf die strukturellen Veränderungen durch die Energiewende reagieren kann und
auch den Aspekt Versorgungssicherheit abdeckt. Man
spricht in diesem Zusammenhang von einem Energy-
Only-Markt 2.0. Sozusagen einem reformierten Energy-
Only-Markt. Aktuell besteht in Deutschland entgegen
oftmals öffentlich geäußerten Befürchtungen kein Mangel an Stromerzeugungskapazitäten. Dieser Mangel zeichnet sich erst ab dem Jahr 2020 ab. Aktuell bestehen ganz
im Gegenteil Überkapazitäten in der Stromerzeugung.
Ein Beleg dafür sind wachsende Stromexportüberschüsse
in das europäische Ausland. Zwei Kernaspekte sollen
den bestehenden Energy-Only-Markt ergänzen. Zum
einen der Anreiz eines flexibleren Stromverbrauchs und
zum anderen die Bereitschaft temporär extreme Preisspitzen am Strommarkt zuzulassen. Ohne Einführung
eines Kapazitätsmechanismus würde es im bestehenden
Marktsystem konsequenterweise zukünftig häufig zu ext-
remen Preisspitzen, sogenannten Knappheitspreisen, am
Großhandelsmarkt kommen. Die Überlegung ist, dass
Kraftwerksbetreiber über diese Preisspitzen die Erlöse zur
profitablen Bewirtschaftung ihrer Erzeugungskapazitäten
erzielen könnten. Ob dies möglich ist, hängt sowohl von
Dauer, Häufigkeit, und Höhe der Knappheitspreise ab.
Preisspitzen längerfristig vorherzusagen ist eine komplexe
Prognoseaufgabe von der die Investitionsentscheidung
in Kraftwerkskapazitäten abhängt. Ob sich Investoren
von der Aussicht auf einige wenige extreme Preisspitzen
überzeugen lassen, muss der Markt zeigen. Daneben sollen regulatorische Anpassungen geschaffen werden, um

die Lastflexibilität zu erhöhen. Der volkswirtschaftliche Stromverbrauch muss atmen. Nicht mehr die Produktion richtet sich nach dem Verbrauch, sondern der Verbrauch nach der Produktion, sprich dem Preissignal. Erreicht werden soll dies durch die regulatorische Förderung von flexiblen Lastmanagementmaßnahmen und Stromspeichern. Ergänzt werden sollen diese Maßnahmen mit der Einführung eines „Kapazitätsmechanismus light". Wenn trotz freier Preisbildung an der Strombörse kein ausreichendes Angebot besteht, wird eine sogenannte Kapazitätsreserve zum Einsatz kommen, die einen Ausgleich zwischen Angebot und Nachfrage gewährleistet. Diese Reserve wird als strategische Reserve oder Kapazitätsreserve bezeichnet. Kraftwerke, die sich in der strategischen Reserve befinden, dürfen nicht am regulären Strommarkt anbieten, sondern erhalten eine gesonderte Vergütung. Mit diesem Maßnahmenpaket könnte es gelingen, die fluktuierenden Erneuerbaren Energien in den bestehenden Markt zu integrieren ohne das für ein Industrieland wie der Bundesrepublik Deutschland so unverzichtbare Gut der Versorgungssicherheit zu vernachlässigen, und die Kosten des Systemumbaus im Rahmen zu halten. Auffallend ist, dass sich die Bundesregierung dabei ein Maximum an Flexibilität eingeräumt hat, um auf Veränderung im Zuge der Energiewende zu reagieren. Die Einführung eines Kapazitätsmarktes ist aufgrund seines weitreichenden Eingriffs in die Marktstruktur nur schwer reversibel. Die beschlossenen Maßnahmen sind im Vergleich dazu, orientiert an den Funktionsmechanismen des bestehenden Systems, mit einem weitaus niedrigeren Eingriffsgrad verbunden. Die Bundesregierung hat daher eine „No-Regret"-Entscheidung getroffen, die jederzeit einer veränderten Realität angepasst werden kann. Vor dem Hintergrund der Tatsache, dass in der Energiewende Entscheidungen unter einem hohen Maß an Unsicherheit getroffen werden müssen, ist diese Entscheidung der Bundesregierung gegen einen Kapazitätsmarkt und für eine Reform des bestehenden Systems verständlich.

Andere europäische Länder, z. B. Frankreich und Großbritannien, haben sich in den letzten Jahren bereits zur Einführung eines Kapazitätsmarktes entschieden.

Die Player: Wer bestimmt den Markt?

Energieversorger – Stromhändler – Finanzinvestoren

Nicht die Großen fressen die Kleinen, sondern die Schnellen überholen die Langsamen.
(Eberhard von Kuenheim, Vorstandsvorsitzender der BMW AG, 1970–1993)

Wie auf jedem Marktplatz gibt es auch an den Großhandelsmärkten verschiedene Marktteilnehmer. Sie alle verfolgen mit ihren Handelsaktivitäten unterschiedliche Ziele. Die wesentlichen Marktplayer am deutschen und europäischen Stromgroßhandelsmarkt sind die klassischen europäischen Energieversorger. Zu Ihnen zählen aus deutscher Sicht neben den großen vier Verbundkonzernen bzw. deren Ausgründungen auch die Regionalversorger und diverse Stadtwerke. Für kleinere Stadtwerke lohnen sich der Aufbau einer eigenen Handelsabteilung und die

kostspieligen Zugangsvoraussetzungen der Großhandelsmärkte oftmals nicht. Sie beziehen ihren Strom von anderen Energieversorgern und verkaufen bzw. verteilen diesen
an ihre Endkunden weiter. Man bezeichnet sie deshalb als
Weiterverteiler. Kleinere und mittlere Stadtwerke können
sich zusammenschließen und gemeinsame Handelsaktivitäten betreiben. Durch diese Bündelung der Volumen
bauen sie eine kritische Portfoliogröße auf, welche für den
profitablen Handel an den Großhandelsmärkten erforderlich ist. Energieversorger betreiben ihre Handelsaktivitäten
mit zwei Zielen: Den Versorgern mit eigenen Erzeugungs-
aktivitäten bzw. Direktvermarktern Erneuerbarer Energien
dienen die Märkte als Anbieter dazu, die eigenen Anlagen
möglichst profitabel zu vermarkten. Zusätzlich decken sie
sich mit Mengen ein, welche ihre Vertriebseinheiten an die
Endkunden absetzen. Faktisch treten sie also als Anbieter und Nachfrager am selben Markt auf. Gerade diese
„Anbieter- und Nachfragetätigkeit" derselben Marktteilnehmer war Anlass für Spekulationen, ob der Strommarkt
für Manipulationen anfällig sei. Zu Beginn der Liberalisierung wurde den großen Verbundunternehmen häufig
vorgeworfen, z. B. durch Kapazitätszurückhaltung, die
Preise künstlich hoch zu halten. Dieser Vorwurf resultierte
aus der Tatsache, dass diese vier Unternehmen sowohl
einen großen Teil des Angebotes als auch der Nachfrage
darstellten. Wissenschaftliche Untersuchungen wiesen die
Anschuldigungen als unbegründet zurück. Inzwischen
gibt es diese Vorwürfe nicht mehr. Der Großhandelsmarkt
in Deutschland mit dem Referenzmarkt der EEX gilt
heute als transparenter und liquider Handelspunkt. Über
die Einhaltung der Börsenregeln wachen die deutsche

Börsenaufsicht und die börseneigenen Aufsichtsgremien. Die wachsende Anzahl der Marktteilnehmer und vor allem der hohe Anteil an ausländischen Marktteilnehmern (370 Teilnehmer aus 31 Ländern) sind ein Beleg für seine Funktionsweise. Diese Zahl belegt zwei wesentliche Entwicklungen am deutschen Strommarkt; die Entwicklung von großem internationalen Vertrauen in den deutschen Markt und die Entwicklung des deutschen Marktes zum Leitmarkt für Europa.

Neben den klassischen Energieversorgern sind auch institutionelle Finanzinvestoren an den Energiemärkten tätig. Dies gilt auch für den Strommarkt. Typisch für sie ist, dass sie nicht an der physischen Erfüllung der Kontrakte interessiert sind. Ihr Ziel sind Spekulationsgewinne. Sie spekulieren auf den Strompreis. Aus Sicht des Gesamtmarktes sind solche spekulativen Händler durchaus sinnvoll, sie erhöhen die Liquidität und sorgen so für ein fundamental fundiertes Preisniveau. Im Zuge der Finanzmarktkrise und einer erhöhten Marktregulierung zogen sich viele Finanzinvestoren aus dem Handel mit Strom zurück. Eine weitere Gruppe sind die Broker. Broker wickeln Geschäfte der Käufer und Verkäufer ab. Der Vorteil liegt darin, dass Käufer und Verkäufer auch im OTC-Markt anonym bleiben und gleichzeitig Transparenz über die Marktpreise gegeben ist. In der Summe handelt es sich bei den Marktteilnehmern am deutschen Strommarkt um eine heterogene Truppe, welche ständig wächst und internationaler wird. Diese internationale Heterogenität spiegelt die Internationalität des Stromhandels wider.

Sonderregeln für Ausnahmekönner: die Förderung der Erneuerbaren Energien

Erneuerbare-Energien-Gesetz (EEG) – Entwicklungen des EEG – alternative Fördermodelle

Es geht um nichts weniger als um die Transformation in eine postkarbone Gesellschaft.
(Horst Köhler, von 2004 bis 2010 Bundespräsident der Bundesrepublik Deutschland)

Das Kernziel der Energiewende ist die Übernahme der Leitfunktion im Stromversorgungssystem durch die Erneuerbaren Energien. Konkret strebt die Bundesrepublik Deutschland dabei einen Anteil der Erneuerbaren Energien von 80 Prozent im Jahre 2050 an. Lange bevor dieses Ziel nach dem Reaktorunfall in Fukushima 2011 proklamiert wurde, gab es einen breiten Konsens in der Bundesrepublik Deutschland, die regenerativen Energien auszubauen. Drei Ausnahmeeigenschaften der Erneuerbaren machen ihren Ausbau volkswirtschaftlich sinnvoll:

1. Umweltschutz
2. Reduzierung der Importabhängigkeit
3. Industriepolitik

Zuerst das umweltpolitische Argument: Die Nutzung von regenerativen Energieträgern verbessert die Emissionsbilanz einer Volkswirtschaft und trägt damit einen Teil zum weltweiten Klimaschutz bei. Aktuell vermeiden die bestehenden Erzeugungskapazitäten an PV-, Wind-, Wasserkraft, Biomasse und Geothermie knapp 150 Millionen Tonnen CO_2. Das zweite Argument ist die geostrategische Versorgungssicherheit: Die Erneuerbaren Energien reduzieren die Importabhängigkeit von fossilen Energieträgern. Der Ausbau der Erneuerbaren Energien stärkt die Wirtschaftskraft in der Region, während der Import von Energierohstoffen der Volkswirtschaft Mittel entzieht.

Das dritte Argument ist das industriepolitische. Deutschland ist ein Hochtechnologieland und auf die Entwicklung von Zukunftstechnologien angewiesen, um diese zu nutzen und zu exportieren. Da die effiziente und klimaschonende Energieversorgung eines der weltweiten Zukunftsthemen ist, kann sich die Bundesrepublik Deutschland als Vorreiter positionieren. Diese Vorreiterposition begründet Exporterfolge im Ausland und dadurch sichere Arbeitsplätze im Inland. Obwohl sich die deutsche Solarindustrie aktuell in einer schweren Krise befindet, bewundern ausländische Beobachter nach wie vor die Innovationskraft deutscher Firmen in den Bereichen regenerative Energien und Energietechnologien. Seit dem Jahr 2000 hat sich Zahl der Beschäftigten im Bereich der Erneuerbaren Energien in etwa vervierfacht. 2013 waren rund 380.000 Menschen für die Erneuerbaren Energien beschäftigt. Mit jedem Arbeitsplatz wird die Kaufkraft gestärkt, die Steuereinnahmen steigen, was wiederum die Finanzkraft des Bundes und der Kommunen steigert. Deutsche Unternehmen sind führend im Bau von regenerativen Erzeugungstechnologien, der Technologie zur Integration

Erneuerbarer Energien in die bestehenden Stromversorgungs-
systeme und modernen Effizienztechnologien.

Es sind diese Gründe, welche bereits vor mehr als 20
Jahren zu dem Konsens in Wirtschaft, Politik und Bevölkerung führten, mit der systematischen Förderung der
Erneuerbaren Energien zu beginnen. Volkswirtschaftlich
ist diese Förderung legitim. Befürworter betrachten sie als
technologische und industriepolitische Anschubfinanzie-
rung, so wie sie in vielen Industriezweigen, übrigens auch
bei konventionellen Kraftwerkstechnologien, üblich war.
Zu erinnern sei an dieser Stelle an die staatliche Förderung
der Kernkraft. Zwar betonen die unterschiedlichen Interessengruppen die einzelnen Aspekte der Förderung unterschiedlich, die Umweltverbände den Umweltschutzaspekt,
die Wirtschaft die Schaffung von zukunftsfähigen Arbeitsplätzen, doch über die Förderung der Erneuerbaren
besteht Einigkeit. Aktuelle Umfragen ergeben permanent
hohe Zustimmungsquoten zum Ausbau der regenerativen
Energien in der Bevölkerung.

Das EEG als zentrales Förderinstrument

Das zentrale Instrument zur Steuerung und Förderung
des Zubaus der Erneuerbaren Energien ist das Erneuerbare-Energien-Gesetz (EEG). Der Vorläufer des EEG,
das Stromeinspeisegesetz von 1990, nahm einige Grund-
mechanismen vorweg und wurde im Jahr 2000 durch das
EEG ersetzt. Mit Recht kann man deshalb sagen, dass
die Energiewende im Jahr 1990 ihren Anfang genommen
hat. Im Vergleich zu den stürmischen Entwicklungen seit

2004 kann man diesen Anfang als sehr gemütlichen Start betrachten. Kein Beobachter hätte zu diesem Zeitpunkt erwartet, dass die Erneuerbaren Energien irgendwann den konventionellen Energieträgern die Leitfunktion im Stromversorgungssystem streitig machen würden. Das Gesetz wurde seit seiner Einführung 2000 mehrere Male reformiert und besteht in seiner heutigen Fassung seit 2014. Die verschiedenen Entwicklungsstände des Gesetzes zeigen zu einem gewissen Grad auch die Entwicklungspfade der Erneuerbaren Energien an. Bestand die Hauptherausforderung zunächst darin, den Ausbau der Erneuerbaren Energien voranzubringen, ist es nun die Herausforderung fluktuierende Erneuerbare Energien in das System zu integrieren. Entscheidende Hauptbestandteile des EEG waren die garantierte Vorrangeinspeisung von Strom aus regenerativen Energien, die marktunabhängige Einspeisevergütung für Strom sowie die Verpflichtung der Netzbetreiber, installierte EE-Anlagen an das Netz anzubinden. Einspeisevorrang bedeutet, dass die Netzbetreiber den aus Erneuerbaren Energien gewonnenen Strom vor dem Strom aus konventionellen Kraftwerken abnehmen müssen. Der Stromverbrauch in Deutschland wird aufgrund dieses gesetzlichen Einspeisevorrangs zuerst durch Erneuerbare Energien gedeckt. Die Restmenge (Residuallast) wird von den konventionellen Kraftwerken geliefert. Liegt die Stromproduktion über dem Stromverbrauch, müssen zunächst die konventionellen Kraftwerke heruntergefahren werden. Durch diese Abnahmegarantie tragen die Betreiber der regenerativen Anlagen, im Gegensatz zu den Betreibern konventioneller Kraftwerke, nicht das Abnahmerisiko des von ihnen produzierten Stroms. Neben dem Mengenrisiko nahm der Staat den EE-Betreibern zusätzlich das Preisrisiko. Preisrisiko bedeutet, dass die Erzeuger nicht wissen, wie viel Geld sie für den von ihnen erzeugten Strom am Markt erzielen können. Das EEG sicherte den Betreibern einen staatlich garantierten und marktunabhängigen Preis. Dieser Preis lag deutlich über den Großhandelspreisen, an dem sich die Betreiber konventioneller Kapazitäten orientieren. Betreiber regenerativer Anlagen erhielten diese feste Einspeisevergütung über einen Zeitraum von 20 Jahren. Investoren wurden damit sichere Erlöse für ihre Investition gewährleistet. In Verbindung mit den sinkenden Investitionskosten für EE-Anlagen sind dies die Hauptgründe für den explosionsartigen Zubau der Erneuerbaren Energien in den letzten Jahren. Das Hauptziel des EEG, der Ausbau regenerativer Energien, wurde damit erreicht.

Im Lauf des Entwicklungsprozesses des EEG passte der Gesetzgeber die Vergütungssätze mehrmals an.

Die gewährten Vergütungssätze gelten für 20 Jahre. Danach erhalten die Betreiber die jeweils aktuellen Marktpreise. Die Investitionskosten für die Anlagen haben sich in der Regel jedoch schneller amortisiert, da die Beschaffungskosten der Anlagen deutlich schneller sanken als die Vergütungssätze. Für Investoren war dies ein sehr lohnendes Modell. Aus Sicht des Gesamtsystems wirkt dieser Mechanismus jedoch marktverzerrend und ist ein Grund für die derzeitigen Verwerfungen am deutschen Strommarkt.

Die EEG-Zahlungen stiegen mit dem Ausbau der Erneuerbaren Energien seit 2000 rasant. Heute sind es jährlich knapp 23 Milliarden Euro, welche die Kunden über den Strompreis bezahlen. Tendenz weiter steigend.

Durch den garantierten Preis und die garantierte Abnahme gab es für die Betreiber der Erneuerbaren-Energien-Anlagen lange Zeit keinen Anreiz nachfragegerecht zu produzieren. So wird Strom unabhängig davon erzeugt, ob er gerade benötigt wird oder nicht. Das Resultat ist ein zeitweise gewaltiges Überangebot an den Großhandelsmärkten. In den letzten Jahren kam es immer wieder zu dem Phänomen der negativen Preise. An Tagen mit besonders schwachem Strombedarf aufgrund niedriger Industrienachfrage, z. B. Weihnachten 2012, und ungewöhnlich sonnigen und windigen Temperaturbedingungen war das Angebot an Strom zu groß, mit der Folge, dass die Börsenpreise ins Negative drehten. Abnehmer erhielten Geld dafür, dass sie angebotene Mengen Strom an den Börsen aufkauften. Verkehrte Welt am Strommarkt.

Entwicklung der EEG-Umlage

Das Phänomen zeigt die Verwerfungen im Gesamtsystem.

Betreiber von Anlagen Erneuerbarer Energien sind von diesem Preisverfall jedoch nicht betroffen, da sie die Differenz aus Großhandelspreis und staatlich garantierter Vergütung erhalten. So entsteht im Preisbildungssystem eine wachsende Lücke. Die Erneuerbaren Energien sorgen dafür, dass der Großhandelspreis fällt und damit die

Differenz zwischen Börsenpreis und garantierter Einspeisevergütung ansteigt. Diese Differenz ist der Grund für die vielleicht größte Paradoxie der Energiewende.

Neben der Preisbildung an den Großhandelsmärkten hat das EEG einen zweiten Preisbildungsmechanismus in Gang gesetzt. Einen Mechanismus, welcher für den privaten Stromverbraucher die Stromkosten trotz fallender Börsenpreise immer weiter erhöht. Wie dargestellt muss in Deutschland der durch EEG-Anlagen produzierte Strom komplett abgenommen und entsprechend der gesetzlich festgeschriebenen Einspeisevergütung bezahlt werden. Dabei setzt sich die Vergütung aus dem aktuellen Börsenpreis und der Differenz zur fixen Einspeisevergütung zusammen. Je tiefer der Börsenpreis fällt, desto höher die Differenz. Für diesen Differenzbetrag wurde ein eigener Geldtopf gebildet. Der Topf ist die Grundlage für die Berechnung der EEG-Umlage. Im Herbst eines jeden Jahres wird die Höhe des Topfes veröffentlicht und festgelegt, wie hoch die Umlage im nächsten Jahr sein wird. Dabei werden die EEG-Differenzkosten auf die nicht von der Zahlung befreiten Verbraucher umgelegt. Das ist im Groben der Mechanismus der viel diskutierten EEG-Umlage. Diese Umlage stieg mit dem Ausbau der Erneuerbaren Energien tendenziell stetig weiter an. Aktuell liegt die Umlage bei 6,354 Cent je Kilowattstunde. 2004 lag sie noch bei 0,51 Cent je Kilowattstunde. Der Trend ist eindeutig. Es wird nicht günstiger.

Überblick EEG-Umlage Entwicklung von 2006 bis 2015 in Cent/Kilowattstunde (ct/kWh)

2006: 0,88
2007: 1,02
2008: 1,16
2009: 1,31
2010: 2,05
2011: 3,53
2012: 3,59
2013: 5,27
2014: 6,24
2015: 6,17

Für einen durchschnittlichen Vier-Personenhaushalt mit einem Jahresverbrauch von rund 5000 Kilowattsunden fällt somit eine Bruttobelastung von 378 Euro pro Jahr an. Der Anteil der EEG-Umlage am Strompreis ist der Hauptbeitrag der Stromverbraucher zur Energiewende. Die EEG-Umlage hat als Preisbestandteil direkt Auswirkungen auf den Strombezugspreis. Zusätzlich unterliegt sie der Mehrwertsteuer. Es ist eine scheinbare Widersinnigkeit der Energiewende. Der Ausbau der Erneuerbaren Energien senkt den Preis an der Strombörse. Ein niedrigeres Preisniveau an der Strombörse bedeutet jedoch auch eine höhere EEG-Differenzsumme, da die Differenz zwischen EEG-Vermarktungserlösen und EEG-Auszahlungen steigt.

Aber interessanterweise basiert dieses Anwachsen der EEG-Umlage nicht alleine auf dem Zubau der Erneuerbaren Energien. Um heimische Arbeitsplätze zu schützen, wurde eine Reihe von Industriebranchen von der Zahlung der EEG-Umlage teilweise oder komplett befreit. Die Idee hinter dieser Befreiung ist der Schutz industrieller

Unternehmen, die im internationalen Wettbewerb stehen und energieintensiv produzieren. Man befürchtete einen Exodus dieses produzierenden Gewerbes mit negativen Auswirkungen auf die gesamtwirtschaftliche Entwicklung. Die Liste mit den befreiten Unternehmen wurde immer länger. 2013 waren schließlich insgesamt 1710 Unternehmen von der Zahlung der EEG-Umlage befreit oder zahlten nur eine reduzierte EEG-Umlage. 2014 sind es sogar 2098 Unternehmen. Auf der „Befreiungsliste" finden sich auch Schlachtereien und Gemüsesafthersteller. Die Liste wurde eher zu einem Indikator dafür, welche Branchen eine besonders gute Lobbyarbeit in Berlin betreiben und nicht welche Branchen tatsächlich im internationalen Wettbewerb geschützt werden müssten. Immer weniger Schultern müssen die wachsende Lücke im EEG-Topf tragen, da die Gesamtsumme auf die übrigen Stromverbraucher, Privathaushalte und nicht befreiten Unternehmen umgelegt wird.

Über die Ursachen der steigenden EEG-Umlage entbrannte zunehmend ein heftiger Streit. Die Lobbyverbände, der von der EEG-Zahlung befreiten Branchen, machten den starken Zubau der Erneuerbaren Energien für den Anstieg verantwortlich. Die Interessenverbände der Erneuerbaren Energien verweisen dagegen auf die Zahl der Unternehmensbefreiungen, welche die übrigen Stromverbraucher mit Mehrbelastungen verärgert. Tatsächlich sind beide Ziele, der Schutz von heimischen Arbeitsplätzen und der Ausbau regenerativer Energien volkswirtschaftlich lohnenswert. Beides führt aber auch zu einer steigenden EEG-Umlage. Es ist daher an der Politik, für einen vernünftigen Ausgleich der Interessen zu sorgen und die EEG-Belastung fair zu verteilen. Es geht um nichts weniger als um die Frage, wer mit welchem Anteil die Energiewende finanziert. Da es sich um ein gesamtgesell-schaftliches Projekt handelt, sollte grundsätzlich die Regel gelten: Die verschiedenen Interessengruppen beteiligen sich ausgewogen an der Finanzierung des Projektes.

Exkurs: Stromgestehungskosten der Erneuerbaren Energien

Warum müssen die Erneuerbaren Energien gefördert werden? Aus marktwirtschaftlicher Sicht lautet der Einwand, dass der Erzeugungsmarkt für Strom wettbewerblich organisiert ist. Die neuen Technologien müssen sich im Wettbewerb gegen die konventionellen Kraftwerkstechnologien durchsetzen. Liest man nun von den niedrigen Grenzkosten der Erneuerbaren Energien, könnte man denken, dass sie sich ohnehin gegen fossil-atomare Kraftwerke durchsetzen könnten. Jedoch unterscheiden sich die Grenzkosten von den Gesamtkosten. Photovoltaik und Windkraftanlagen haben zwar niedrige Grenzkosten, jedoch relativ hohe Gesamtkosten je produzierte Kilowattstunde. Legt man die Gesamtkosten auf die produzierten Strommengen um, stellt man fest, dass die Stromgestehungskosten der Erneuerbaren Energien höher sind als bei konventionellen Kohle- bzw. Gas- oder Kernkraftwerken. Eine Kilowattstunde aus Erneuerbaren Energien kostet mehr als eine Kilowattstunde aus Braunkohle, Gas oder Kernkraft. In einem unregulierten Wettbewerb könnten sich die regenerativen Energien daher nicht gegen die etablierten Großkraftwerke durchsetzen. Kein Investor würde in Erneuerbare-Energie-Technologien investieren. Zu groß wäre das Risiko, dass sich die Investition als unwirtschaftlich erweisen würde. Mit den durch das EEG geregelten Vergütungsmodellen und dem Einspeisevorrang für Erneuerbare Energien wurde die Investition jedoch ein relativ risikoloses, profitables

Gesamtinvestment. Bei der EEG-Umlage handelt es sich um eine Subventionierung der regenerativen Erzeugung durch die Stromverbraucher. Diese Subvention ist energiewirtschaftlich nichts Ungewöhnliches. Wie bereits in Kap. 1 beschrieben musste auch die Kernkraft gegen die etablierten Energieträger durch staatliche Anreize (Übernahme von Investitions- und Versicherungsrisiken) im Markt durchgesetzt werden. Dies waren ebenfalls Subventionen. Für den Steuerzahler waren diese Kernkraftsubventionen nur nicht so transparent wie die auf der Stromrechnung ausgewiesene EEG-Umlage. Den Kritikern teurer Förderungen ist daher zu erwidern, dass auch andere Energietechnologien erst durch Subventionen an die Marktreife herangeführt werden mussten. Die Erneuerbaren Energien reihen sich in diese Subventionen lediglich ein. Bei ihnen sind durch technische Weiterentwicklungen noch größere Kostensenkungspotenziale möglich. Viele Marktexperten gehen davon aus, dass die Erneuerbaren Energien etwa im Jahr 2020 auch ohne Förderung im Wettbewerb bestehen können und damit Netzparität erreichen. Auch ist es zu einem gewissen Grade zynisch, wenn von Kritikern des Ausbaus ein „fairer" Wettbewerb ohne Subventionen für die Erneuerbaren Energien gefordert wird.

Von einem fairen Wettbewerb wäre ein Wettbewerb zwischen Erneuerbaren Energien und den konventionellen Energieträgern auch ohne Subventionen weit entfernt. Die bestehende zentrale Infrastruktur in der die konventionellen Großkraftwerke existieren und Skalenvorteile haben ist über ein Jahrhundert gewachsen. Durch jahrzehntelange Regulierung wurde das Gesamtsystem auf dieses zentrale Versorgungsstruktur hin optimiert, die eine zentrale Stromproduktion in Großkraftwerken begünstigt. Auch wenn es volkswirtschaftlich Sinn macht, würde sich eine Umstellung dieses Systems auf volatil einspeisende dezentrale Erneuerbare Energien betriebswirtschaftlich niemals rechnen ohne einen entsprechenden Subventionsrahmen. Nur durch dieses Subventionsregime ist es möglich, den volkswirtschaftlich sinnvollen Ausbau der Erneuerbaren Energien anzustoßen und voran zu treiben.

Durch die Funktionsweise des Marktdesigns und des EEG-Förderregimes entstehen im Strommarkt Konsequenzen, welche widersprüchlich erscheinen. Innerhalb der Marktregeln sind sie jedoch verständlich.

Viele ausländische Teilnehmer sind im deutschen Stromhandel involviert. Auch sie profitieren von den sinkenden Großhandelspreisen. Gleichzeitig zahlen sie keine EEG-Umlage. Deshalb subventionieren die deutschen EEG-Zahler diesen ausländischen Händlern den niedrigen Strompreis. Das hat Auswirkungen auf die Kraftwerksbetreiber im benachbarten Ausland. Da die Stromhändler dieser Länder in Deutschland Strom günstig einkaufen können, erzielen die dortigen Kraftwerksbetreiber nur noch geringe Stromerzeugungsmargen. Sie haben ebenfalls Schwierigkeiten, ihre Kraftwerke profitabel zu betreiben. Auch für sie stellt sich die Frage der Stilllegung von Kraftwerkskapazitäten.

So ist es eine Nebenwirkung der deutschen Energiewende, dass ausländische Stromkunden von niedrigen deutschen Börsenpreisen profitieren, ausländische Kraftwerksbetreiber jedoch darunter leiden. Gleichzeitig subventionieren die deutschen Stromverbraucher über die EEG-Umlage den exportierten Strom.

Erfolgsgeschichte des EEG

Dies alles hört sich nun so an, als ob es sich bei dem EEG um eine reine Subventionsmaschinerie handelt, welche die Kosten für die deutschen Stromverbraucher in unvertretbare Höhen treibt. Das ist die eine Seite der Münze. Die andere Seite der Münze ist die einmalige Erfolgsgeschichte des EEG. Das Erneuerbare-Energien-Gesetz war im Lauf der letzten 16 Jahre der entscheidende Motor hinter dem Ausbau der regenerativen Energien. Von Anfang an hatte es das erklärte Ziel, die verschiedenen Erneuerbaren-Energie-Technologien an den Markt heranzuführen. Dies ist politisch und gesellschaftlich gewollt. Sieht man das explosionsartige Wachstum der Erneuerbaren Energien in diesem Zeitraum kann man konstatieren: Mission accomplished.

Ebenso gibt es bezüglich der Frage der Wettbewerbsfähigkeit deutliche Fortschritte, wie die fallenden Preise für Solarmodule beweisen. Zwar haben z. B. Windkraft und Photovoltaik noch höhere Stromgestehungskosten im Vergleich zur Kohle- und Kernkraft, doch glauben viele Experten, dass die Preisparität bis 2020 erreicht werden kann. Beide Effekte, der Zubau und das Aufholen bei den Stromgestehungskosten, basieren auf den Regelungen des EEG. Es waren die bisher stabilen Rahmenbedingungen mit dem hohen Maß an Investitionssicherheit, welche diesen Erfolg möglich machten. Nebenbei hat das Gesetz dafür gesorgt, dass die deutsche EE-Industrie zu einer der stärksten weltweit wurde. Die Krise der deutschen Photovoltaik-Branche verzerrt die Realität. Übersehen wird dabei, dass die weltweite Solarindustrie bedingt durch globale Überkapazitäten eine strukturelle Veränderung erfährt. Deutsche Unternehmen sind nach wie vor Technologieführer in vielen Bereichen. Weltweit versuchen viele Länder, diesen Erfolg zu kopieren. Etwa 70 Länder haben ähnliche Gesetze erlassen, um den Ausbau der Erneuerbaren Energien zu fördern. Auch dies ist ein eindrucksvoller Beleg für den Erfolg des Gesetzes. Das EEG gilt weltweit als das Erfolgsmodell, um den Ausbau der regenerativen Energien zu fördern.

Bei der Bewertung des EEG darf man sich weder der Realität dieser Erfolgsgeschichte verschließen, noch die geschilderten Marktparadoxien ignorieren. Das EEG hat die regenerativen Energien aus einem Nischendasein geholt. Diese bilden nun eine tragende Säule der deutschen Stromversorgung. Es ist daher nur sinnvoll, ein Gesetz, welches genau dieses Ziel hatte, nach der Zielerreichung anzupassen, um den neuen Rahmenbedingungen gerecht zu werden. Es ist weiterhin das Ziel, die Erneuerbaren Energien auszubauen. Ihr Ausbau tritt jedoch in eine neue Phase ein. Es müssen Mechanismen gefunden werden, um die Erneuerbaren Energien in das System zu integrieren, ohne die Kosten für die Verbraucher untragbar hoch steigen zu lassen.

Aus diesem Grund kam es im Jahr 2014 zu einer weitreichenden Reform des EEG. Das EEG 2014 gab dem Gesetz eine neue Stoßrichtung. Zum ersten Mal wurde der Fokus des Gesetzes etwas mehr von einem forcierten Ausbau hin zu einer besseren Integration der Erneuerbaren Energien in den Gesamtmarkt verschoben. So wurde eine Pflicht zur sogenannten Direktvermarktung aufgenommen. Alle Anlagen die ab dem 1. August 2014 in

Betrieb gingen und über einer Leistung von 500 kW liegen, müssen über das Instrument der Direktvermarktung vermarktet werden. Bei der Direktvermarktung wird der Strom aus Erneuerbaren Energien direkt an der Börse oder an Großabnehmer verkauft. Im Zuge des sogenannten Marktprämienmodells war dies optional bereits seit dem Jahr 2012 für Betreiber von Erneuerbaren Energien Anlagen möglich. Um die Betreiber an ein Umfeld ohne fixe Vergütungssätze heranzuführen und eine bedarfsgerechte Stromvermarktung zu fördern, schuf der Gesetzgeber das Marktprämienmodell. Dabei erhält der Betreiber die Differenz aus den an der Strombörse erzielten Verkaufserlösen und der fixen EEG-Vergütung. Diese Differenz ist die Marktprämie. Auf diese Weise hat der Betreiber keinen Nachteil zum Modell der fixen Vergütung, sondern vielmehr die Chance über den Verkauf von Strom in Hochpreisphasen einen Zusatzertrag im Vergleich zur fixen Einspeisevergütung zu erzielen. Das Modell der Direktvermarktung bestand bis 2014 optional als Wahlrecht. Seit der Reform des EEG 2014 besteht für Anlagen mit einer Leistung oberhalb von 500 kW eine Pflicht. Seit dem ersten Januar 2016 fiel der Schwellenwert auf 100 kW. Der größte bisherige Paradigmenwechsel im Rahmen der Förderung von Erneuerbaren Energien war jedoch ein anderer Bestandteil des EEG 2014. Die festgeschriebenen Fördersätze des EEG sollen durch ein Ausschreibungsmodell ersetzt werden. Das EEG 2014 bereitet diese Umstellung vor. In diesen Ausschreibungsmodellen sollen die Vergütungssätze wettbewerblich festgelegt werden. Weniger Planwirtschaft und mehr Marktwirtschaft ist das Ziel. Mit diesem Instrument erhofft sich der Gesetzgeber dem

Wildwuchs bei dem Ausbau der Erneuerbaren Energien zu begegnen und den Ausbau gezielter steuern zu können. Bei ausreichendem Wettbewerb und entsprechender Ausgestaltung sind Ausschreibungsverfahren ein geeignetes Instrument, um Mengen besser steuern zu können und die Preisbildung für Erneuerbare Energien zum Teil wieder den Gesetzen des Marktes zu übergeben. Anbieter können in diesen Ausschreibungen Gebote in Cent pro Kilowattstunde abgeben und die günstigsten Anbieter kommen zum Zuge. Um dieses System zu testen, hat die Bundesregierung Pilotausschreibungen für große PV-Anlagen durchgeführt. Die erzielten Ergebnisse zeigen, dass die Reform in die richtige Richtung weist. Zwei von drei Ausschreibungen ergaben Preise die unter den geltenden gesetzlichen Förderhöhen lagen. Es scheint so, als ob das Ausschreibungsmodell einen günstigeren Ausbau der Erneuerbaren Energien erlaube. Die Ausschreibungen sollen ab 2017 auch auf andere Technologien ausgeweitet werden. Doch davor müssen weitere wichtige Detailfragen zur Ausgestaltung der Ausschreibungen beantwortet werden. So muss eine große Akteursvielfalt gewährleistet sein, da nur so ein ausreichender Wettbewerb im Rahmen der Ausschreibungen für niedrige Preise sorgt. Hierbei muss sich zeigen, ob das komplexere Ausschreibungsmodell möglicherweise große Anbieter, wie beispielsweise klassische Energieversorger, im Vergleich zu kleineren Bürgergenossenschaften bevorteilt. Die Akteursvielfalt war bisher ein wesentliches Charakteristikum beim Ausbau der Erneuerbaren Energien. Die Beteiligungsergebnisse der ersten Pilotausschreibungen zeigen, dass eine hohe Akteursvielfalt auch bei Ausschreibungsmodellen möglich ist. Die Ausschreibungen waren fast dreifach überzeichnet. Daneben gilt es im Rahmen der Ausschreibungsausgestaltung den Aspekt der regionalen Verteilung zu berücksichtigen. Trotz aller offenen Fragen könnte das Ausschreibungsmodell das entscheidende Instrument sein, um eine wettbewerbliche, kosteneffiziente Struktur in den Ausbau der Erneuerbaren Energien zu bekommen. Der Gesetzgeber kann die Auktionen nach Regionen und Technologien zielgerichtet gestalten. Dieses Verfahren hat gegenüber den bisherigen Regelungen des EEG entscheidende Vorteile. So kann der Staat, wie es sich abzeichnet, über die Bundesnetzagentur drei entscheidende Faktoren für die Gestaltung der Ausschreibung beeinflussen: die Technologie, die Region und die Kapazität. Dies sind exakt die drei Stellhebel, welche in der bisherigen Struktur des EEG aus dem Ruder laufen. So könnte der Staat den Kapazitätszubau in die Regionen lenken, in welchen der Strom auch tatsächlich benötigt wird. Dies spart Kosten für den Netzausbau und entspricht eher dem Modell einer dezentralen Energieversorgung, als Windstrom in Norddeutschland zu produzieren und ihn dann quer durch Deutschland oder über Umwege ins europäische Ausland nach Süddeutschland zu transportieren. Auch können verschiedene Technologien ausgeschrieben werden. Auf diese Weise sorgt das Auktionsverfahren für einen ausgewogenen Strommix. Der Staat kann flexibel die Ausbaukapazitäten steuern und verhindert einen Wildwuchs im Neubau von Anlagen. Viele Experten sehen das Auktionsmodell als das geeignete Instrument, um das EEG weiterzuentwickeln. Die Erneuerbaren Energien sind den Kinderschuhen entwachsen. Das Auktionsverfahren hilft ihnen, in eine neue Phase der Marktintegration einzutreten.

Alternative Fördersysteme

An dieser Stelle sollen Alternativen zur Funktionsweise des EEG beschrieben werden.

Im Vergleich zum bisherigen EEG-Modell mit der Orientierung an festen Vergütungssätzen gibt es weitere, alternative Fördersysteme für Erneuerbare Energien. Ein Modell wird oft als Quotenmodell bezeichnet. In diesem gibt der Staat zentral, z. B. über die Bundesnetzagentur, in Form einer Quote die Menge an EE-Stromproduktion vor.

Die Energieversorgungsunternehmen verpflichten sich eine festgelegt Quote ihres Strommixes aus Erneuerbaren Energien zu produzieren oder zu beziehen. Die Unternehmen haben dabei die Wahl, diese Quote durch den Aufbau von eigenen regenerativen Erzeugungskapazitäten zu erfüllen oder von Betreibern entsprechender EE-Anlagen die Strommengen zu kaufen. Um den eigenen Gewinn im Verkauf zu maximieren, werden sie versuchen diese Quote so kostengünstig wie möglich zu erzielen. Auf diese Weise sollen die Kosten des Gesamtsystems möglichst gering gehalten werden und die Kontrolle über den Ausbau der Erneuerbaren Energien erhalten bleiben. Ein ungezügelter Wildwuchs wie in dem bisherigen System der garantierten Einspeisetarife kann dadurch vermieden werden. So sinnvoll dieses Modell auch erscheint, es bringt ebenfalls Nachteile für das Gesamtsystem mit sich, welche nicht zu vernachlässigen sind. Das Hauptproblem: Energieversorger versuchen, um ihre Quoten zu erfüllen und die Beschaffungskosten möglichst gering zu halten, die günstigste Technologie der Erneuerbaren Energien zu nutzen.

Dies ist nach jetzigem Standard die Onshore-Windkraft. Die anderen Technologien wie Photovoltaik oder Biomasse würden dabei höchstwahrscheinlich aus dem Markt gedrängt werden mit entsprechenden Auswirkungen auf deren Industrien und technologische Entwicklungsfortschritte. Außerdem müsste sich der Staat auf eine Quote festlegen, welche langfristig nur schwer anzupassen wäre, ohne den Vertrauensschutz der Unternehmen massiv zu verletzen. Die Entwicklung in Ländern, welche sich für das Quotenmodell entschieden haben, zeigt diese Gefahr.

Das negative Beispiel ist Großbritannien. Dort hatte man sich zur Förderung der regenerativen Energien für ein Quotenmodell entschieden. Wie in der Theorie investierten die Energieversorger primär in Großprojekte, welche auf der kostengünstigsten Windkraft basierten. Andere Technologien kamen nicht zum Zug. Zusätzlich wurden die geplanten Ausbauziele von EE-Anlagen verfehlt. Viele Energieversorger nahmen eher Strafzahlungen in Kauf, als die Quote zu erfüllen. Ähnliche Entwicklungen gab es in Italien, wo die heimische Photovoltaik-Industrie fast komplett aus dem Markt gedrängt wurde.

In beiden Fällen, Italien und Großbritannien, kam die Entwicklung der Solarenergie und der Biomasse zum Erliegen. Da es aber für die zuverlässige Stromversorgung eines großen Industrielandes immer eines ausgewogenen Technologiemixes bedarf, ist es nicht sinnvoll, sich als Land aus einzelnen potenziellen Zukunftstechnologien zu verabschieden. Dies gilt auch in einem Stromversorgungssystem, in welchem die Erneuerbaren Energien die Leitfunktion innehaben.

Exkurs: EEG-Reform 2016 – Reförmchen oder die „Reform, die alle Reformen beenden wird"?

„Die Kostendynamik durchbrechen, die Erneuerbaren Energien planbar und verlässlich ausbauen und sie fit für den Markt machen." Das ist das erklärte Ziel der Bundesregierung bezüglich der geplanten Reform des EEG im Jahr 2016. Der für die Energiepolitik zuständige Bundeswirtschaftsminister Sigmar Gabriel hat eine Reform des EEG auf den Weg gebracht. Das Ziel dieses Reformvorhabens ist es, den in der EEG-Reform 2014 begonnenen Weg der Marktintegration voranzubringen und gleichzeitig die Kosten der Energiewende für Industrie und Haushaltskunden auf einem erträglichen Niveau zu halten. Nach ihrem rapiden Ausbau sollen sich die Erneuerbaren Energien nun verstärkt im Wettbewerb behaupten. Kernstück der geplanten Reform: das Ausschreibungsmodell soll nach Erfahrungen der Pilotprojekte endgültig die Orientierung an fixen Vergütungssätzen ersetzen. Lediglich Anlagen unter 750 Kilowatt sind von der Ausschreibungspflicht ausgenommen. In ihrem Eckpunktepapier legt die Bundesregierung die drei Kernziele der Reform fest:

1. *Bessere Planbarkeit: Die Ausbaukorridore für Erneuerbare Energien nach dem EEG 2014 sollen eingehalten werden. Durch die Ausschreibungen soll der zukünftige Ausbau effektiv gesteuert werden.*
2. *Mehr Wettbewerb: Die Ausschreibungen sollen den Wettbewerb zwischen Anlagenbetreibern fördern – auf diese Weise werden die Kosten des Fördersystems gering gehalten. Das Grundprinzip hierbei: Erneuerbarer Strom soll nur in der Höhe vergütet werden, die für einen wirtschaftlichen Betrieb der Anlagen erforderlich ist.*

3. *Hohe Vielfalt: Von großen Firmen bis zu kleinen Genossenschaften – die Akteursvielfalt unter den Anlagenbetreibern soll erhalten bleiben und allen Akteuren faire Chancen einräumen. Denn gerade kleine und mittlere Unternehmen erweisen sich häufig als besonders innovativ.*

Kritiker behaupten, die Reform sei ein „Abwürgen" des Ausbaus der Erneuerbaren Energien und würde große Energiekonzerne bevorteilen. Doch die Maßnahmen sind ein weiterer Schritt in die richtige Richtung. Nach einer Phase des ungezügelten Ausbaus der Erneuerbaren Energien möchte die Bundesregierung diese nun planvoller ausbauen und besser in das Marktsystem integrieren. Dabei steht sie zur Energiewende und dem damit einhergehenden Zubau der Erneuerbaren Energien. Gleichzeitig macht die Bundesregierung deutlich, dass die Erneuerbaren Energien mehr Systemverantwortung übernehmen müssen. Dies entspricht auch der Realität des deutschen Strommarktes, da sie heute knapp ein Drittel zur Stromerzeugung beisteuern.

Kritiker bemängeln, die geplante Reform bevorzuge einseitig die klassischen Energieversorger, im Vergleich zu Bürgergenossenschaften und gefährde damit die Akteursvielfalt der Energiewende. Diese Diskussion wird im folgenden Kapitel behandelt. Für die Energiewende würde sich durch die Reform ein neues Maß an Berechenbarkeit ergeben. Zusammenfassend lässt sich sagen: Die Erfolgsgeschichte des EEG muss durch eine Weiterentwicklung fortgeschrieben werden. Das Förderregime muss sich dem gesteigerten Zubau der Erneuerbaren Energien und den damit einhergehenden Realitäten im Stromversorgungssystem anpassen. Dieser Anpassungsdruck ist ein Ergebnis des Erfolgs des EEG.

5

Ein Ausblick in bewegte(n) Zeiten: die Zukunft der deutschen Stromversorgung

Wir brauchen Zukunftsmodelle, die nicht alles grau und schwarz ausmalen, sondern lohnende Ziele formulieren.

(Hans Peter Dürr, deutscher Physiker, 1987 Träger des alternativen Nobelpreises)

Die vorhergehenden Kapitel des Buches haben die Funktionsweise, die Mechanismen und die großen Veränderungen des deutschen Stromversorgungssystems durch die Energiewende beschrieben. Dabei offenbaren sich die Herausforderungen, vor welchen dieses System heute an vielen Stellen steht. Die Energiewende, die vierte industrielle Revolution, verlangt von der Stromwirtschaft einen umfassenden Veränderungsprozess. Dieser Prozess ist notwendig, um die für unsere Gesellschaft so wichtigen Ziele

© Springer Fachmedien Wiesbaden GmbH 2017
P. Würfel, *Unter Strom*,
DOI 10.1007/978-3-658-15164-5_5

der Energiewende zu erreichen. Das letzte Kapitel greift diese Entwicklungen auf und beleuchtet sie näher. Es ist ein Ausblick aus der Gegenwart, in welcher sich die deutsche Stromversorgung in einer dramatischen Umwälzung befindet. Aufgrund der historischen Entwicklung der Energiewende wird dieser Zustand der Umwälzung und des Aufbruchs mittelfristig der Normalzustand bleiben. Das Kapitel blickt somit auf die nahe bis mittlere Zukunft der deutschen und europäischen Stromversorgung. Dabei ist es nicht das Ziel, jede Frage zutreffend zu beantworten. Viele Antworten sind noch im Dunkeln und werden sich erst im weiteren Verlauf der Energiewende ergeben. Und in manchen Bereichen kennen wir noch nicht einmal die Fragen, die wir beantworten werden müssen. Das Projekt „Energiewende" ist historisch einmalig. Es gibt keinen Präzedenzfall für diesen Veränderungsprozess in einem Industrieland von dem wir auf Erfahrungen zurückgreifen können. Jeder Schritt ist Neuland für alle Beteiligten. Jedoch deuten sich die Herausforderungen und Entwicklungen an, vor denen das Stromversorgungssystem steht.

Von Flaschenhälsen, Monstertrassen und Phantomstrom: Herausforderungen für die deutsche Stromversorgung

Netzausbau – Förderung der Erneuerbaren Energien – Wirtschaftlichkeit – Zeitrahmen

Die Schwierigkeiten wachsen, je näher man dem Ziele kommt.

(Johann Wolfgang von Goethe)

Verfolgt man die zum Teil hitzigen Debatten zur Energiewende, fällt es schwer, das „Signal vom Rauschen" zu unterscheiden. Die Stromwirtschaft ist eine sehr politische Branche. Durch die enormen Geldsummen, welche im System bewegt werden, ist sie zudem anfällig für den Einfluss von Lobbyisten. Deren Diskussionsbeiträge verfälschen oftmals den Blick auf einzelne Problemstellungen bzw. betrachten einzelne Systemkomponenten lediglich isoliert und nicht im Gesamtzusammenhang. Die Bewertungen von Lobbyisten sind durch Partikularinteressen gefiltert. Die wirklichen Problemstellungen und Wechselwirkungen im System sind dadurch oftmals nur schwer zu bewerten. So ist bis heute unter Experten umstritten, ob der Zubau der Erneuerbaren Energien allein oder vielmehr eine Mixtur aus verschiedenen Einflussfaktoren wie Umlagebefreiungen für Industriebranchen, unflexible konventionelle Kraftwerke, zusammen mit dem Ausbau der Erneuerbaren Energien die Kostensteigerungen auf den Stromrechnungen für Privathaushalte verursacht haben. Die Wahrheit liegt vermutlich im Auge der jeweiligen Lobbygruppen. Trotz allen unterschiedlichen, zum Teil gegensätzlichen Meinungen, gibt es einen Grundkonsens für eine Reihe von Kernherausforderungen. Die Bewältigung dieser ist für unser Stromversorgungssystem kritisch, um die Energiewende erfolgreich umzusetzen. Zur Bewältigung der Aufgabenstellungen bedarf es einer klaren Strategie. Verantwortlich für diese Strategie ist die Politik, welche die Rahmenbedingungen für die gesamte Energieversorgung vorgibt.

Ausbau der Stromnetze

Die erste große Herausforderung ist der für den Erfolg der Energiewende notwendige Ausbau der deutschen Stromnetze. Experten und Politiker bezeichnen diesen Ausbau sowohl von der Kapazität her, als auch bezüglich des zeitlichen Rahmens, für absolut „entscheidend", um die Energiewende erfolgreich zu realisieren. Der ehemalige Bundesverkehrsminister Peter Ramsauer (CSU) sprach in diesem Zusammenhang den viel beachteten Satz: „Ein Moratorium für den Netzausbau ist gleichbedeutend mit einem Moratorium für die Energiewende" (FAZ, 31. März 2014). Mit dem Ausbau der Stromnetze werden sich drei Herausforderungen ergeben. Erstens: Der Ausbau muss technisch in der entsprechenden Zeit realisiert werden. Zweitens: Er muss häufig gegen den heftigen Widerstand der betroffenen Bevölkerung vollzogen werden. Drittens: Er ist mit erheblichen Investitionen verbunden. Wie dargestellt, ist das bestehende deutsche Stromnetz auf eine

zentrale Versorgungsstruktur durch Großkraftwerke ausgelegt, welche Strom bedarfsgerecht in das Übertragungsnetz einspeisen. In den Netzen gab es in der Regel einen
Stromfluss von den Kraftwerken zu den Stromverbrauchern. Doch heute gibt es die „Jungen Wilden", die rasch
wachsenden Erneuerbaren Energien. Sie speisen ihren
Strom schwankend in das bestehende Netz, hauptsächlich
in das Verteilnetz, ein. Ihr Anteil soll bis zum Jahr 2025
von heute 30 Prozent auf 40 bis 45 Prozent steigen. Dieses Verteilnetz war von seinem Aufbau her jedoch niemals
für diesen Zweck technologisch konzipiert. Der Strom
fließt nicht mehr von „oben nach unten", sondern kann
auch von „unten nach oben" fließen. Werden die Verteilnetze in den nächsten Jahren nicht massiv ausgebaut, wird
es zu ausgeprägten Engpass-Situationen kommen. Hinzu
kommt, dass die Erneuerbaren Energien nicht zentral
gelegen sind, sondern dezentral über die Bundesrepublik
verteilt. Zwar gibt es einige regionale Technologie-Stand-
ortcluster – Windkraft in Norddeutschland, Photovoltaik
in Süddeutschland – doch sind die Produktionsorte oftmals weitab der industriellen Verbrauchsorte. Viele Hausbesitzer haben PV-Anlagen installiert. Es kann nicht mehr
klar getrennt werden zwischen Stromverbrauchern und
Stromproduzenten. Die Mengen, die sie produzieren orientieren sich nicht am tatsächlichen Verbrauch, sondern
häufig an den Bedingungen des Wetters. Technische Möglichkeiten große Strommengen wirtschaftlich zu speichern
gibt es noch nicht in ausreichendem Maße, weshalb es
immer schwieriger wird das Stromnetz stabil zu halten.

Daraus ergeben sich zwei Kernprobleme. Das erste
betrifft die Übertragungsnetze. Die aktuell größten und

wirtschaftlichsten Erzeuger regenerativen Stroms sind die Onshore-Windkraftwerke in Norddeutschland, zu denen in zunehmendem Maße die Offshore-Parks kommen. Eine Voraussetzung für den Erfolg der Energiewende wird sein, die großen Mengen Windstrom aus Norddeutschland quer durch Deutschland nach Süddeutschland transportieren zu können. Hier sind die großen industriellen Verbrauchszentren der Bundesrepublik Deutschland. Die erforderlichen Übertragungsnetzkapazitäten bestehen bisher nicht in ausreichendem Maße. Es existiert ein Flaschenhals der Deutschland in zwei Stromzonen zu teilen droht. Dieses Problem wird bis zum Jahr 2022 weiter zunehmen, da in den kommenden Jahren sukzessive Kernkraftmeiler vom Netz gehen und Erzeugungslücken vor allem in Süddeutschland hinterlassen. Die fehlenden Übertragungsnetzkapazitäten sind eine tickende Uhr die gegen die Energiewende läuft. Der Bau dieser Stromautobahnen teilt unser Land im wahrsten Sinne des Wortes in zwei Hälften. Der Verlauf der Stromtrassen tangiert viele Bürger direkt. Bewohner und Umweltschutzverbände sagen massiven Widerstand voraus, da der Bau dieser Netze mit großen Einwirkungen auf die Natur verbunden ist. Die Fronten sind inzwischen unübersichtlich und entsprechen nicht mehr den alten Rollenbildern. Auch bei den Umweltschutzverbänden gibt es geteilte Meinungen zum Thema Stromnetzausbau. Die einen sehen die Notwendigkeit der Übertragungsnetze und akzeptieren den Eingriff in die Natur als notwendiges Opfer für die Energiewende. Die anderen leisten heftigen Widerstand, um den Bau zu verhindern. Für sie sind die Eingriffe in die Natur und die Beeinträchtigung der betroffenen Anwohner nicht verhältnismäßig. Der deutsche Föderalismus macht das Problem noch komplexer. Der Netzausbau betrifft in seinem Gesamtkomplex unterschiedliche Bundesländer mit unterschiedlichen Behörden und unterschiedlichen Genehmigungsverfahren. Zum Teil vertreten die einzelnen Bundesländer auch unterschiedliche Interessen. Das erschwert eine zentrale Koordinierung der Projekte. Die Positionen sind zunehmend verhärtet und beeinflussen die Politik. Sie sieht sich dem wachsenden Druck der Bevölkerung auf der einen Seite und der um die Versorgungssicherheit besorgten Wirtschaft auf der anderen Seite ausgesetzt. Den ursprünglichen Netzausbauplanungen hinkt man inzwischen weit hinterher. In einem Kompromiss einigte man sich darauf, dass bei den Stromtrassenprojekten in Zukunft primär Erdverkabelungen zum Einsatz kommen sollen. Dies soll die Wiederstände der betroffenen Bevölkerungen berücksichtigen, die Freileitungen in Form von hohen Strommasten vehement ablehnen. Diese „Monstertrassen" wären gegen den Willen der betroffenen Bevölkerung nicht durchsetzbar. Erdverkabelungen sind deutlich teurer als Freileitungen. Die Zusatzkosten der Entscheidung auf Teilen der Strecken (ca. 80 Prozent) Erdkabel zu verlegen, betragen laut Netzbauexperten drei bis acht Milliarden Euro. Kosten, welche die Haushaltskunden und die Industrie über ihre Stromrechnungen in Form höherer Netzentgelte in den nächsten Jahren und Jahrzehnten zu tragen haben werden. Auch verlangsamt sich der Netzausbau mit der Entscheidung für Erdverkabelungen. Eine teilweise Neuplanung der bisherigen Projektplanungen ist erforderlich. Das Zeitfenster wird enger. Das bestehende Stromnetz kommt an seine technische Belastungsgrenze, weil sich der Netzausbau immer weiter verzögert.

Das zweite Kernproblem bezüglich des Stromnetzausbaus ist der erforderliche Ausbau der Verteilnetze auf der Ebene unterhalb der Übertragungsnetze. Die Energiewende findet in den Verteilnetzen statt. Der vormals unidirektionale, verbrauchsorientierte Stromfluss wandelt sich in einen witterungsabhängigen, bidirektionalen Stromfluss um. Die meisten regenerativen Kraftwerke speisen ihren Strom aufgrund ihrer dezentralen Verteilung direkt in die Verteilnetze ein und nicht wie die großen konventionellen Kraftwerke in die Übertragungsnetze. Unsere Verteilnetze waren bisher nur darauf ausgelegt, den Strom zu den Abnehmern zu transportieren. Nun müssen sie sozusagen als Auffangnetz für den erzeugten EE-Strom fungieren. Speisen die Erneuerbaren Energien zu viel Strom ein, müssen die Verteilnetze diesen Strom wieder in die übergelagerten Netzebenen zurückspeisen. Die Stromflussrichtung kehrt sich um. Diese Netzschwankungen können sich in kurzer Zeit und in intensiver Ausprägung ergeben. Auf die zu verschiebenden Strommengen ist das jahrzehntealte deutsche Verteilnetz nicht ausgelegt. Es kommt an technische Kapazitätsgrenzen. Nur ein Ausbau der Verteilnetze ermöglicht auch mittelfristig eine stabile Versorgungssituation, da es auch auf dieser Netzebene immer häufiger zu kritischen Situationen kommt. Im Kleinen sind es hier dieselben Umsetzungsproblematiken wie bei den großen Stromautobahnen. Der Stromnetzausbau ist ebenso wie Autobahnen, Mobilfunkmasten oder Bahntrassen in der Bevölkerung oft umstritten. Gleichzeitig ist er für die Energiewende unerlässlich. Er birgt somit ein psychologisches Risiko. Vor allem Stromautobahnen stoßen auf den massiven Widerstand der Bevölkerung. Der Bau könnte daher die Zustimmung der Bevölkerung für die Energiewende infrage stellen. Besonnene Netzexperten weisen auf eine Tatsache hin. Auch ohne die Energiewende bzw. den Ausbau der Erneuerbaren Energien müsste das deutsche Stromnetz aufgrund seines Alters aus- und umgebaut werden. Der Netzausbau, der nun stattfinden muss, hätte uns auch ohne Energiewende zumindest teilweise bevorgestanden. Wenn auch nicht in diesem Ausmaß und in dieser Geschwindigkeit. Es ist Aufgabe der Politik, auf allen Ebenen die Bürger mitzunehmen. Sie muss Aufklärungsarbeit leisten. Nur dann bleibt der Rückhalt für die Energiewende erhalten. So muss der Ausbau der Ökostrom-Kapazitäten an den Netzausbau gekoppelt werden. Das von der Bundesregierung beschlossene Ausschreibungsmodell für EE-Strom-Projekte und geplante Ausbaudeckel sind ein Schritt in die richtige Richtung. Kritiker bezeichnen dieses Verfahren als Ausbremsen der Energiewende. Eine solche Steuerung ist jedoch notwendig, um die Energiewende mittelfristig überhaupt zu realisieren. Die Stromnetze in Deutschland stellen den Flaschenhals der Energiewende dar. Eine Voraussetzung für den Erfolg des Gesamtprojektes ist es, diese Flaschenhälse zu beseitigen. In dieser Diskussion stellt sich ohnehin die Frage, was der geeignete Maßstab für den Erfolg der Energiewende ist. Am 11. Mai 2016 wurde von den Nachrichtenagenturen ein neuer Rekordwert bei der Nutzung der Erneuerbaren Energien vermeldet. 88 Prozent des Strombedarfs wurden an diesem Sonntag nur durch den erzeugten Ökostrom abgedeckt. Die Frage ist jedoch ob diese Zahl, sprich der Anteil der Erneuerbaren Energien, isoliert für sich betrachtet ein geeigneter Erfolgsmaßstab ist.

Ohne einen mit dem Ausbau der Erneuerbaren Energien Hand in Hand gehenden Netzausbau wäre dies nur ein Scheinerfolg. Ohne diese Kopplung müsste Überschuss-Strom entweder abgeregelt oder zu negativen Preisen an Nachbarländer abgegeben werden, da eine wachsende Diskrepanz zwischen den erzeugten Strommengen und der Aufnahmefähigkeit des deutschen Stromnetzes besteht. Der Umfang und die Kosten für die Eingriffe zur Netzstabilisierung sind dabei ein Indiz für die Dringlichkeit der Kopplung mit dem Netzausbau. Bei der Energiewende geht es um eine Systemtransformation. Der Ausbau der Erneuerbaren Energien ist dabei nur eine Facette dieser Transformation. Um den produzierten Ökostrom an die Orte zu transportieren, an denen er benötigt wird, müssen laut Netzausbauplan 6110 Kilometer Stromkabel verlegt werden. Genehmigt davon wurden gerade mal 350 Kilometer. Tatsächlich verlegt wurden nur sechs, in etwa die Strecke aus der Frankfurter Innenstadt an den Flughafen. Da der produzierte Windstrom nicht transportiert werden kann, müssen ständig Windrotoren in Nord- und Ostdeutschland aus dem Wind gedreht werden. Die Anlagen gehen in den sogenannten „Trudelbetrieb" über. Betreiber erhalten trotzdem die Garantievergütung, sogar für den Strom den ihre Anlagen gar nicht produziert haben, sondern hätten erzeugen können. Dieser „Phantomstrom" muss ebenfalls durch die Stromverbraucher bezahlt werden. Ein Irrsinn, der noch dadurch gesteigert wird, dass die Windkraftanlage im Trudelbetrieb nun auf externe Stromzufuhr angewiesen ist. Würde man nur die Facette „Ausbau der Erneuerbaren Energien" isoliert als Erfolgsmaßstab der Energiewende bewerten, wären die Aspekte

Wirtschaftlichkeit und Versorgungssicherheit in unverant-
wortlicher Weise vernachlässigt. Die Maßnahmen der Bundesregierung, den ungezügelten Ausbau der Erneuerbaren
Energien gezielter zu steuern, sind daher der richtige Weg.

Finanzierung der Energiewende

Eine weitere grundlegende Herausforderung der Energiewende ist die Frage der Finanzierung. Wie viel darf uns die
Energiewende kosten? Die Höhe des Strompreises ist ein
gesellschaftliches Thema. Der Ausspruch „Energie bewegt
die Menschen" gilt in Zeiten der Energiewende nicht nur
im wörtlichen, sondern auch im übertragenen Sinne. Um
den Ausbau der Erneuerbaren Energien anzustoßen, waren
festgelegte Garantievergütungen sinnvoll, um Investitionssicherheit zu schaffen. Die Wachstumszahlen geben diesem
Ansatz Recht. Die Rendite für die Investoren errechnete
sich aus den Investitionskosten und der garantierten EEG-
Vergütung. Aufgrund der schnellen technischen Fortschritte reduzierten sich die Investitionskosten über die
Jahre zunehmend. So sanken die Kosten für Solarmodule
zwischen 2006 und 2013 um mehr als 60 Prozent. Zwar
passten EEG-Reformen die Vergütungen regelmäßig an,
doch sanken die Investitionskosten schneller als die garantierten Vergütungen, welche jeweils für 20 Jahre gelten.
Deshalb war der Betrieb von Erneuerbaren-Energien-Anlagen, z. B. einer Photovoltaik-Anlage oder einer Windkraftanlage, nicht nur ein lohnendes, sondern ein besonders
lohnendes Geschäft. In Norddeutschland gibt es Landwirte oder Grundbesitzer, welche für die Verpachtung ihres

Grund und Bodens für den Betrieb eines Windkraftrades ca. 25.000 bis 30.000 Euro pro Jahr erzielen. Es handelt sich um das Phänomen der Überförderung von Erneuerbaren Energien. Diese Renditen müssen durch die Stromverbraucher pro verbrauchte Kilowattstunde finanziert werden. Man kann sich vorstellen, dass der Ausbau der regenerativen Energien daher kein Schnäppchen ist.

Derzeit werden jährlich über 23 Milliarden Euro auf Basis der EEG-Regelungen an die Betreiber von EE-Anlagen ausgeschüttet. Die Gesamtkosten laufen langsam aber sicher aus dem Ruder und die Stimmen, die nach einem Wechsel des Marktdesigns rufen, werden lauter. Eine günstige Stromversorgung ist für den Erfolg einer Industriegesellschaft von wesentlicher Bedeutung. Arbeitsplätze, Kaufkraft und Wohlstand hängen entscheidend davon ab. Schon heute zahlen deutsche Stromverbraucher mit die höchsten Strompreise in Europa.

Die Herausforderung der Gegenwart ist es, die Bezahlbarkeit des Systems zu gewährleisten, bevor es zu größeren volkswirtschaftlichen Verwerfungen kommt. Es gibt einige Stellschrauben im Gesamtsystem, um die steigenden Kosten zu deckeln oder sie gerechter auf Nutzer und Verursacher zu verteilen.

Die Politik, wie es die geplante Reform des EEG 2016 andeutet, könnte auch den Zubau der Erneuerbaren Energien verlangsamen und durch Ausbaudeckel sowie Koppelung an den Stromnetzausbau die Gesamtkosten in einem volkswirtschaftlich erträglichem Rahmen halten.

Sektorenkopplung – von der Strom- zur Wärme- und Verkehrswende

Auf dem bisherigen Weg der Energiewende war der Umbauprozess im Prinzip auf eine reine Stromwende ausgerichtet. Um die ambitionierten Klimaschutzziele zu erreichen muss sich die Stromwende jedoch zu einer integrierten Energiewende wandeln. Das bedeutet die Stromversorgung, Wärmebereitstellung und der Verkehr müssen zusammenwachsen. In der Wärmeversorgung und dem Verkehr kommen noch deutlich mehr klimaschädliche fossile Energieträger zum Einsatz als in der Stromversorgung. Beträgt der Anteil der Erneuerbaren Energien in der Stromversorgung knapp 30 Prozent, sind es in der Wärme- und Kältebereitstellung aktuell lediglich 12,5 Prozent. Im Verkehr sogar lediglich 5,5 Prozent. Den Rest tragen fossile Energieträger. Um den Erneuerbaren Energien auch in diesem Bereich zum Durchbruch zu verhelfen, muss es zu einer Verknüpfung der drei Bereiche kommen. Man fasst dieses Ziel unter dem Schlagwort „Sektorenkopplung" zusammen. Die Technologien hierfür stehen bereits zu einem gewissen Grad zur Verfügung. Beispiele hierfür sind Tauchsieder, mit deren Hilfe durch Strom Wasser erwärmt werden kann. In Zeiten, in denen Strom im Überfluss und mit niedrigen Grenzkosten zur Verfügung steht, kann diese Technologie, die früher als Stromverschwendung verschrien war, ein Revival erleben. Andere Beispiele sind Wärmepumpen, die ihrer Umgebung Wärme entziehen und in Wohnhäuser abgeben. Hierfür benötigen sie Strom, der auf Basis regenerativer Energien bereitgestellt werden kann. Im Verkehr könnte die Elektromobilität den

Erneuerbaren Energien zum Durchbruch verhelfen, auch wenn dieser Umstellungsprozess technologisch deutlich schwieriger zu gestalten ist. Aktuell rechnen sich viele der Technologien zur Sektorenkoppelung noch nicht. Teilweise liegt es an der noch nicht ausgereiften Technik, teilweise an dem vom Gesetzgeber definierten regulatorischen Umfeld.

Das Zeitfenster der Energiewende

Die Ziele bis 2050 sind klar bestimmt. 2050 wird sich Deutschland, so das formulierte Ziel, zu 80 Prozent aus Erneuerbaren Energien versorgen. Zusätzlich wird die Bundesrepublik bis 2022 aus der Kernkraft aussteigen. Um diese Ziele zu erreichen, muss die Politik in einem engen Zeitfenster Entscheidungen treffen und Voraussetzungen schaffen.

Der Ausbau der Stromautobahnen ist nur ein Beispiel dafür, dass die Entscheidungen schnell getroffen werden müssen. Die Frage des zukünftigen Strommarktdesigns und der nachhaltig effizienten Förderung der Erneuerbaren Energien verlangen weitere Reformentscheidungen und deren zeitnahe Umsetzung. Vor dem Hintergrund der komplexen Zusammenhänge und der gegensätzlichen Interessen in Politik (Bundesländer versus Bund), Wirtschaft (konventionelle Erzeuger versus EE-Industrie) und sogar innerhalb der Umweltschutzverbände, scheint dieser Zeitraum länger als er tatsächlich ist. Alles in allem sind die Herausforderungen nicht unüberwindlich. Energiesysteme sind aufgrund ihrer Kapitalintensität und technischen Vorlaufzeit träge Systeme. Für den Kraftwerksbau oder die Netzinfrastruktur sind langfristige

Planungshorizonte notwendig. Die heutigen Entscheidungen stellen somit die Weichen für die nächsten Jahrzehnte. Eingangs habe ich die Energiewende als „gelebten Generationenvertrag" bezeichnet. Die erfolgreiche Umsetzung der Energiewende kann unserem Land langfristig eine wettbewerbsfähige Stromversorgung gewährleisten. Vor dem Hintergrund der Bedeutung der Stromversorgung für den Wohlstand einer Volkswirtschaft geben wir zukünftigen Generationen einen großen Vorteil an die Hand. Die heutige Generation investiert mit der Energiewende in eine regenerative Versorgungsinfrastruktur und einen hohen Wissenskapitalstock. Zukünftige Generationen werden davon profitieren. In Zeiten, in denen unsere Gesellschaft bei Themen wie Rentensystem, Demografie und Staatsverschuldung über Generationengerechtigkeit diskutiert, ist diese Tatsache nicht unbedeutend.

Power from the People: „Demokratisierung" der Stromerzeugung?

Veränderungen der Energiewende in der Stromerzeugung – Betreiberstruktur Erneuerbare Energien

Die Demokratie rennt nicht, aber sie kommt sicher ans Ziel.
(Johann Wolfgang von Goethe)

Frau Prof. Dr. Kemfert, eine renommierte deutsche Energiemarktexpertin, hat die derzeitige Situation auf dem deutschen Strommarkt zutreffend mit „Kampf um Strom" bezeichnet. Es ist der Kampf einer alten, über ein Jahrhundert etablierten Welt, gegen eine neue. Die neue Welt hat sich zunächst langsam, dann aber schnell entwickelt und ist nun drauf und dran, die alte Welt zu verdrängen. Der Kampf dreht sich um die Frage, wer den deutschen Strom produziert bzw. in Zukunft produzieren wird. Die Frage hat erhebliche Implikationen für die deutsche Stromversorgung und damit die gesamte Energieversorgung. Hundert Jahre lang produzierten klassische Energieversorger den Strom, typischerweise in großen zentralen fossilen Großkraftwerken und setzten ihn an die Endverbraucher ab. Niemand stellte diese Struktur infrage, da sie eine verlässliche und relativ kostengünstige Versorgung mit Strom garantierte. Der Bau großer Kraftwerksprojekte erforderte enorme Investitionssummen und Planungszeiträume über Jahrzehnte. Ein finanzieller und planungstechnischer Aufwand, welchen die spezialisierten, finanzkräftigen Energieversorger besser stemmen konnten als branchenfremde Unternehmen oder gar Zusammenschlüsse von Privatpersonen. Zwar bauten auch Industriekonzerne Eigenerzeugungsanlagen, doch blieb dies im Vergleich zu den Gesamterzeugungsstrukturen ein kleiner prozentualer Anteil. Zu groß war die Kapitalbindung für die Unternehmen, welche sich eher auf ihr Kerngeschäft konzentrieren wollten. Diese gesellschaftlich akzeptierte Erzeugungsstruktur entwickelte sich zu dem uns heute bekannten Erzeugungsoligopol der vier Verbundkonzerne. Sie vereinigten 80 Prozent der konventionellen Kraftwerksflotte auf sich. Diese Entwicklung folgte dem altbekannten marktwirtschaftlichen Trend, dass sehr kapitalintensive

Branchen zu Oligopol- oder gar Monopolmärkten tendieren. Der Bau und Betrieb von Großkraftwerken ist eine der kapitalintensivsten Branchen überhaupt. Diese Struktur blieb so lange unbestritten, solange die Erzeugung primär auf konventionellen Kraftwerken basierte. Wie ein Wassergraben vor ihren Burgen schützte die hohe Kapitalintensität die großen Energieversorger vor Wettbewerbern.

Aufbruch des Oligopols

Mit der Energiewende bzw. dem Ausbau der Erneuerbaren Energien ab 1990 ergab sich langsam eine Veränderung der Situation. Die Investitionskosten für eine Photovoltaik-Anlage oder eine Windkraftanlage sind in absoluten Zahlen verschwindend gering im Vergleich zu den Investitionssummen für ein Gas-, Kohle- oder gar Kernkraftwerk. Damit war der Burggraben zum ersten Mal überschritten. Ganz langsam, von den etablierten Energieversorgern noch ignoriert, vergrößerte sich der Anteil der Erneuerbaren Energien an der deutschen Stromerzeugungskapazität mehr und mehr. Für die großen Energieversorger waren diese Technologien relativ uninteressant. Der kleinteilige, dezentrale Aufbau und Betrieb der Anlagen war für die auf Großprojekte ausgelegte Struktur der großen Energieversorger einfach nicht lukrativ genug. Sie blieben auf die Erzeugung durch konventionelle Kraftwerke ausgerichtet. Für Privatpersonen bzw. Zusammenschlüsse von Privatpersonen, wie Bürgergenossenschaften oder Privatfonds, war das Geschäft dagegen sehr lohnend. Der Staat garantierte Abnahme und feste Vergütung. Für

die Eigentümer wurde der Betrieb zu einem nahezu risi-
kolosen Geschäft. Die Rendite konnte durch vollständige
Fremdfinanzierung oft noch erhöht werden. Der Treiber
hinter dem Ausbau waren Privatleute sowie institutionelle
Investoren und nicht die klassischen Energieversorger.
Deren Anteil an der Gesamtkapazität der Erneuerbaren
Energien ist relativ klein, gemessen an ihren Gesamterzeugungsstrukturen. Die Mehrzahl der installierten
EE-Erzeugungseinheiten wird von Privatpersonen oder
institutionellen Investoren betrieben. 2012 befanden sich
rund 47 Prozent in der Hand von Privatpersonen oder
Landwirten. Etwa 41 Prozent wurden von Banken, Fonds,
Projektierern oder Gewerbeunternehmen betrieben. Die
klassischen Versorgungsunternehmen hatten lediglich
einen Anteil von 12 Prozent. Dadurch ergab sich eine
langsame Erosion des Erzeugungsoligopols bei der Stromproduktion. Aus Sicht der großen Energiekonzerne ist
diese Entwicklung in mehreren Phasen verlaufen.

Am Anfang bemerkten sie den Trend gar nicht. Der
Zubau der Erneuerbaren Energien blieb unterhalb ihrer
Wahrnehmbarkeitsschwelle. Danach ignorierten sie das
Wachstum an EE-Strom. Die Analysten gingen davon aus,
dass es sich um eine Randerscheinung handeln würde, die
niemals über ein Nischendasein hinauskommen würde.
Aber: Nichts ist unmöglich.

Heute gilt dies als eine der größten unternehmerischen
Fehleinschätzungen in der Geschichte der Bundesrepublik. Mit der Zeit wurde jedoch auch den großen Energieversorgern klar, dass es sich um einen nachhaltigen
Trend handelt. Ein Trend, der ihre Vormachtstellung
massiv gefährdet. Zwar wurde mit dem Bau von eigenen

EE-Erzeugungskapazitäten begonnen; er blieb jedoch eher halbherzig verglichen mit den gewaltigen Investitionen in konventionelle Kraftwerke. Die nächste Phase kann man als Phase der schmerzhaften Erkenntnis beschreiben. Aufgrund der Rückwirkung der regenerativen Energien auf die eigenen Großkraftwerke kam es zu deren dramatischer Entwertung. Die Konzernmanager realisierten, dass eine gewaltige Machtverschiebung bei der Stromerzeugung stattgefunden hat. Konnten sich früher in aller Regel nur die großen Energieversorger große Kraftwerke aufbauen, so kann heute jeder Hausbesitzer eine Photovoltaik-Anlage auf seinem Dach installieren oder sich an einem Windkraftpark beteiligen und somit zum „Kraftwerksbetreiber" werden. Dieser Trend ist unumkehrbar. Der schützende Burggraben um die großen Energieerzeuger ist überschritten. Die ersten Mauern der Burgen fallen bereits. In allen Parteien, in der Wirtschaft und in der Gesellschaft besteht ein Konsens. Der Zubau der Erneuerbaren Energien muss weitergehen.

Die Diskussionsteilnehmer streiten zwar darüber, wie schnell und in welchem Umfang der Ausbau erfolgen soll. Jedoch wird der Ausbau nicht grundsätzlich infrage gestellt. Es lässt sich heute der Schluss ziehen, dass die Zeiten, in denen allein die großen Energieversorger den deutschen Stromerzeugungsmarkt dominierten, auf absehbare Zeit vorbei sein werden. Zwar kann die Einführung eines Ausschreibungsverfahrens für den Bau von EE-Anlagen den Energieversorgern wieder eine gewisse „Pole-Position" zurückgeben. Große und komplexe Ausschreibungsprojekte entsprechen eher ihren auf Komplexität und Großprojekte angelegten Strukturen, doch dies wird die Uhr nicht wieder auf die alte Zeit zurückdrehen. Es korrigiert die Entwicklung lediglich. Man kann daher von einer „Demokratisierung der Stromerzeugung" sprechen. Das heißt, dass inzwischen jeder Bürger an der Produktion von Strom teilhaben kann. Es ist eine tektonische Verschiebung der Marktstruktur. Inzwischen haben die großen Energieversorger die Zeichen der Zeit verstanden. Sie versuchen nun selbst die Konsequenzen aus dieser Entwicklung zu ziehen. Dieses Umdenken hat vor dem Hintergrund dramatisch zurückgehender Unternehmensgewinne stattgefunden. Die Organisationsstrukturen der großen Versorger verändern sich in einer ungeahnten Geschwindigkeit. Die Entscheidungen von E.ON und RWE das klassische Kerngeschäft, den Betrieb von fossilen Großkraftwerken, gesellschaftsrechtlich abzutrennen bzw. deren Betrieb auszulagern ist der Beleg für die prekäre Situation, in welche diese Unternehmen durch fragwürdige Managemententscheidungen und einer unberechenbaren Energiepolitik geraten sind. Die Konzerne haben realisiert, dass ihre auf Großprojekte ausgerichteten Strukturen nicht mehr geeignet sind für eine dezentrale, flexible Energiewelt. Die Neuausrichtung dieser „schweren Tanker" der Energiewirtschaft auf Erneuerbare Energien und dezentrale Strukturen kann sie in den nächsten Jahren ebenfalls zu Treibern der Energiewende machen.

Der Anteil der klassischen Energieversorger am Ausbau der Erneuerbaren Energien wird wachsen. Für den Erfolg des Gesamtprojektes ist dies eine begrüßenswerte Entwicklung. Wo die Energiewirtschaft früher ihr Geld mit der Erzeugung und dem Absatz von Strom verdiente, wird sie in Zukunft Geld mit der Erzeugung von Ökostrom sowie mit Dienstleistungen rund um die fluktuierende Stromerzeugung aus EE-Anlagen verdienen. Auch werden weiterhin Betreiber des konventionellen Kraftwerkparks benötigt. Diese Kapazitäten sind auf absehbare Zeit für einen verlässlichen und sicheren Betrieb des Stromversorgungssystems unabdinglich. Es ist Aufgabe der Politik, zu gewährleisten, dass dieser notwendige konventionelle Betrieb für die Betreiber wirtschaftlich und für die gesamte Volkswirtschaft bezahlbar bleibt. Aus Sicht der Gesellschaft ergibt sich in Zeiten der „Erzeugungsdemokratisierung" ein ganz neuer Blick auf die Stromversorgung. Die Bürger sind nicht mehr nur an der Seitenlinie stehende Konsumenten, sondern beteiligte Produzenten. Sie sind „Prosumer". Das Interesse an Entscheidungen und Entwicklungen am Strommarkt wird erheblich ansteigen. Ausländische Marktbeobachter bezeichnen die Deutschen als „Volk von Stromproduzenten". Ein treffender Ausdruck. Der Beweis, dass die Stromproduktion einer großen Industriegesellschaft ökologischer, günstiger und sicherer durch viele kleine Stromproduzenten geleistet werden kann, als durch einige wenige spezialisierte Großunternehmen, steht noch aus. Das Konzept passt jedoch in eine moderne Gesellschaft, in der Teilhabe und Mitbestimmung an wichtigen gesellschaftlichen Fragen von der Bevölkerung immer stärker eingefordert wird. Das bedeutet nicht, dass die klassischen Energieversorger nicht mehr benötigt werden. Ihre Rolle ändert sich jedoch erheblich und hat sich bereits verändert. Sie wird vielschichtiger, komplexer und vor allem spannender. Energieversorger werden auch in den nächsten Jahrzehnten die konventionellen Kraftwerkskapazitäten betreiben, welche notwendig sind, um die Erneuerbaren Energien in die Stromversorgung zu integrieren. Gleichzeitig werden sie deutlich stärker als bisher als Investor in EE-Anlagen auftreten. Zusätzlich ist ihre Aufgabe als Dienstleister für die Betreiber von EE-Anlagen den produzierten Ökostrom in den Markt zu integrieren und weiterführende Dienstleistungen rund um diese Marktintegration sowie Energieeffizienzangebote anzubieten. Die klassische Stromwirtschaft ist damit wie bisher wesentlich für die Stabilität des Stromversorgungssystems verantwortlich. Für den Erfolg der Energiewende ist diese neue Aufgabe elementar.

Die Energiewende erfolgreich umzusetzen heißt, den Beweis zu erbringen, dass es möglich ist, ein großes Industrieland zu bezahlbaren Preisen überwiegend durch regenerative Energien zu versorgen. Die Bundesrepublik Deutschland hat sich auf den Weg gemacht, diesen Beweis zu erbringen. Wird dieses Modell auf andere Nationen Beispielwirkung haben? Inwieweit kann es zu einer europäischen Energiewende kommen?

Exkurs: Digitalisierung in der Stromversorgung – Kilowatt oder Kilobytes?

In den unterschiedlichsten Lebensbereichen revolutioniert die Digitalisierung unseren Alltag. Treiber dieser Entwicklung sind weniger betriebswirtschaftliche Effizienzsteigerungen, sondern vielmehr die ungeahnten Vorteile, welche digitalisierte Angebote Menschen im Alltag bieten und die noch vor wenigen Jahren undenkbar gewesen wären. Heute ist es den Menschen möglich, das gesammelte Menschheitswissen in der Hosentasche jederzeit zugriffsbereit zur Hand zu haben. Die Digitalisierung stellt ganze Branchen vor Umbrüche, die wiederum betriebswirtschaftliche Veränderungsprozesse erfordern.

Branchen, wie die Medienbranche oder die Finanzwirtschaft, haben diese Erfahrung bereits gemacht und weitere Branchen stehen vor ähnlichen, wenn nicht noch größeren Herausforderungen ihrer Geschäftsmodelle. Die Verbreitung moderner Kommunikationsinstrumente, Plattformen sowie IT-technologischer Instrumente, um Daten in ungekannten Massen als bisher erheben und analysieren zu können, bietet für Unternehmen der unterschiedlichsten Branchen Herausforderungen aber auch Chancen. Mehr und mehr Start-Up-Unternehmen aus dem IT-Bereich fordern die etablierten Platzhirsche heraus, zum Vorteil der Kunden und zum Leidwesen der bisherigen Marktführer. Die Geschwindigkeit und die Intensität, auch in der Energiewirtschaft, wurde durch die Digitalisierung weiter angeheizt. Die altgedienten Stromversorger drohen in dieser Entwicklung ins Hintertreffen zu geraten. Plötzlich sehen sie sich neuen Wettbewerben aus bisher branchenfremden Märkten gegenüber und stehen im Wettbewerb gegen IT- und Telekommunikationsunternehmen. Gleichzeitig ist die Digitalisierung jedoch ein Baustein zur Bewältigung der Herausforderungen der Energiewende. Die Energiewende kann nur gelingen, wenn Stromverbraucher in Smart Grids und Smart-Home-Anwendungen Energie intelligenter, sprich flexibler nutzen. Dieses veränderte Nutzungsverhalten kann nur durch moderne Telekommunikationstechnologien organisiert werden. Das gesamte Stromverbrauchsverhalten muss flexibler der zunehmend volatilen, von den Unberechenbarkeiten des Wetters abhängigen, Einspeisung der Erneuerbaren Energien angepasst werden. Dies kann nur mit flexiblen Preisstrukturen erfolgen, welche durch Preissignale Stromverbraucher motivieren, auf hohe oder niedrige Strompreise, faktisch in Realtime zu reagieren und ihr Verbrauchsverhalten automatisiert zu steuern. Ein Paradebeispiel ist die Elektromobilität. Hier zeigt sich, wie vernetzt Erzeugungslage und individuelles Verbrauchsverhalten erfolgen muss. Man hofft, dass eines Tages Millionen von Elektrofahrzeugen durch bidirektionales Laden als eine große Strombatterie wirken können und somit ein Grundproblem der Energiewende, die mangelnden Stromspeicherkapazitäten, zu beheben helfen. Für Fahrer von Elektroautos muss der Anreiz bestehen, ihr Ladeverhalten über das Smart Grid so zu kommunizieren, dass automatisiert festgestellt werden kann, welche Speicherkapazität zur Netzstabilisierung zur Verfügung steht. Voraussetzung dafür ist, dass der Fahrer Preisanreize hat, bei günstiger Wetterlage (hohe Stromerzeugung - niedriger Preis) zu laden und in Zeiten von ungünstigen Wetterlagen (niedrige Stromerzeugung - hoher Preis), Teile seines Fahrstroms dem Smart Grid zur Verfügung zu stellen. Hierfür sind Echtzeit-Preissignale notwendig, welche nur durch eine moderne IT-Infrastruktur ermöglicht werden. Bisher gibt es für vergleichbare Modelle lediglich Pilotierungsansätze in der Praxis. Es bleibt abzuwarten, ob es innovative IT Start-Up-Firmen sein werden oder die klassische Energiewirtschaft, welche entsprechende Modelle wirtschaftlich in den Massenmarkt bringen und ergänzende Geschäftsmodelle anbieten. Fakt ist, dass die klassische Energiewirtschaft ihre Innovationskraft erheblich steigern muss, um dieses Wettrennen für sich zu entscheiden.

Europa als Schicksal?

Deutscher Strommarkt in Europa – europäische Energiewende?

Wenn wir uns einig sind, gibt es wenig, was wir nicht können.
Wenn wir uns uneins sind, gibt es wenig, was wir können.
(John F. Kennedy, ehemaliger Präsident der Vereinigten
Staaten von Amerika, 1917–1963)

Wie bereits an mehreren Beispielen dieses Buches erläutert, ist der deutsche Strommarkt auf vielerlei Weise mit den europäischen Nachbarmärkten verknüpft. Ob über das europäische Verbundnetz oder den grenzüberschreitenden Stromhandel – der deutsche Strommarkt ist in einen europäischen Gesamtmarkt eingebettet. Deshalb ist es nur logisch, dass die deutsche Energiewende nicht ohne Auswirkungen auf andere europäische Strommärkte bleibt. Doch hat der mit der EU nicht abgestimmte deutsche Alleingang beim Atomausstieg und das „Vorauspreschen" beim Zubau der Erneuerbaren Energien auf EU-Ebene auch manche Missstimmigkeit erzeugt. Subventionierter, billiger Überflussstrom aus deutschen EE–Anlagen hat nicht nur auf dem deutschen Strommarkt erhebliche Marktverwerfungen zur Folge. Auch in Nachbarländern wie Polen, den Niederlanden oder Tschechien müssen Kraftwerke reagieren, um die Netzstabilität zu sichern. Wir haben die eine oder andere Folge der deutschen Energiewende schon heute exportiert. Das Problem dabei ist, es handelt sich nicht um einen sonderlich freundschaftlichen Prozess bei dem gegenwärtigen Stromexport. Vielmehr um eine Invasion. Der Eingriff in den Kraftwerkpark, den die deutsche Energiewende verursacht, ist für unsere Nachbarn ebenfalls mit Kosten für ihre Volkswirtschaft verbunden. Im Gegensatz zu Deutschland haben sich diese Länder jedoch nicht bewusst für diesen Weg entschieden. Ein Beispiel sind die schweizer Pumpspeicherkraftwerke. Das Geschäftsmodell dieser Kraftwerke bestand darin mit günstigem Nachtstrom Wasser in einen Speichersee hochzupumpen, um es zu den Nachmittagshochlastspitzen zur Stromerzeugung abzulassen. Somit tragen sie zur Stabilisierung des Netzes bei.

Diese Mittagsspitzen wurden jedoch zunehmend durch subventionierten, deutschen Solarstrom abgedeckt, der aufgrund verstopfter deutscher Stromnetze in das schweizer Stromnetz fließt. Durch die Überproduktion der deutschen EE-Anlagen wird der Ausbau dieser Pumpspeicherkraftwerke unwirtschaftlich und daher unterlassen. Dabei wäre aus ökologischer Sicht dieser Ausbau absolut begrüßenswert. All diese Mechanismen zeigen, dass Deutschland keine isolierte Insel innerhalb des europäischen Stromverbundes ist. Die Politik muss energiewirtschaftlich über einen rein nationalen Strommarkt hinausdenken. Die Perspektive muss eine europäische sein. Durch die von der EU betriebene Verflechtung gewinnt diese gesamteuropäische Perspektive weiter an Bedeutung. Die Bundesrepublik Deutschland, als die führende Wirtschaftsmacht der EU, wird von den anderen EU-Staaten sehr genau beobachtet. Wie verfahren wir mit der Energiewende und vor allem mit welchem Preis ist diese Energiewende verbunden? Einige Europapolitiker werfen der Bundesregierung daher auch vor, sich mit der Energiepolitik in der EU immer mehr ins Abseits zu manövrieren. Der Zorn unserer europäischen Nachbarn wächst, da Deutschland die Folgen der eigenen Energiewende in die Strommärkte dieser Länder exportiert. Wir entfernen uns von der Vision, die deutsche Energiewende zu einem Exportschlager zu machen. Dies gilt zumindest unter der Prämisse, dass die Energiewende allein über einen nationalen „Sonderweg" beschritten werden soll.

Grundsätzlich verfolgt die EU schon heute Ziele, welche denen der deutschen Energiewende in Teilen nicht unähnlich sind. So hat auch die EU das Ziel proklamiert, bis 2020 die regenerativen Energien europaweit auf rund 20 Prozent auszubauen, die Treibhausgase drastisch zu reduzieren und die Energie-Effizienz zu steigern. Die Ziele ähneln der deutschen Energiewende. Es bleiben aber auch wesentliche Unterschiede. So hat die EU nicht die Interessen einzelner Länder im Blick, sondern muss die Ansichten und Positionen der Gesamtheit aller Länder berücksichtigen. Manche Länder innerhalb der EU haben sehr unterschiedliche Sichtweisen auf den deutschen Ausstieg aus der Kernkraft. Die Briten und die Franzosen teilen die deutsche Ablehnung der Kernkraft in keinster Weise und setzen weiter auf sie, als bedeutenden Pfeiler der nationalen Stromversorgung. Diese „atomfreundlichen" Länder betrachten die Kernkraft aufgrund ihrer emissionsarmen Erzeugungsweise als eine „Grüne Technologie". Für Polen und Tschechen ist die Verstromung der heimischen Kohle ein Garant der nationalen Unabhängigkeit und Wirtschaftskraft. Deshalb gibt es zur Frage des EU-Strommixes keinen Konsens zwischen den EU-Mitgliedstaaten. Wie auch der deutsche Atomausstieg zeigt, bleibt die Frage des Strommixes in nationaler Verantwortung. Ohne einen abgestimmten EU-weiten Strommix liegt eine europäische Energiewende jedoch in weiter Ferne.

Allerdings gilt wie bei allem, der aktuelle Zustand muss nicht der zukünftige Zustand sein. Nicht zuletzt die Finanzmarktkrise ab 2008 mit anschließender Schulden- und Stabilitätskrise hat die Sichtweise vieler Politiker verändert. Viele sind der Auffassung, dass die EU weitere Kompetenzen erhalten muss, um das Gemeinschaftswohl losgelöst von nationalen Interessen fördern zu können. Wenn sich eines Tages die Frage des EU-Strommixes nicht mehr auf nationaler, sondern auf EU-Ebene entscheidet, ergeben sich ganz neue Möglichkeiten für die Gestaltung der Energiewende. Sie erhielte wahrlich eine europäische Dimension.

Übersicht Strommix Europa (EU + Norwegen + Schweiz) 2012 in Prozent

Kohle: 23,6
Erdgas: 20,7
Wasserkraft: 16,8
Kernkraft: 25,8
Photovoltaik: 2
Windkraft: 5,7
Biomasse: 3,2
Mineralöl: 1,9
Erneuerbare Energien: 27,7

Europäischer Strommarkt als Chance

Auf europäischer Ebene lassen sich topografische und regionale Vorteile für die Umsetzung der Energiewende weit besser und bewusster nutzen als in der limitierten Lage der Bundesrepublik Deutschland. Die deutsche Energiewende basiert auf dem Ausbau der Erneuerbaren Energien. Sie übernehmen im Lauf der nächsten Jahrzehnte die Leitfunktion von den konventionellen Energieträgern. Betrachtet man die geografischen, geologischen und wirtschaftsstrukturellen Gegebenheiten der Bundesrepublik, zeigt sich die Schwierigkeit. Deutschland ist kein sonderlich sonnenreiches Land. Der Wind bläst in Regionen, welche weit von den Verbrauchszentren entfernt sind. Gleichzeitig haben wir keine großen, unbewohnten Flächen, welche für den Ausbau von Biomassepflanzen genutzt werden können. Wir finden in Deutschland keine geeigneten Plätze für zusätzliche Wasserkraftwerke. Wie viel einfacher wäre dieser Umbauprozess, wenn man die Gegebenheiten aller EU-Staaten in Form einer europäischen Energiewende nutzen könnte? In der heutigen Form der EU betreibt jedes Land sein eigenes Stromversorgungssystem; mit eigenem Kraftwerkspark, Technologiemix und Reservekapazitäten. Europaweit ergeben sich dadurch erhebliche Überkapazitäten an konventionellen Kraftwerken. Diese Überkapazitäten bedeuten aus EU-Sicht eine enorme Ineffizienz des Gesamtsystems, da sie volkswirtschaftlich sehr teuer sind. Nimmt man die Idee einer einheitlichen Steuerung der Energiepolitik durch die EU ernst, könnten diese Überschusskapazitäten eingespart werden. Nicht jedes Mitgliedsland müsste für einen ausgewogenen Strommix sorgen, um nicht aus bestimmten Technologien auszusteigen. Vielmehr könnten die jeweils nationalen Gegebenheiten zum Vorteil der gesamten EU genutzt werden. Europäische Photovoltaik wird in sonnigen Ländern wie Spanien, Italien, Griechenland oder Portugal produziert. Dies aufgrund der sonnigen Gegebenheiten zu deutlich wirtschaftlicheren Bedingungen als in Deutschland. Große Windkraftparks könnten vor den Küsten Frankreichs, Dänemarks, der Niederlande oder Großbritanniens Offshore-Strom produzieren. Länder mit großen Agrarflächen wie Bulgarien oder Rumänien könnten wirtschaftliche Biomassekapazitäten aufbauen. Österreich baut seine Wasserkraftkapazitäten aus. Selbstverständlich müssten auch weiterhin konventionelle Kraftwerke betrieben werden, um hinter diesem regenerativen Kraftwerkspark als verlässliches Back-up zu fungieren, doch müsste hierfür nicht jedes einzelne Mitgliedsland Reservekapazitäten vorhalten. Das Gesamtsystem der europäischen Stromversorgung wäre somit insgesamt deutlich effizienter und langfristig auch kostengünstiger als in der derzeitigen einzelstaatlich geprägten Struktur. Aktuell scheint diese EU-Energiepolitik aus „einem Guss" noch in weiter Ferne zu liegen. Zu unterschiedlich sind die jeweils nationalen Auffassungen zu den Themen Ausbau der Erneuerbaren Energien und Kernkraftausstieg. Gleichzeitig ist der Wille der Einzelstaaten, für ein so bedeutendes Thema wie der Energieversorgung des eigenen Landes die Souveränität komplett an die EU abzugeben, sehr beschränkt. Doch auch die Russland-Ukraine-Krise fördert die Bereitschaft der EU-Länder, dem Thema „abgestimmte Energiepolitik" mehr Aufmerksamkeit zu widmen. Die von der Europäischen Union forcierte Energieunion könnte sich eines Tages zu einer geeigneten Plattform entwickeln. Mit dem Voranschreiten der europäischen Einigung und der erfolgreichen Umsetzung der deutschen Energiewende kann sich auch die bisherige Sichtweise in den einzelnen Ländern ändern.

Die Energiewende wird von allen Beteiligten noch große Anstrengungen erfordern. Sie gleicht keinem kurzen, schnellen 100-Meter-Sprint der Teilnehmer. Sie gleicht eher einem Marathonlauf, der zu absolvieren ist. Die Läufer dieses „Energiewende-Marathons" sind wir alle, die Bürger der Bundesrepublik Deutschland als Stromverbraucher, als Stromproduzenten, als Lobbyisten, als Politiker und als Wissenschaftler. Und ein Teil dieses

Marathons wird auch von zukünftigen Generationen bewältigt werden müssen. Zu diesen werden auch mein kleiner Neffe und seine Schwester gehören, mit denen der Gedanke zu diesem Buch entstand. Sie werden mit der Energiewende großwerden. Sie wird für sie und Millionen andere Menschen in der Bundesrepublik Deutschland selbstverständlich sein. Diese Selbstverständlichkeit darf aber über eine Tatsache nicht hinwegtäuschen. Die erfolgreiche Umsetzung der Energiewende wird in den kommenden Jahrzehnten ein entscheidender Faktor für den Wohlstand der Menschen in der Bundesrepublik Deutschland sein. Das Ziel ist eine saubere, sichere, effiziente und günstige Energieversorgung für uns und zukünftige Generationen.

Für uns in der Gegenwart lohnen sich deshalb die Mühen und Anstrengungen dieses langen und hindernisreichen Marathons.

Enden möchte ich daher mit einem Zitat des amerikanischen Schriftstellers Mark Twain (1835–1910). Er schrieb einst:

> Als sie das Ziel aus den Augen verloren, verdoppelten sie ihre Anstrengungen.

Informationsquellen

Um weitere Informationen zu den Themen Energiepolitik, Energiewirtschaft sowie Energiewende zu erhalten und die Diskussionen, um die Energiewende zu verfolgen, im Folgenden eine Übersicht der wichtigsten Informationsquellen und Links:

Interessenverbände

* **Bundesverband der Deutschen Industrie e. V. (BDI)**
  Der BDI ist der Spitzenverband der deutschen Industrie und der industrienahen Dienstleister. Er vertritt 37 Branchenverbände mit etwa acht Millionen Beschäftigten.
* Tipp: Menüpunkte „Klima und Umwelt"/„Energie und Rohstoffe"
* www.bdi.eu

© Springer Fachmedien Wiesbaden GmbH 2017
P. Würfel, *Unter Strom*,
DOI: 10.1007/978-3-658-15164-5

* **Bundesverband der Energie- und Wasserwirtschaft (BDEW)**
Interessenverband der deutschen Energie- und Wasserwirtschaft. Rund 1800 Mitglieder aus dem Strom-, Gas-, Fernwärme- und Wassersektor.
* Tipp: Das kostenfreie Verbandsmagazin „Streitfragen", welches quartalsweise erscheint.
* www.bdew.de

* **Bundesverband Erneuerbare Energie e. V. (BEE)**
Dachverband der Erneuerbaren-Energien-Branche in Deutschland. Ihm gehören 25 Branchen an und etwa 30.000 Einzelunternehmen.
* Tipp: Menüpunkt „Publikationen" mit vielen Studien und Stellungnahmen zum Energiemarkt.
* www.bee-ev.de

* **Verband Deutscher Gas- und Stromhändler e. V. (EFET Deutschland)**
Deutscher Ableger des Verbandes European Federation of Energy Traders (EFET), welcher die Interessen der europäischen Energiehandelsunternehmen wahrnimmt.
* www.deutschland.efet.org
* Tipp: Download „Die EFET-Grundsätze für den Energiemarkt"

* **Forum für Zukunftsenergien**
Branchenübergreifende Plattform zum Austausch über die Entwicklung einer nachhaltigen Energiewirtschaft.
* www.zukunftsenergien.de

* **Verband europäischer Übertragungsnetzbetreiber (Entso-E)**
  Zusammenschluss der Übertragungsnetzbetreiber im europäischen Verbundnetz mit derzeit 34 Mitgliedern. Entso-E steht für „european network of transmission system operators for electricity".
* Tipp: Menüpunkt „Position Papers"
* www.entsoe.eu

* **Union of the Electricity Industry (Eurelectric)**
  Dachverband der europäischen Elektrizitätswirtschaft. Thematische Schwerpunkte sind die Liberalisierung und Harmonisierung der europäischen Energiemärkte.
* www.eurelectric.org

* **Verband kommunaler Unternehmen e. V. (VKU)**
  Interessenvertreter von etwa 1400 kommunalen Unternehmen aus den Bereichen Energie-, Wasser- und Entsorgungswirtschaft.
* Tipp: Menüpunkt „Zukunftsthemen"
* www.vku.de

Forschungseinrichtungen/Studien

* **BP Energy Outlook**
  Jährlich erscheinende Studie zu den Trends und Entwicklungen an den weltweiten Energiemärkten, herausgegeben von BP, einem der größten Energiekonzerne weltweit. Auch Forschungseinrichtungen beziehen sich auf die Studie.
* www.bp.vom/energyoutlook

* **Deutsches Institut für Wirtschafsforschung (DIW)**
Betreibt wirtschaftswissenschaftliche Grundlagenforschung
und wirtschaftspolitische Beratung. Einen Schwerpunkt
bildet der Bereich der Energiepolitik.
* www.diw.de

* **Energiewirtschaftliches Institut der Universität zu
Köln (EWI Köln)**
Forschungsinstitut mit dem Fokus auf dem Gebiet der
volkswirtschaftlichen Energiewirtschaft und der Energiemärkte.
* Tipp: Magazin „Zeitschrift für Energiewirtschaft (ZfE)"
* www.ewi-uni-koeln.de

* **International Energy Agency (IEA)**
* Einheit der OECD, welche als Austauschplattform für
die Mitgliedsländer in Fragen der Energieversorgungs-
strategien fungiert.
* Tipp: jährlich erscheinende Studie „World Energy Outlook"
* www.worldenergyoutlook.org

* **Öko-Institut**
Forschungsinstitut mit dem Schwerpunt Nachhaltigkeit in der Wirtschaft. Es berät sowohl Politik als auch
Wirtschaftsverbände.
* www.oeko.de

- **Stiftung Wissenschaft und Politik (SWP)**
  Die Stiftung berät Bundestag, Bundesregierung und Wirtschaft zu außenpolitischen Themen. Ein Bereich ist der Bereich geostrategische Energiepolitik.
- Tipp: Themendossier „Energiepolitik"
- www.swp-berlin.org

Nichtregierungsorganisationen (NGOs)

- **Bund für Umwelt und Naturschutz Deutschland e. V. (BUND)**
  Deutscher Ableger des internationalen Umweltschutznetzwerks „Friends of the Earth" und einer der größten Umweltschutzverbände in Deutschland.
- www.bund.net

- **Greenpeace**
  Non Profit Organisation, die sich für den Schutz der Lebensgrundlagen von Menschen und Tieren einsetzt.
- Tipp: Menüpunkt „Energiewende"
- www.greenpeace.de

Politik

- **Bundesministerium für Umwelt, Naturschutz, Bau und Reaktorsicherheit (BMU)**
  Energiepolitische Schwerpunkte sind die Themen Erneuerbare Energien, Klimaschutz, und Reaktorsicherheit.
- Tipp: Sonderseite „www.Erneuerbare-energien.de"
- www.bmub.bund.de

* **Bundesministerium für Bildung und Forschung (BMBF)**
Federführend für die Förderung der Forschung in den Bereichen Klimaschutz und ökologische Energieversorgung.
* www.bmbf.de

* **Bundesministerium für Wirtschaft und Energie (BMWI)**
Das Ministerium ist unter anderem verantwortlich für die Leitlinien der Energiepolitik und Koordinierung der Energiewende.
* Tipp: Menüpunkt „Energiewende"
* www.bmwi.de

* **Bundesanstalt für Geowissenschaften und Rohstoffe (BGR)**
Behörde mit der Aufgabe, Bundesregierung und Wirtschaft in rohstoffwirtschaftlichen Fragen zu beraten.
* Tipp: jährlicher Energierohstoffbericht
* www.bgr.bund.de

* **Bundesnetzagentur für Elektrizität, Gas, Telekommunikation, Post und Eisenbahnen (BNetzA)**
Behörde im Geschäftsbereich des Bundesinnenministeriums, welche unter anderem die Einhaltung des EnWG überwacht. Schwerpunkt ist die Regulierung der Netzentgelte.
* www.bundesnetzagentur.de

* **Deutsche Energie-Agentur GmbH (dena)**
  Kompetenzzentrum mit den Schwerpunkten Energie-Effizienz, Erneuerbare Energien und intelligente Energiesysteme. Eigentümer ist zu 50 % die Bundesrepublik Deutschland und zu 50 % ein Bankenkonsortium.
* www.dena.de

* **Statistisches Bundesamt (Destatis)**
  Die Behörde hat die Aufgabe, Daten auf Bundes- und Länderebene bereitzustellen.
* www.destatis.de

* **Umweltbundesamt (UBA)**
  Umweltbehörde mit der Aufgabe, die Bundesregierung in Fragen des Umweltschutzes wissenschaftlich zu beraten. Gehört organisatorisch in den Geschäftsbereich des BMU.
* www.umweltbundesamt.de

* **Europäische Kommission**
  Exekutiv-Organ der EU, welches die Gesamtinteressen aller Mitgliedstaaten vertritt. Für den Bereich der Energiepolitik gibt es ein eigenes Mitglied in der Kommission.
* www.ec.europa.eu/index_de.htm

* **European Regulators Group for Electricity and Gas (ER-GEG)**
* Beratungsbehörde für die europäische Kommission, welche aus den Regulierungsbehörden der Nationalstaaten besteht. Deutscher Vertreter ist die Bundesnetzagentur.
* www.energy-regulators.eu

- **International Renewable Energy Agency (IRENA)**
  Zwischenstaatliche Organisation, welche den Ausbau der Regenerativen Energien weltweit fördern soll.
- www.irena.org

- **World Energy Council (WEC)**
  Wissenschaftlicher Beirat aus Regierungsstellen, Wirtschaft und NGOs. Erarbeitet energiewirtschaftliche Strategieempfehlungen.
- www.worldenergy.org

Verbraucherportale/Stromtarife

- **Verbraucherzentrale Hessen e. V.**
  Interessenvertretung von Verbrauchern gegenüber Wirtschaft und Politik.
- www.verbraucher.de
- Tipp: Menüpunkt „Energie Bauen Wohnen" mit interessanten Informationen zu Anbieterwechsel und Tarifvergleich
- www.verbraucher.de/tarifportale
- www.verbraucher.de/aerger-mit-versorgern

- **Vergleichsportale**
  bieten Verbrauchern die Möglichkeit, Stromtarife schnell und transparent zu vergleichen. Z. B.
- www.verivox.de
- www.toptarif.de
- www.preisvergleich.de

Sachverzeichnis

© Springer Fachmedien Wiesbaden GmbH 2017   **295**
P. Würfel, *Unter Strom,*
DOI: 10.1007/978-3-658-15164-5

Printed in the United States
By Bookmasters